谨以此书献予

北京大学物理学科110周年

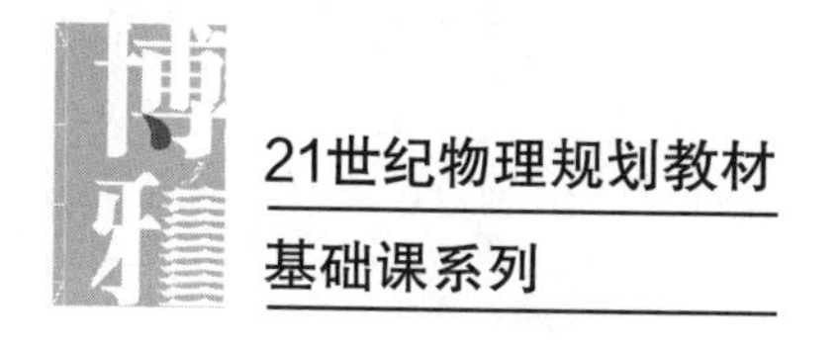

21世纪物理规划教材

基础课系列

电动力学

Electrodynamics

刘 川 编著

图书在版编目 (CIP) 数据

电动力学 / 刘川编著 . — 北京 : 北京大学出版社， 2023. 1
21 世纪物理规划教材 . 基础课系列
ISBN 978-7-301-33529-1

Ⅰ. ①电… Ⅱ. ①刘… Ⅲ. ①电动力学 – 高等学校 – 教材 Ⅳ. ① O442

中国版本图书馆 CIP 数据核字 (2022) 第 197794 号

书　　名 电动力学
DIANDONG LIXUE
著作责任者 刘 川 编著
责任编辑 刘 啸
标准书号 ISBN 978-7-301-33529-1
出版发行 北京大学出版社
地　　址 北京市海淀区成府路 205 号 100871
网　　址 http://www.pup.cn
电子信箱 zpup@pup.cn
新浪微博 @ 北京大学出版社
电　　话 邮购部010-62752015 发行部010-62750672 编辑部010-62754271
印 刷 者 天津中印联印务有限公司
经 销 者 新华书店
787 毫米 ×960 毫米 16 开本 16 印张 287 千字
2023 年 1 月第 1 版 2025 年 4 月第 3 次印刷
定　　价 52. 00 元

前　言

本书脱胎于我在北京大学物理学院自 2003 年以来讲授电动力学的讲义，内容主要为经典电动力学. 教科书与讲义最大的区别，是需要面对更加广泛的读者. 要实现从讲义到教科书这一蜕变，我特别注意了以下几点.

(1) 作为硬核理论课程的代表，经典电动力学中必不可少地涉及相当多的数学推导. 这也是以往很多中文教科书 (特别是北京大学采用的教科书) 所擅长的地方. 但是，我认为在完成一个复杂的推导之后 (或之前)，很有必要将大段推导所获得的结果用一种简单而明确的物理方式来加以诠释. 这是非常重要的. “简单粗暴” 地罗列大段的推导并且对最后的结果不加思考和讨论实际上是不负责任的，而且很有可能使读者错过重要的物理理解. 因此，但凡可能，我会努力在复杂的推导之后，给出对该结果的额外的剖析，希望这可以帮助读者更好地理解这些公式的内涵.

(2) 对于一本教科书而言，习题无疑是其十分重要的组成部分. 鉴于国内外已经出版了众多经典电动力学的教材，其中已经包含了不少十分优秀的习题，本书习题的侧重点在于提供一些稍微新颖的内容. 因此，本书的习题数量不多，同时也不准备提供答案，而且相当一部分习题还具有比较大的难度，其中有些甚至需要结合数值计算才能获得最终的解答. 有些习题实际上讨论了正文中没有涉及或没有展开的重要物理问题，它们可以作为正文内容的一个扩展和补充.

(3) 经典电动力学课程涉及宏观尺度的电磁问题，可以说是与日常生活联系得最为紧密的理论课程了. 因此，在篇幅许可的情况下，有必要对它的具体应用加以适当的讨论. 电磁相互作用涉及方面极广，有些十分重要的应用由于篇幅所限，不可能完整呈现出来. 这当然是遗憾的，但同时也充分说明了电磁理论运用之浩瀚. 另一方面，尽管经典电动力学已经是十分成熟的学科了，但它仍然不断地生长出新奇的应用. 因此，在合适的地方，恰当地介绍这些应用也是本书所追求的一个目标.

(4) 在经典电动力学的教学中不可避免地要涉及电磁单位制的问题. 随着多年教学的进行，我对于这个问题的认识也有一个变化的过程. 从电磁相互作用的本质而言，无疑类高斯单位制是最为合适的单位制，它也是最接近所谓自然单位制的选择. 但是，从另一方面来讲，人们认识电磁现象的历史过程不可能一开始就涉及本质，而是经历了几百年的演变. 由于电磁学涉及的范围如此广泛，与它相关的各种应用自然地催生了国际单位制. 因此，考虑到对人类历史上认知过程的尊重，同时也可以更好地与先修课程 (普通物理的电磁学) 相衔接，本书决定采用混合的单位制：本书的前五章采用国际单位制，从第六章讲述狭义相对论时转换为高斯单位制，同时在本书的最后，给出一个关于电磁单位制的附录供读者参阅. 如果读者希望对电磁现象的经典理论有一个完整的了解，并适用于各类应用情景，应该学会驾驭两种单位制，尽管这种转换对初学者有一定的难度.

(5) 最后一个问题，经过上百年的积淀，经典电动力学是如何逐步成型到目前我们了解的状态的？这看似是一个科学史的问题，但实际上是一个涉及科学观的问题. 进一步扩展来说，这个问题实际上是与人类社会的发展，特别是人类社会所经历的几次重大技术革命密切相关的. 具体到经典电动力学，它与 19 世纪开始的电气社会和 20 世纪开始的信息社会关联紧密. 因此，我认为对一些重大的历史事件 (例如麦克斯韦方程组的诞生、狭义相对论的诞生等等)，将其历史发展脉络尽可能呈现清楚是十分重要的. 当然，这对于我来说是一个极大的挑战，因为这意味着我必须去查阅很多看似无关的历史资料并将它们尽可能逻辑清晰地呈现出来. 由于我的水平所限，有些观点难免会有偏颇之处，也欢迎广大读者批评指正.

下面我希望向多年来对我的电动力学教学工作给出建议和支持的人表示感谢. 首先要感谢北京大学理论物理研究所的老师和同侪们. 感谢前辈教师俞允强教授、郑春开教授对我的教诲. 他们的教材对我的影响是广泛而深远的. 我还要感谢北京大学理论物理研究所电动力学课程组中的郑汉青教授、朱守华教授、宋慧超教授等对我的讲义的批评和建议，感谢北京大学物理学院其他系所的彭良友教授、刘克新教授、刘雄军教授等的讨论. 当然还应当感谢北京大学物理学院各届的学生. 他们中的许多同学仔细阅读了各种版本的讲义并且提出了很多具体的修正建议. 还要感谢北京大学出版社的刘啸编辑. 他多次鼓励我将讲义整理出版并做了大量的前期准备和后期编辑工作.

最后，我要感谢多年来一直支持我的家人：我的妻子、父母和儿子. 特别需要额外感谢的是我的夫人韦丹教授. 由于电磁相互作用的长程性，经典电磁问题在应用物理的各个方面的应用非常广泛. 我自己由于多年从事数理基础方面的工作，对这些具体的应用起初缺乏足够的了解. 而作为研究磁学的学者，韦丹教授在对全书的架构给出了颇具建设性的建议的同时，还提供了许多鲜活的例子，这使得本书中的讨论可以摆脱过于抽象的情景而与现实中的应用问题相衔接. 希望这能够帮助到从事应用物理研究的读者. 在最后成书阶段，她还花费了大量时间和精力校对本书的初稿，修订其中的错漏之处等. 总之，没有她多年来对我精神上和上述实质上的支持，本书很难如期完成.

刘川

二〇二二年夏于北京

目　　录

第一章　电磁场与麦克斯韦方程组

本 章 提 要

经典物理学的成就可以浓缩为两个最为成功的理论体系：一个是经典力学，它包括伽利略 (Galileo)、牛顿 (Newton) 等人建立起来的牛顿力学，以及随后发展起来的分析力学 [拉格朗日 (Lagrange) 和哈密顿 (Hamilton) 力学]；另一个就是以麦克斯韦 (Maxwell) 方程组为代表的经典电动力学. 可以毫不夸张地说，这两个经典物理理论几乎涵盖了我们日常生活中所遇到的所有物理现象. 经典电动力学同时也是第二次工业革命的电气工业和第三次工业革命的信息电子工业相关的诸多应用领域的重要理论基础. 经典电动力学在现代物理学理论的发展中也占据了举足轻重的地位：它是狭义相对论诞生的摇篮；同时，经典电动力学中的一些重要概念，例如规范不变性等，更是量子场论的核心和基础.

本章将从真空中的麦克斯韦方程组出发①，提纲挈领地将麦克斯韦方程组以及它的一些最基本的性质：对称性、守恒律、边界条件等加以简单介绍. 这一章

①尽管历史上麦克斯韦继承法拉第 (Faraday) 的思想，首先得到的是电磁介质中的麦克斯韦方程组.

是本书的一个总纲，也是以后各章的出发点.

1 真空中的麦克斯韦方程组

我们首先从真空中的麦克斯韦方程组出发. 在 1873 年，麦克斯韦总结了以往电磁学的实验规律，根据法拉第的思想，在安培 (Ampère) 环路定律中加入了所谓的位移电流的概念，并据此写下了著名的麦克斯韦方程组[②]. 真空中的麦克斯韦方程组在国际单位制中可以写成

$$\nabla \cdot \boldsymbol{E} = \rho/\epsilon_0, \tag{1.1}$$

$$\nabla \times \boldsymbol{B} - \epsilon_0\mu_0 \frac{\partial \boldsymbol{E}}{\partial t} = \mu_0 \boldsymbol{J}, \tag{1.2}$$

$$\nabla \times \boldsymbol{E} + \frac{\partial \boldsymbol{B}}{\partial t} = 0, \tag{1.3}$$

$$\nabla \cdot \boldsymbol{B} = 0. \tag{1.4}$$

矢量场 $\boldsymbol{E}$ 和 $\boldsymbol{B}$ 分别是某个时空点的电场强度和磁感应强度. 电场强度 $\boldsymbol{E}$ 和磁感应强度 $\boldsymbol{B}$ 共同描写了真空中的电磁场 (本书后面经常会直接称 $\boldsymbol{E}$ 和 $\boldsymbol{B}$ 为电场和磁场). ρ 和 $\boldsymbol{J}$ 是产生电磁场的源，分别是电荷密度和电流密度[③]. ϵ_0 和 μ_0 是国际单位制中所特有的两个基本常数，分别称为真空介电常数和真空磁导率. 这两个常数与真空光速 c 之间的关系是由韦伯 (Weber) 证实的：

$$c^2 = \frac{1}{\epsilon_0\mu_0}\ . \tag{1.5}$$

麦克斯韦方程组中的每一个方程都是以历史上的著名实验为基础的: 方程 (1.1) 反映了高斯 (Gauss) 定律，它源于著名的库仑 (Coulomb) 定律；方程 (1.2) 则是历史上著名的安培环路定律加上麦克斯韦的位移电流假设，因此，我们可以称之为安培–麦克斯韦定律；方程 (1.3) 是所谓的法拉第电磁感应定律；

[②] 目前所写下的三维形式的麦克斯韦方程组并不是当初麦克斯韦用的形式. 1865 年麦克斯韦首先是用分量形式写出的电磁介质中的方程组，因此相当烦琐，可参见后面的表 1.1. 四个电磁场矢量方程的形式更多地要归功于亥姆霍兹 (Helmholtz)、吉布斯 (Gibbs)，特别是赫维赛德 (Heaviside). 我们后面会看到 (见第七章)，若用四维协变形式来表述，麦克斯韦方程组可以写得更为简洁、优美.

[③] 电流密度和电荷密度可以是所谓的广义函数或分布，例如 δ 函数. 这样一来，麦克斯韦方程 (1.1)~(1.4) 也适用于分立的点、线、面电荷分布或线、面电流分布的情形.

方程 (1.4) 称为磁的高斯定律，它反映了自然界中没有与电荷对应的孤立的磁单极[④].

麦克斯韦对于电磁场理论的最大贡献，是在总结前人实验定律的基础上，对以往的安培环路定律做出了修改，加入了位移电流的贡献. 也就是说，与前人的结果比较，他仅仅是改变了方程 (1.2)，而其他的电磁场方程则与前人的结果完全相同. 但是，这个看似小小的改动却是本质的，它使得整个麦克斯韦方程组成为一个完整的、自我支撑的动力学体系，并且体现出许多重要的对称性，我们将在下节对其进一步详细讨论.

麦克斯韦方程组回答了电磁场本身所满足的物理规律. 如果一个带电粒子处在外加电磁场 $(\boldsymbol{E}, \boldsymbol{B})$ 之中，它会受到电磁场对它的电磁相互作用，这个相互作用力的大小由著名的洛伦兹 (Lorentz) 力公式给出. 如果我们假定空间存在着电荷 (密度) 和电流 (密度) 分布 $(\rho, \boldsymbol{J})$，那么这些电荷以及电流分布在单位体积内感受到的力 (即力密度) 为

$$\boldsymbol{f} = \rho \boldsymbol{E} + \boldsymbol{J} \times \boldsymbol{B}. \tag{1.6}$$

洛伦兹力的公式与麦克斯韦方程组一起构成了经典电动力学的基础.

2 麦克斯韦方程组的对称性

前面提到，麦克斯韦方程组具有一系列十分重要的对称性. 这一节中，我们就来讨论这些对称性中的一部分.

(1) 线性.

麦克斯韦方程组的一个重要的特性就是它对于电磁场是线性的. 这种线性意味着经典电磁场满足所谓的线性叠加原理[⑤]. 也就是说，如果真空中的电荷分布 ρ_1 和电流分布 $\boldsymbol{J}_1$ 所产生的电磁场为 $\boldsymbol{E}_1$ 和 $\boldsymbol{B}_1$，电荷分布 ρ_2 和电流分布 $\boldsymbol{J}_2$ 所产生的电磁场为 $\boldsymbol{E}_2$ 和 $\boldsymbol{B}_2$，那么当 ρ_1，$\boldsymbol{J}_1$ 和 ρ_2，$\boldsymbol{J}_2$ 同时存在时，它们所产生的电磁场一定是 $\boldsymbol{E}_1 + \boldsymbol{E}_2$ 和 $\boldsymbol{B}_1 + \boldsymbol{B}_2$. 因此，我们只需要知道一个单位点电荷以及单位电流元所产生的电磁场，就可以利用线性叠加原理来得到任意电荷和电流分布下的电磁场[⑥].

---

④磁场的磁力线一定构成一个闭合的回路 (不存在磁单极) 的思想可以追溯到笛卡儿 (Descartes) 关于磁性的理论.

⑤我们特别强调经典电磁场是因为这种线性叠加的特性在考虑了量子效应以后 (量子电动力学) 实际上会被破坏.

⑥这个特性在数学上的体现是可以运用所谓的格林 (Green) 函数来求解线性方程，参见第二章中的讨论.

(2) 洛伦兹协变性.

麦克斯韦方程组所具有的连续对称性中最为重要的有两个：一个是洛伦兹协变性，它体现了电磁场在时空变换下的性质；另一个是所谓的规范对称性. 洛伦兹协变性源于爱因斯坦 (Einstein) 的狭义相对论. 爱因斯坦的狭义相对论认为：不同惯性参照系中的物理规律的形式应当是相同的，这称为相对性原理；同时，不同参照系之间的时空变换由洛伦兹变换来描写. 经典电磁场所满足的麦克斯韦方程组恰恰具有这个特性，即它在不同惯性参照系之间的洛伦兹变换下保持形式不变. 这个对称性是如此重要，以至于我们必须用大量的篇幅来详细、认真地讨论 (见第七章).

(3) 规范对称性.

麦克斯韦方程组具有的另一个十分重要的对称性就是所谓的规范对称性，又叫规范不变性，我们将在下面 (第 3 节) 仔细讨论.

(4) 分立对称性.

麦克斯韦方程组除了上面提及的两个连续对称性以外，还具有一些重要的分立对称性. 我们这里着重讨论两类分立对称性：空间反射和时间反演.

空间反射变换就是将所有的空间坐标都改变一个符号，即 $\boldsymbol{x} \to -\boldsymbol{x}$ 的变换. 这个变换又称为宇称变换. 注意到在这个变换下，电荷密度是不变的，电流密度会改变一个符号 (因为造成电流的微观带电粒子的速度改变了符号)，梯度算符 ∇ 也会改变一个符号，因此，考察真空中麦克斯韦方程组的形式，电磁场在空间反射变换下应当按照下列形式变换：

$$\boldsymbol{E} \to -\boldsymbol{E}, \quad \boldsymbol{B} \to \boldsymbol{B}. \tag{1.7}$$

电磁场按照 (1.7) 式变换，麦克斯韦方程组的形式就在空间反射变换下不变. 由此我们发现，尽管电场 $\boldsymbol{E}$ 和磁场 $\boldsymbol{B}$ 都是三维空间的矢量，但是它们在空间反射变换下的性质是不同的. 电场 $\boldsymbol{E}$ 在空间反射变换下的变换性质与坐标 $\boldsymbol{x}$ 的变换性质是相同的，即要改变一个符号，而磁场 $\boldsymbol{B}$ 则在空间反射下不变. 一般人们将具有电场或坐标这样变换性质 (即在空间反射下变号) 的三维矢量称为极矢量 (或简称矢量)，将磁场这类在空间反射下不变的矢量称为轴矢量[7].

另一个可以考虑的分立对称性是时间反演变换. 从形式上讲，时间反演变换相当于将时间反号，即 $t \to -t$ 的变换. 在这个变换下，电流密度会变号，另外对于时间的偏微商算符 $\partial/\partial t$ 也会变号. 如果我们考察四个麦克斯韦方程，会发现要保证麦克斯韦方程组的形式在时间反演下不变，相应的电磁场应当在时间反

[7]这应当不是读者第一次接触轴矢量. 经典力学中的角速度、角动量都是轴矢量.

演时满足如下变换：

$$\boldsymbol{E} \to \boldsymbol{E}, \quad \boldsymbol{B} \to -\boldsymbol{B}. \tag{1.8}$$

在时间反演操作下，电场和磁场也与空间反射时类似，具有不同的变换性质.

3 电磁势与规范对称性

上一节曾经提到，规范对称性是电磁场所具有的一个重要的对称性. 它的重要性在经典电动力学中还没有体现得非常充分，但是在现代量子场论的体系中，规范对称性可以说处于核心地位. 在经典电动力学中，规范对称性是通过所谓的电磁势来体现的.

真空中的麦克斯韦方程组是关于电磁场的一阶偏微分方程组. 麦克斯韦原初的方程组就经常使用电磁势 $(\varPhi, \boldsymbol{A})$，关于电磁势的方程是相互独立的二阶偏微分方程. 电磁势 $(\varPhi, \boldsymbol{A})$ 中，$\varPhi$ 称为标量势，或简称标势，$\boldsymbol{A}$ 称为矢量势，或简称矢势.

首先考察两个齐次的麦克斯韦方程. 通过磁的高斯定律 $\nabla \cdot \boldsymbol{B} = 0$，我们一定可以将磁感应强度 $\boldsymbol{B}$ 写成某个矢量场 $\boldsymbol{A}$ 的旋度：

$$\boldsymbol{B} = \nabla \times \boldsymbol{A}, \tag{1.9}$$

其中 $\boldsymbol{A}$ 即为矢势. 这时，法拉第电磁感应定律可以写成

$$\nabla \times \left(\boldsymbol{E} + \frac{\partial \boldsymbol{A}}{\partial t}\right) = 0. \tag{1.10}$$

由于 (1.10) 式中括号内的场是一个无旋度矢量场，所以它一定可以表达成某个标量场 (即标势 $\varPhi$) 的负梯度：$\boldsymbol{E} + \dfrac{\partial \boldsymbol{A}}{\partial t} = -\nabla\varPhi$. 于是我们有

$$\boldsymbol{E} = -\nabla\varPhi - \frac{\partial \boldsymbol{A}}{\partial t}. \tag{1.11}$$

注意，只有在静电学中，$\varPhi$ 这个普遍意义上的标量势才会回到电势 (电压) 的概念.

需要指出的是，电磁势的定义是不唯一的. 也就是说，可以存在两套 (实际上是无数套) 不同的电磁势 $(\varPhi, \boldsymbol{A})$ 和 $(\varPhi', \boldsymbol{A}')$ 对应于相同的电磁场 $\boldsymbol{E}$ 和 $\boldsymbol{B}$. 要

实现这一点，这两套电磁势是相互有关联的. 具体地说，如果我们任意选取一个标量场 Λ 并且令

$$\boldsymbol{A}' = \boldsymbol{A} + \nabla\Lambda, \quad \Phi' = \Phi - \frac{\partial\Lambda}{\partial t}, \tag{1.12}$$

经过简单的运算可以验证，这两套电磁势所对应的电磁场 $\boldsymbol{E}$ 和 $\boldsymbol{B}$ 是相同的. 电磁场所具有的这种对称性 (或者说不变性) 称为规范对称性. 公式 (1.12) 所描写的两套等价的电磁势之间的变换称为规范变换.

由于电磁场存在规范对称性，而在经典电动力学过程中，所有可以直接测量的物理量都仅与电磁场 (而不是电磁势) 有关，这就意味着在经典电动力学中，电磁势本身具有一定的不确定性，它们并不是可以直接测量的物理量[8]. 规范变换 (1.12) 正体现了选取电磁势的这种"任意性". 在经典或量子电动力学中，取决于所处理问题的不同，往往必须为电磁势 $(\Phi, \boldsymbol{A})$ 附加一些条件，从而将其形式完全确定. 这类条件通称为规范条件，而选取一定规范条件的步骤称为定规范. 满足一定规范条件的电磁势就称为某种规范中的电磁势. 例如，在经典电动力学中十分常用的一个规范是所谓的洛伦茨 (Lorenz) 规范[9]，又称为协变规范. 在洛伦茨规范中电磁势满足

$$\nabla \cdot \boldsymbol{A} + \frac{1}{c^2}\frac{\partial\Phi}{\partial t} = 0. \tag{1.13}$$

另外一个常用的规范是所谓的库仑规范，又称为辐射规范或横规范. 在库仑规范中的电磁势满足的数学条件是

$$\nabla \cdot \boldsymbol{A} = 0. \tag{1.14}$$

电磁势的引入使得真空中的麦克斯韦方程组中的两个齐次方程自动得到满足. 如果将电场的表达式 (1.11) 代入麦克斯韦方程组中的第一个方程 (高斯定律) 中，我们得到

$$\nabla^2\Phi + \frac{\partial}{\partial t}(\nabla \cdot \boldsymbol{A}) = -\rho/\epsilon_0. \tag{1.15}$$

---

[8] 我们强调这一点仅在纯粹经典的范畴中是正确的. 如果考虑量子效应，那么电磁势可以具有可观测的物理效果，典型的例子就是所谓的阿哈罗诺夫 (Aharonov)–玻姆 (Bohm) 效应 (简称 AB 效应).

[9] 特别提醒大家注意，这个洛伦茨不是大家所认为的那个洛伦兹. 提出这个规范条件的是丹麦的物理学家洛伦茨 (L. Lorenz)，而不是提出洛伦兹力以及洛伦兹变换的荷兰物理学家洛伦兹 (H. A. Lorentz).

类似地，将 $\boldsymbol{B} = \nabla \times \boldsymbol{A}$ 代入麦克斯韦方程组的第二个方程中，有

$$\nabla^2 \boldsymbol{A} - \frac{1}{c^2}\frac{\partial^2 \boldsymbol{A}}{\partial t^2} - \nabla\left(\nabla \cdot \boldsymbol{A} + \frac{1}{c^2}\frac{\partial \Phi}{\partial t}\right) = -\mu_0 \boldsymbol{J}. \tag{1.16}$$

现在，我们取洛伦茨规范，也就是要求电磁势满足条件 (1.13)，于是 (1.15) 和 (1.16) 式可以化为电磁势的 (有源) 波动方程：

$$\nabla^2 \Phi - \frac{1}{c^2}\frac{\partial^2 \Phi}{\partial t^2} = -\rho/\epsilon_0, \quad \nabla^2 \boldsymbol{A} - \frac{1}{c^2}\frac{\partial^2 \boldsymbol{A}}{\partial t^2} = -\mu_0 \boldsymbol{J}. \tag{1.17}$$

因此，在洛伦茨规范下真空中的麦克斯韦方程组化为相互独立的标势和矢势的波动方程，它预示着电磁势 (从而电磁场) 具有波动形式的解. 理所当然地，这种波称为电磁波. 根据波动方程的形式，电磁波在真空中的波速为 c，即与 (1.5) 式中的真空光速吻合. 这一点在历史上曾经作为支持可见光也是一种电磁波的强烈证据. 尽管在现在已经是常识性的知识了，但在麦克斯韦的年代，当人们认识到这一点的时候，那还是一件很伟大的事情. 特别是在麦克斯韦过世八年后，赫兹 (Hertz) 实验明确验证这一点时，科学界为之而轰动. 从此，电、磁、光这三个原先被认为完全不同范畴的东西被和谐地统一在一起了.

4 介质中的麦克斯韦方程组

如果我们考虑的空间存在介质，那么其中的电磁现象则会更为复杂. 根本上讲，如果在亚原子尺度考虑问题，那么所谓介质无非是大量的、不断运动的微观粒子的集合体，这些微观粒子一般都带有电荷或磁矩，因此，介质中的电磁场原则上是外加的电磁场和这些介质中的微观粒子所产生的微观电磁场线性叠加后，再进行某种统计平均的结果. 现代物理学告诉我们，微观粒子从本质上说遵从量子力学而不是经典力学，因此，从微观第一原理出发处理介质中的电磁现象将是量子力学和统计物理的课题. 作为经典电动力学，我们将仅满足于一个经典的，而且往往是唯象的电磁场的描述.

4.1 线性介质中的麦克斯韦方程组

我们首先考虑所谓线性、各向同性、均匀的介质. 当存在电磁场 $\boldsymbol{E}$ 和 $\boldsymbol{B}$ 时，

场会使介质极化 (电极化或磁化)，因此，介质单位体积中的平均电偶极矩[⑩]或磁偶极矩会不为零. 我们称介质单位体积中的平均电偶极矩为介质的电极化强度，记为 $\boldsymbol{P}$. 由于介质中电极化强度 (电偶极矩) 的存在，就会附加产生一个电荷分布，这个电荷分布与自由的电荷分布不同，它是由于 $\boldsymbol{P}$ 的空间不均匀分布造成的，因此不能在介质中自由流动，我们称这种电荷为束缚电荷. 在介质内任意取一个封闭曲面，简单地考察会发现，该封闭曲面内所包含的总束缚电荷 Q_{b} 可以写成

$$Q_{\mathrm{b}} \equiv \int \mathrm{d}^3\boldsymbol{x}\ \rho_{\mathrm{b}} = -\oint \boldsymbol{P}\cdot\mathrm{d}\boldsymbol{S}. \tag{1.18}$$

由于封闭曲面选择的任意性，(1.18) 式中的积分可以化为介质内任意一点的微分关系

$$\rho_{\mathrm{b}} = -\nabla\cdot\boldsymbol{P}, \tag{1.19}$$

其中 ρ_{b} 是介质内任意一点的束缚电荷密度. 类似地，在介质边界面上的束缚电荷面密度（假定介质外是真空）

$$\sigma_{\mathrm{b}} = \boldsymbol{n}\cdot\boldsymbol{P}. \tag{1.20}$$

如果束缚电荷分布随时间改变，就会产生束缚电流分布，它完全是由束缚电荷密度随时间变化引起的，记为 $\boldsymbol{J}_{\mathrm{b}}$. 由于束缚电荷本身必须满足连续性方程 $\partial\rho_{\mathrm{b}}/\partial t + \nabla\cdot\boldsymbol{J}_{\mathrm{b}} = 0$，因此与 (1.19) 式比较可得，束缚电流密度

$$\boldsymbol{J}_{\mathrm{b}} = \frac{\partial\boldsymbol{P}}{\partial t}. \tag{1.21}$$

考虑到分子内部的带电微观粒子是在运动的，这也会产生一个电流分布，我们称之为分子电流密度 $\boldsymbol{J}_{\mathrm{m}}$. 这个概念是安培首先引入的[⑪]，它的存在同样可以

[⑩]将带等量 (设其绝对值为 q) 但符号相反电荷的两个点电荷靠近，就构成了一个电偶极子. 描写一个电偶极子的特征物理量是它的电偶极矩 $\boldsymbol{p}$. 假定带有 $+q$ 电荷的点电荷相对于带有 $-q$ 电荷的点电荷的位移矢量为 $\boldsymbol{d}$，那么这个电偶极子的电偶极矩就定义为 $\boldsymbol{p} = q\boldsymbol{d}$.

[⑪]朗之万 (Langevin) 证明安培分子环流是抗磁的. 不过，安培分子环流无论在经典理论中还是在量子力学建立以后都是重要的概念. 经典的安培分子环流包围的面积为 S，电流强度为 I，按照右手法则所确定的平面法向的单位矢量为 $\boldsymbol{n}$，那么这个平面环形电流就构成了一个磁偶极子，或磁矩：$\boldsymbol{m} = (SI)\boldsymbol{n}$. 在量子物理中，单个电子绕原子核的“电流”相应的磁矩即为玻尔磁子 $\mu_{\mathrm{B}} = e\hbar/2m$，这更接近原子磁矩的本质.

产生磁场. 当介质被外加磁场磁化时，介质单位体积中的平均磁偶极矩称为该介质的磁化强度，记为 $\boldsymbol{M}$. 在介质中取一个由无穷小闭合回路 C 所围成的面积元，记该面积元的法向方向为 $\boldsymbol{n}$，那么有

$$\int \boldsymbol{J}_{\mathrm{m}} \cdot \mathrm{d}\boldsymbol{S} = \oint \boldsymbol{M} \cdot \mathrm{d}\boldsymbol{l}, \tag{1.22}$$

所以，分子电流密度与磁化强度之间的关系为

$$\boldsymbol{J}_{\mathrm{m}} = \nabla \times \boldsymbol{M}. \tag{1.23}$$

同样地，在介质表面由分子电流所造成的面电流密度

$$\boldsymbol{K}_{\mathrm{m}} = -\boldsymbol{n} \times \boldsymbol{M}. \tag{1.24}$$

现在我们可以按照上述简化的模型来阐述介质中的麦克斯韦方程组了. 显然，两个齐次的无源方程不会有任何变化. 对于两个非齐次的有源方程，只需要在电荷密度中加上束缚电荷密度 [(1.19) 式]，在电流密度中加上束缚电流密度 [(1.21) 式] 和分子电流密度 [(1.23) 式] 就可以了. 于是 (1.1) 和 (1.2) 式变为

$$\nabla \cdot \boldsymbol{E} = (\rho - \nabla \cdot \boldsymbol{P})/\epsilon_0, \tag{1.25}$$

$$\nabla \times \boldsymbol{B} = \frac{1}{c^2}\frac{\partial \boldsymbol{E}}{\partial t} + \mu_0 \left(\boldsymbol{J} + \frac{\partial \boldsymbol{P}}{\partial t} + \nabla \times \boldsymbol{M}\right). \tag{1.26}$$

我们引入电位移矢量 $\boldsymbol{D}$ 和磁场强度 $\boldsymbol{H}$：

$$\boldsymbol{D} = \epsilon_0 \boldsymbol{E} + \boldsymbol{P}, \tag{1.27}$$

$$\boldsymbol{H} = \frac{1}{\mu_0}\boldsymbol{B} - \boldsymbol{M}. \tag{1.28}$$

这样一来，介质中的麦克斯韦方程组可以写成

$$\nabla \cdot \boldsymbol{D} = \rho, \tag{1.29}$$

$$\nabla \times \boldsymbol{H} - \frac{\partial \boldsymbol{D}}{\partial t} = \boldsymbol{J}, \tag{1.30}$$

$$\nabla \times \boldsymbol{E} + \frac{\partial \boldsymbol{B}}{\partial t} = 0, \tag{1.31}$$

$$\nabla \cdot \boldsymbol{B} = 0. \tag{1.32}$$

介质中的麦克斯韦方程组还有积分形式 (对封闭曲面或曲线的积分分别是对相应空间或曲面区域的边界进行)：

$$\oint \boldsymbol{D} \cdot \mathrm{d}\boldsymbol{S} = \int_V \mathrm{d}^3\boldsymbol{x}\rho, \tag{1.29$'$}$$

$$\oint \boldsymbol{H}\cdot \mathrm{d}\boldsymbol{l}-\frac{\partial}{\partial t}\int \boldsymbol{D}\cdot \mathrm{d}\boldsymbol{S}=\int \boldsymbol{J}\cdot \mathrm{d}\boldsymbol{S}, \tag{1.30$'$}$$

$$\oint \boldsymbol{E}\cdot \mathrm{d}\boldsymbol{l}+\frac{\partial}{\partial t}\int \boldsymbol{B}\cdot \mathrm{d}\boldsymbol{S}=0, \tag{1.31$'$}$$

$$\oint \boldsymbol{B}\cdot \mathrm{d}\boldsymbol{S}=0. \tag{1.32$'$}$$

这里我们需要指出，麦克斯韦首先得到的就是介质中的电磁场方程组. 上述讨论只是针对简化的介质模型说明真空中的麦克斯韦方程组和介质中的麦克斯韦方程组的一致性. 在一般的情形下，电位移矢量 $\boldsymbol{D}$ 和磁场强度 $\boldsymbol{H}$ 与电场强度 $\boldsymbol{E}$ 和磁感应强度 $\boldsymbol{B}$ 之间的关系可能是十分复杂的 [此时 $\boldsymbol{D}$ 和 $\boldsymbol{H}$ 由使得 (1.29) 和 (1.30) 式成立来定义]，称为电磁介质中的本构关系 (或本构方程)：

$$\boldsymbol{D}=\boldsymbol{D}[\boldsymbol{E},\boldsymbol{B}],\quad \boldsymbol{H}=\boldsymbol{H}[\boldsymbol{E},\boldsymbol{B}]. \tag{1.33}$$

原则上讲，上述关系不仅可以是非线性的，甚至可以是非局域的. 我们将假设上面所讨论的最为普遍的本构方程可以用比较简化的形式 (1.27) 和 (1.28) 来替代. 更为富有启发性的推导是对微观的麦克斯韦方程组进行平均，从而推导出依赖于本构关系的介质中的麦克斯韦方程组. 这方面的讨论可见参考书 [9] 中的相关章节 (§6.6).

4.2　电磁介质的简单介绍

下面我们简要罗列一下本书中会遇到的各种常见介质.

(1) 线性介质.

这种介质中，电极化强度 $\boldsymbol{P}$ 和磁化强度 $\boldsymbol{M}$ 对电磁场 $\boldsymbol{E}$ 和 $\boldsymbol{B}$ 的依赖关系可以用一个普遍的线性关系表达. 我们将它写成[12]

$$P_i(t)=\epsilon_0\int_{-\infty}^{\infty}\mathrm{d}t'\chi_{ij}^{(\mathrm{e})}(t')E_j(t-t'), \tag{1.34}$$

$$M_i(t)=\int_{-\infty}^{\infty}\mathrm{d}t'\chi_{ij}^{(\mathrm{m})}(t')H_j(t-t'), \tag{1.35}$$

其中我们使用了爱因斯坦求和约定: 重复的指标隐含对其求和. 注意我们这里写出了一个比较普遍的线性关系，它们对于时间不是局域的[13]，也就是说，任意一

[12] 由于场 $\boldsymbol{H}$ 与实验上可控制的电流直接关联，历史上磁介质中的磁化率是用场 $\boldsymbol{H}$ 而不是 $\boldsymbol{B}$ 来表达的.

[13] 最为普遍的线性关系实际上还可以包含空间的非局域性. 也就是说，某个点的极化情况还可以依赖于空间其他点的外场. 这种现象称为空间色散. 它仅仅出现在非常特殊的情况下，在绝大多数情况下其效应是很小的，本书将不做讨论.

个时刻的电或磁的极化强度可以与其他时刻的电场和磁场有关联. 按照因果性的要求，系数 $\chi_{ij}^{(\mathrm{e})}(t)$ 和 $\chi_{ij}^{(\mathrm{m})}(t)$ 在 $t<0$ 时应当恒等于零，也就是说每个时刻的极化只与该时刻之前的场有关，不可能与该时刻之后的场有关[14]. 上面两个公式的右端实际上是函数 χ_{ij} 和外场的卷积. 所以，如果我们将 (1.34) 和 (1.35) 式做一个时间傅里叶 (Fourier) 变换，就得到频域的电极化率和磁化率[15]:

$$P_i(\omega)=\epsilon_0\chi_{ij}^{(\mathrm{e})}(\omega)E_j(\omega),\quad M_i(\omega)=\chi_{ij}^{(\mathrm{m})}(\omega)H_j(\omega), \tag{1.36}$$

其中 $\chi_{ij}^{(\mathrm{e})}(\omega)$ 和 $\chi_{ij}^{(\mathrm{m})}(\omega)$ 则称为电极化率张量和磁化率张量[16]. 现在利用场 $\boldsymbol{D}$, $\boldsymbol{H}$ 的定义式 (1.27) 和 (1.28)，我们就得到

$$D_i(\omega)=\epsilon_{ij}(\omega)E_j(\omega),\quad B_i(\omega)=\mu_{ij}(\omega)H_j(\omega), \tag{1.37}$$

其中 $\epsilon_{ij}(\omega)$ 和 $\mu_{ij}(\omega)$ 分别称为介质的介电张量和磁导率张量，它们与 (1.36) 式中的电极化率张量和磁化率张量的关系是

$$\epsilon_{ij}(\omega)=\epsilon_0\left(\delta_{ij}+\chi_{ij}^{(\mathrm{e})}(\omega)\right),\quad \mu_{ij}(\omega)=\mu_0\left(\delta_{ij}+\chi_{ij}^{(\mathrm{m})}(\omega)\right). \tag{1.38}$$

在线性介质中，介电张量和磁导率张量只与介质的性质有关，不再依赖于电磁场. 对于静态的外场，只要介质不具有电滞或者磁滞现象，那么该介质的介电张量和磁导率张量一定是一个对称的张量. 对于非静态的情形，利用昂萨格 (Onsager) 倒易关系，也可以证明 ϵ_{ij} 和 μ_{ij} 都是对称的张量 (如见参考书 [12] 中的 §13，§96 两节). 满足上述关系 [即从 (1.36) 式到 (1.38) 式] 的介质统称为线性介质. 线性介质的定义要求外加电场或磁场不能太大，比如顺磁体的饱和区就不再是线性的.

如果进一步假设线性介质具有旋转对称性[17](这时我们称之为各向同性线性介质)，那么它的介电张量和磁导率张量都退化为与单位张量成正比，也就是

---

[14]利用这一点，可以得到一系列十分有意义的关于介电常数的解析性的结论，这些结论集中地体现在所谓的克拉默斯 (Kramers)–克勒尼希 (Kronig) 色散关系中, 参见本书后面第 21 节的讨论.

[15]这里假设 $\boldsymbol{D}$ 只线性依赖于 $\boldsymbol{E}$，而 $\boldsymbol{H}$ 只线性依赖于 $\boldsymbol{B}$，也就是说不存在电和磁之间的“混合”，这对于多数情形是正确的. 唯一常见的例外是介质本身在运动的情形，见参考书 [12] 中的讨论.

[16]这依赖于傅里叶变换中对归一化常数的约定. 这里的约定是对于所有的场都采用相同的约定，而对于电极化率和磁化率则采用 $\chi(t)=(1/2\pi)\int_{-\infty}^{\infty}\mathrm{d}\omega\chi(\omega)\mathrm{e}^{-\mathrm{i}\omega t}$.

[17]事实上，只需要立方对称性就足以将介质的介电张量和磁导率张量约化为一个标量.

说 $\chi_{ij}^{(\mathrm{e/m})}(\omega)=\chi^{(\mathrm{e/m})}(\omega)\delta_{ij}$，于是我们得到

$$\begin{aligned}\boldsymbol{D}(\omega)&=\epsilon(\omega)\boldsymbol{E}(\omega),\quad \epsilon(\omega)=\epsilon_0(1+\chi^{(\mathrm{e})}(\omega)),\\ \boldsymbol{H}(\omega)&=\frac{1}{\mu(\omega)}\boldsymbol{B}(\omega),\quad \mu(\omega)=\mu_0(1+\chi^{(\mathrm{m})}(\omega)),\end{aligned}\tag{1.39}$$

其中 $\epsilon(\omega)$ 称为介质的介电常数或者电容率[18]，$\mu(\omega)$ 则称为介质的磁导率. 无量纲参数 $\chi^{(\mathrm{e})}(\omega)$ 和 $\chi^{(\mathrm{m})}(\omega)$ 称为该各向同性线性介质的电极化率和磁化率. 一般又称无量纲的量 $\epsilon(\omega)/\epsilon_0$ 为该介质的相对介电常数，称 $\mu(\omega)/\mu_0$ 为相对磁导率. 实际上在高斯单位制中相对介电常数和相对磁导率就是介电常数和磁导率.

需要指出的是，大量的线性介质都不是各向同性的，例如绝大多数的晶体都是各向异性的. 液体、气体、立方对称的晶体以及大量多晶体都是各向同性的. 对于各向同性的线性介质，其电极化率永远是正的，但磁化率则可以是正的 (称为顺磁性)，也可以是负的 (称为抗磁性或逆磁性). 抗磁性一般是源于构成介质的原子具有饱和的原子轨道，否则它一般具有顺磁性. 注意线性介质对于外加电磁场的响应都要求场不能太大. 介质对于外加电场的响应取决于该介质的构成以及结构. 介质的磁性则更为复杂，磁学已经成为凝聚态物理和工学中的一个重要分支. 本书不可能对介质的电磁性质进行十分详细的讨论，我们将仅从一些简单的唯象模型 (例如第 20 节中讨论的振子模型) 出发，简要说明介质的电磁性质.

介电常数和磁导率一般依赖于外场的圆频率 ω，其中介电常数对频率的依赖更为明显. 由于光学折射率与介电常数直接关联，介电张量依赖于电磁场的频率的现象通称为色散. 我们在后面电磁波传播的一章中将更为详细地讨论色散的物理. 另外值得指出的是，介电常数和磁导率一般还依赖于温度. 例如对于顺磁介质，其磁化率一般反比于温度. 这些问题是统计物理中的重要研究对象.

(2) 导体.

导体是具有导电性能的介质，比如金属、导电溶液、电离的等离子体等. 这一类介质在电场中会相应地产生宏观的电流. 一般来说，这种电流的流动也同时伴随着热的产生，因此这种介质一定是耗散的. 也就是说，电磁场的能量会不断地转换成介质的内能. 金属的导电性是一个固体物理中十分重要而复杂的问题. 我们这里不去讨论其导电机制，而是假设电流密度 $\boldsymbol{J}$ 与电场 $\boldsymbol{E}$ 有着线性的关系.

[18]不同的文献中名称不太统一. 有的文献强调有量纲的 ϵ 应当称为电容率，只有无量纲的相对介电常数称为介电常数. 有的文献则直接称 ϵ 为介电常数，称 ϵ/ϵ_0 为相对介电常数. 本书主要采用第二种名称.

类似于前面线性介质的讨论，我们把这种普遍的线性关系唯象地写成

$$J_i(\omega) = \sigma_{ij}(\omega)E_j(\omega), \tag{1.40}$$

其中 $\sigma_{ij}(\omega)$ 称为电导率张量，它原则上是频率的函数. 这个线性关系可以称为广义欧姆 (Ohm) 定律. 如果导电介质是各向同性的，那么利用对称性可以证明电导率张量退化为正比于单位张量，其比例系数就是所谓的电导率 $\sigma(\omega)$，这时我们就得到了通常的微观欧姆定律

$$\boldsymbol{J}(\omega) = \sigma(\omega)\boldsymbol{E}(\omega). \tag{1.41}$$

在静电学、静磁学中经常会遇到称为理想导体的一类特殊导体. 所谓理想导体就是电导率趋于无穷大的导体. 理想导体的一个实际例子是超导体. 超导体内部的电场 $\boldsymbol{E}$ 和磁场 $\boldsymbol{B}$ 都等于零 [后者即所谓的迈斯纳 (Meissner) 效应].

(3) 铁电体、铁磁体.

首先要明确指出，铁电体不是线性电介质，铁磁体也不是线性磁介质，(1.36) 式对于铁电体和铁磁体完全不适用. 铁电体和铁磁体的特点是在外加电场或磁场是零的时候，介质也存在自发的电极化或磁化.

铁电性和铁磁性是由电子结构和多层次微结构造成的. 铁电体呈现出非常高的介电常数，往往在多晶体的多相边界处出现，而且其晶体结构甚至会随外加电场而改变. 铁电体同时呈现出电性质和机械性质的非线性. 铁磁性源于多体电子结构中出现的交换相互作用，它只在铁、钴、镍等少数元素中出现. 多晶铁磁体在不同的磁场中都呈现高度的非线性. 关于铁磁性的研究已经成为理学和工学多个一级学科下专门的分支——磁学. 本书中还会使用一个所谓的硬铁磁体的概念，实际上就是矫顽力很大，在外磁场不太大时磁化强度 $\boldsymbol{M}$ 保持不变的铁磁体.

如上一小节所述，电位移矢量和磁场强度与外电磁场的关系可能是非常复杂的，比如在有些介质中它们会依赖于感生的四极矩甚至八极矩. 在本书随后的讨论中，除非特别申明，都假设 (1.27) 和 (1.28) 式总是适用的.

4.3 介质交界面处的边界条件

在两种不同介质的交界面附近，电磁场必须满足一定的边界条件，这些边界条件可以从积分形式的麦克斯韦方程组得到. 考虑如图 1.1 中所示的两种介质 (我们分别称为介质 1 和介质 2) 的交界面上的任意一点，我们可以在该点附近构造一个底面与该点法方向垂直、高度为无穷小的柱体. 柱体的两个底面分别处于两种介质之中，同时底面积 ΔS 也是无穷小 (我们以后常常会称这类小柱体为

“高斯小盒”). 将麦克斯韦方程组中的第一个方程 (1.29′) 的积分取在高斯小盒中，就得到

$$\oint \boldsymbol{D} \cdot \mathrm{d}\boldsymbol{S} = \sigma \Delta S. \tag{1.42}$$

当高斯小盒高度趋于零时，$\boldsymbol{D}$ 在无穷小柱体表面的积分就等于 $\boldsymbol{n} \cdot (\boldsymbol{D}_2 - \boldsymbol{D}_1)\Delta S$，于是我们得到两个电介质交界面处的边界条件

$$\boldsymbol{n} \cdot (\boldsymbol{D}_2 - \boldsymbol{D}_1) = \sigma, \tag{1.43}$$

其中 $\boldsymbol{n}$ 是两个介质交界面处由介质 1 指向介质 2 的单位矢量，$\boldsymbol{D}_1$ 和 $\boldsymbol{D}_2$ 是两个介质在交界面当地的电位移矢量，σ 是两个交界面处的自由面电荷密度[19].

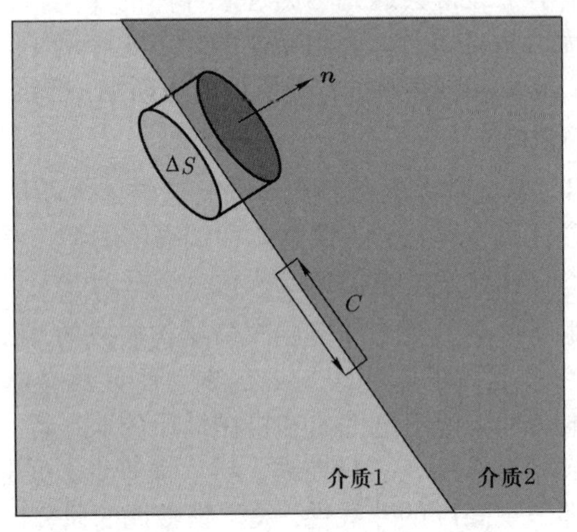

图 1.1　推导电磁场在两种介质交界面处的边界条件的示意图. 左上角的高斯小盒可以用来推导电磁场法向的边界条件 (1.43) 和 (1.44)，右下角的安培小圈可以用来推导电磁场切向的边界条件 (1.46) 和 (1.47)

从麦克斯韦方程组中磁的高斯定律 [(1.32′) 式] 出发，运用类似的方法，我们可以得到磁感应强度在两种介质交界面处的行为

$$\boldsymbol{n} \cdot (\boldsymbol{B}_2 - \boldsymbol{B}_1) = 0. \tag{1.44}$$

边界条件 (1.43) 和 (1.44) 确定了电磁场的法向分量在介质交界面处的行为. 它告诉我们，在两种介质的交界面处，磁感应强度 $\boldsymbol{B}$ 的法向分量连续，电位移矢量 $\boldsymbol{D}$ 的法向分量可以有一个跃变，其跃变的数值为 σ.

[19]希望读者不要将面电荷密度和导体中的电导率混淆了，两者都习惯性地用字母 σ 来表示.

我们现在考虑在两种介质的交界面处构造图 1.1 中的一个无穷小的矩形回路 C，并且使矩形回路的一对边与交界面的切向平行，另一对边与交界面的法向平行. 同时，我们令其沿法向的两个边长为高阶的无穷小 (我们将称这种回路为“安培小圈”). 那么由法拉第电磁感应定律 [(1.31′) 式] 可以得到

$$\oint_C \boldsymbol{E} \cdot \mathrm{d}\boldsymbol{l} = -\int_S \frac{\partial \boldsymbol{B}}{\partial t} \mathrm{d}S. \tag{1.45}$$

由于回路 C 所围成的面积 S 为无穷小，而 $\partial \boldsymbol{B}/\partial t$ 在边界处为有限值，于是上面式子的右方趋于零. 于是我们得到电场强度 $\boldsymbol{E}$ 在边界处的行为

$$\boldsymbol{n} \times (\boldsymbol{E}_2 - \boldsymbol{E}_1) = 0, \tag{1.46}$$

也就是说，$\boldsymbol{E}$ 的切向分量在两个介质的边界处连续.

类似地，我们利用麦克斯韦修正过的安培环路定律 [(1.30′) 式] 就可以确立磁场强度 $\boldsymbol{H}$ 的切向分量在介质交界面处的跃变，得到的结果为

$$\boldsymbol{n} \times (\boldsymbol{H}_2 - \boldsymbol{H}_1) = \boldsymbol{K}, \tag{1.47}$$

其中 $\boldsymbol{K}$ 为两种介质交界面处的自由面电流密度.

假定我们知道了所考虑的介质的性质，也就是说我们知道了它的本构方程 [(1.33) 式]，那么一旦给定空间的电荷和电流分布 [介质内的 $(\rho, \boldsymbol{J})$ 和边界处的 $(\sigma, \boldsymbol{K})$] 以及本节所讨论的两个介质交界面上的边界条件 [(1.43), (1.44), (1.46), (1.47) 式]，根据数学中关于偏微分方程的理论，满足麦克斯韦方程组的经典电磁场就被唯一地确定了. 得到这些电磁场的时空分布并讨论其相关的重要物理性质正是本书后面要关注的主体内容.

5 电磁规律中的守恒律

麦克斯韦方程组中已经隐含了电荷守恒定律，它的微分表述是所谓的连续性方程

$$\frac{\partial \rho}{\partial t} + \nabla \cdot \boldsymbol{J} = 0. \tag{1.48}$$

这一点可以利用真空中的麦克斯韦方程 (1.1) 和 (1.2)，或介质中的麦克斯韦方程 (1.29) 和 (1.30) 加以直接证明 (参见本章后的相关习题).

下面我们来讨论电磁系统中的能量守恒问题. 我们所考虑的整个系统由产生电磁场的源 (也就是电荷分布和电流分布) 加上由它们在空间所产生的电磁场组成. 考虑在电磁场 $\boldsymbol{E}$ 和 $\boldsymbol{B}$ 中的一个电荷为 q，速度为 $\boldsymbol{v}$ 的运动的带电粒子，电

场会对该粒子做功，而磁场对这个粒子不做功，因为磁场对于粒子施加的力永远与该粒子的速度垂直. 由功能原理，电场 $\boldsymbol{E}$ 对粒子做功的功率为 $q\boldsymbol{v}\cdot\boldsymbol{E}$. 一般来讲，如果空间存在一个电流分布 $\boldsymbol{J}$，那么在任意一个体积 V 内，电场对电流密度[20] 所做的功的功率为

$$W=\int_V \mathrm{d}^3\boldsymbol{x}\boldsymbol{J}\cdot\boldsymbol{E}. \tag{1.49}$$

这部分能量实际上是由电磁场的能量转化为了带电粒子的机械能或热能. 利用麦克斯韦方程 (1.30)，上述功率可以表达为

$$W=\int_V \mathrm{d}^3\boldsymbol{x}\left(\boldsymbol{E}\cdot(\nabla\times\boldsymbol{H})-\boldsymbol{E}\cdot\frac{\partial\boldsymbol{D}}{\partial t}\right). \tag{1.50}$$

现在我们利用恒等式 [见附录 A 中的 (A.14) 式]

$$\nabla\cdot(\boldsymbol{E}\times\boldsymbol{H})=\boldsymbol{H}\cdot(\nabla\times\boldsymbol{E})-\boldsymbol{E}\cdot(\nabla\times\boldsymbol{H}), \tag{1.51}$$

以及法拉第电磁感应定律 $\nabla\times\boldsymbol{E}=-\partial\boldsymbol{B}/\partial t$，就可以将功率 [(1.50) 式] 化为

$$W=-\int_V \mathrm{d}^3\boldsymbol{x}\left(\nabla\cdot(\boldsymbol{E}\times\boldsymbol{H})+\boldsymbol{E}\cdot\frac{\partial\boldsymbol{D}}{\partial t}+\boldsymbol{H}\cdot\frac{\partial\boldsymbol{B}}{\partial t}\right). \tag{1.52}$$

(1.52) 式的右方具有典型的连续性方程的形式. 通过定义电磁场的能量密度

$$u=\frac{1}{2}(\boldsymbol{E}\cdot\boldsymbol{D}+\boldsymbol{B}\cdot\boldsymbol{H}), \tag{1.53}$$

以及能流密度

$$\boldsymbol{S}=\boldsymbol{E}\times\boldsymbol{H}, \tag{1.54}$$

可以将电流密度对电磁场做功的功率写为 (假定我们处理的是非耗散的线性介质)

$$\int_V \mathrm{d}^3\boldsymbol{x}\left(\frac{\partial u}{\partial t}+\nabla\cdot\boldsymbol{S}\right)=-\int_V \mathrm{d}^3\boldsymbol{x}\,\boldsymbol{J}\cdot\boldsymbol{E}=-W. \tag{1.55}$$

(1.55) 式的物理意义十分明显：在单位时间内，任意一个体积 V 内的带电粒子能量的下降，一部分转换为电磁场能量的上升，另一部分由电磁场能流通过体积的边界流出. 能流密度 $\boldsymbol{S}$ 又称为电磁场的坡印亭 (Poynting) 矢量.

[20]这是个简化的说法. 确切地说，应当称为电场对引起电流的带电粒子所做的功的功率.

运用类似的方法可以讨论电磁场和带电粒子系统中的动量守恒问题. 考虑一个任意选定的空间区域 V，我们将该区域内的带电粒子 (源) 的总动量记为 $\boldsymbol{P}^{(\mathrm{src})}$，那么运用洛伦兹力的公式 (1.6) 和牛顿第二定律，得

$$\frac{\mathrm{d}\boldsymbol{P}^{(\mathrm{src})}}{\mathrm{d}t} = \int_V \mathrm{d}^3\boldsymbol{x}\,(\rho\boldsymbol{E} + \boldsymbol{J}\times\boldsymbol{B})\,. \tag{1.56}$$

利用有源的麦克斯韦方程，将上式中的源 (也就是 ρ 和 $\boldsymbol{J}$) 用电磁场的时空微商来替代，有

$$\rho\boldsymbol{E} + \boldsymbol{J}\times\boldsymbol{B} = \epsilon_0\left(\boldsymbol{E}(\nabla\cdot\boldsymbol{E}) + \boldsymbol{B}\times\frac{\partial\boldsymbol{E}}{\partial t} - c^2\boldsymbol{B}\times(\nabla\times\boldsymbol{B})\right). \tag{1.57}$$

上面公式中含有电场对时间偏微商的项可以化为

$$\boldsymbol{B}\times\frac{\partial\boldsymbol{E}}{\partial t} = \boldsymbol{E}\times\frac{\partial\boldsymbol{B}}{\partial t} - \frac{\partial}{\partial t}(\boldsymbol{E}\times\boldsymbol{B}). \tag{1.58}$$

将 (1.58) 式代入 (1.57) 式并应用无源麦克斯韦方程 $\partial\boldsymbol{B}/\partial t = -\nabla\times\boldsymbol{E}$ 和 $\nabla\cdot\boldsymbol{B} = 0$，(1.56) 式化为

$$\begin{aligned}&\frac{\mathrm{d}\boldsymbol{P}^{(\mathrm{src})}}{\mathrm{d}t} + \frac{\mathrm{d}}{\mathrm{d}t}\int_V \mathrm{d}^3\boldsymbol{x}\,\epsilon_0(\boldsymbol{E}\times\boldsymbol{B})\\ &= \epsilon_0\int_V \mathrm{d}^3\boldsymbol{x}\left[\boldsymbol{E}(\nabla\cdot\boldsymbol{E}) + c^2\boldsymbol{B}(\nabla\cdot\boldsymbol{B}) - \boldsymbol{E}\times(\nabla\times\boldsymbol{E}) - c^2\boldsymbol{B}\times(\nabla\times\boldsymbol{B})\right].\end{aligned} \tag{1.59}$$

现在利用有关电场的矢量恒等式 (其中使用了爱因斯坦约定，重复指标意味着对其求和)

$$[\boldsymbol{E}(\nabla\cdot\boldsymbol{E}) - \boldsymbol{E}\times(\nabla\times\boldsymbol{E})]_i = \partial_j\left(E_iE_j - \frac{1}{2}\boldsymbol{E}\cdot\boldsymbol{E}\delta_{ij}\right), \tag{1.60}$$

以及对于磁感应强度 $\boldsymbol{B}$ 类似的矢量恒等式，我们可以将 (1.59) 式化为

$$\frac{\mathrm{d}}{\mathrm{d}t}[P_i^{(\mathrm{src})} + P_i^{(\mathrm{field})}] = \int_V \mathrm{d}^3\boldsymbol{x}\,\partial_jT_{ij} = \oint_{\partial V}\mathrm{d}S_iT_{ij}. \tag{1.61}$$

在动量守恒式 (1.61) 中，区域内电磁场的总动量定义为

$$\boldsymbol{P}^{(\mathrm{field})} = \int_V \mathrm{d}^3\boldsymbol{x}\boldsymbol{g}. \tag{1.62}$$

它由电磁场的动量密度 $\boldsymbol{g}$ 在该区域内积分得到，其中电磁场的动量密度 (单位体积内电磁场的动量) 的定义为

$$\boldsymbol{g} = \epsilon_0(\boldsymbol{E} \times \boldsymbol{B}) = \epsilon_0\mu_0\boldsymbol{S}. \tag{1.63}$$

此外我们还定义了电磁场的应力张量，即麦克斯韦应力张量

$$T_{ij} = \epsilon_0\left[E_iE_j + c^2B_iB_j - \frac{1}{2}(\boldsymbol{E}\cdot\boldsymbol{E} + c^2\boldsymbol{B}\cdot\boldsymbol{B})\delta_{ij}\right]. \tag{1.64}$$

利用高斯定理，(1.61) 式的右边可以化为麦克斯韦应力张量在边界面 ∂V 上的积分. (1.61) 式所代表的物理意义现在变得比较清晰了：在单位时间中任意区域内的带电粒子（源）动量的下降，等于该区域内电磁场动量的上升，加上通过该区域边界 ∂V 净流出的场对外界作用的动量变化率，而场对外界作用的动量变化率等于麦克斯韦应力张量在边界面上的面积分的负值. 如果在空间任意曲面上某处取其向外的法线方向单位矢量 $\boldsymbol{n}$，那么 $T_{ij}n_j$ 代表了通过该处单位面积、单位时间中流入的场的动量的第 i 分量.

值得注意的是，电磁场的动量密度 $\boldsymbol{g}$ 与电磁场的能流密度有一个简单的关系

$$\boldsymbol{g} = \boldsymbol{S}/c^2. \tag{1.65}$$

在讨论过狭义相对论下的电动力学以后我们会看到 (见第 35 节的讨论)，这一点不是偶然的. 实际上，两者与电磁场的能量密度以及麦克斯韦应力张量一起，构成了电磁场四维形式的能量–动量张量.

前面讨论了电磁场的能量和动量守恒问题，完全类似地, 我们可以讨论电磁场和带电粒子的角动量守恒问题. 为了简化讨论，我们仅考虑纯电磁场的情形. 这时，如果空间同时存在电场和磁场，那么空间的任意一点就存在电磁场的动量密度 $\boldsymbol{g} = (\boldsymbol{E} \times \boldsymbol{H})/c^2$. 于是，相对于原点来说电磁场就具有角动量密度

$$\mathcal{M} = \boldsymbol{x} \times \boldsymbol{g} = \boldsymbol{x} \times (\boldsymbol{E} \times \boldsymbol{H})/c^2. \tag{1.66}$$

将这个角动量密度对空间积分，就可以得到某个区域中的电磁场所携带的角动量. 正如能量守恒和动量守恒一样，在电磁场与带电粒子或者物质的相互作用过程中，只有将电磁场的角动量也考虑在内，整个系统的角动量才是守恒的. 这方面一个有趣的例子可见参考书 [4] 中的 §8.2.4.

在结束本章之前，让我们给出历史上麦克斯韦本人在他 1865 年的著名论文《电磁场的动力学理论》中所列出的全部方程 (是用分量形式写出的，一共有 20 个标量方程)，见表 1.1. 麦克斯韦当年使用的符号与本书中符号之间的对应关系

如下：$(P,Q,R)\sim\boldsymbol{E}$, $(f,g,h)\sim\boldsymbol{D}$, $(\alpha,\beta,\gamma)\sim\boldsymbol{H}$, $\mu(\alpha,\beta,\gamma)\sim\boldsymbol{B}$, $(p,q,r)=\boldsymbol{J}$, $e\sim\rho$, $\varPsi\sim\varPhi$, $(F,G,H)\sim\boldsymbol{A}$. 注意原始的方程组中麦克斯韦还列入了欧姆定律(其中 $\xi\sim 1/\sigma$ 为电阻率)、线性介质中电场的本构方程 ($k\sim 1/\epsilon$) 和电荷守恒的连续性方程. 从中读者可以对历史上这套重要方程的诞生有个大概的印象.

表 1.1　麦克斯韦在《电磁场的动力学理论》中写下的麦克斯韦方程组

$e+\dfrac{\mathrm{d}f}{\mathrm{d}x}+\dfrac{\mathrm{d}g}{\mathrm{d}y}+\dfrac{\mathrm{d}h}{\mathrm{d}z}=0$	(1)	高斯定律
$\mu\alpha=\dfrac{\mathrm{d}H}{\mathrm{d}y}-\dfrac{\mathrm{d}G}{\mathrm{d}z}$, $\mu\beta=\dfrac{\mathrm{d}F}{\mathrm{d}z}-\dfrac{\mathrm{d}H}{\mathrm{d}x}$, $\mu\gamma=\dfrac{\mathrm{d}G}{\mathrm{d}x}-\dfrac{\mathrm{d}F}{\mathrm{d}y}$	(2)	磁的高斯定律
$P=\mu\left(\gamma\dfrac{\mathrm{d}y}{\mathrm{d}t}-\beta\dfrac{\mathrm{d}z}{\mathrm{d}t}\right)-\dfrac{\mathrm{d}F}{\mathrm{d}t}-\dfrac{\mathrm{d}\varPsi}{\mathrm{d}x}$, $Q=\mu\left(\alpha\dfrac{\mathrm{d}z}{\mathrm{d}t}-\gamma\dfrac{\mathrm{d}x}{\mathrm{d}t}\right)-\dfrac{\mathrm{d}G}{\mathrm{d}t}-\dfrac{\mathrm{d}\varPsi}{\mathrm{d}y}$, $R=\mu\left(\beta\dfrac{\mathrm{d}x}{\mathrm{d}t}-\alpha\dfrac{\mathrm{d}y}{\mathrm{d}t}\right)-\dfrac{\mathrm{d}H}{\mathrm{d}t}-\dfrac{\mathrm{d}\varPsi}{\mathrm{d}z}$	(3)	法拉第电磁感应定律 [以及洛伦兹力和泊松 (Poisson) 定律]
$\dfrac{\mathrm{d}\gamma}{\mathrm{d}y}-\dfrac{\mathrm{d}\beta}{\mathrm{d}z}=4\pi p'$, $\quad p'=p+\dfrac{\mathrm{d}f}{\mathrm{d}t}$, $\dfrac{\mathrm{d}\alpha}{\mathrm{d}z}-\dfrac{\mathrm{d}\gamma}{\mathrm{d}x}=4\pi q'$, $\quad q'=q+\dfrac{\mathrm{d}g}{\mathrm{d}t}$, $\dfrac{\mathrm{d}\beta}{\mathrm{d}x}-\dfrac{\mathrm{d}\alpha}{\mathrm{d}y}=4\pi r'$, $\quad r'=r+\dfrac{\mathrm{d}h}{\mathrm{d}t}$	(4)	安培–麦克斯韦定律
$P=-\xi p,\quad Q=-\xi q,\quad R=-\xi r$		欧姆定律
$P=kf,\quad Q=kg,\quad R=kh$		电弹性方程 ($\boldsymbol{E}=\boldsymbol{D}/\epsilon$)
$\dfrac{\mathrm{d}e}{\mathrm{d}t}+\dfrac{\mathrm{d}p}{\mathrm{d}x}+\dfrac{\mathrm{d}q}{\mathrm{d}y}+\dfrac{\mathrm{d}r}{\mathrm{d}z}=0$		电荷连续性

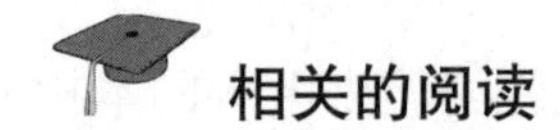

相关的阅读

本章主要是对麦克斯韦方程组的一些重要的总体性质进行了回顾和总结，类似的内容可以阅读经典著作参考书 [9] 中的导论以及参考书 [21] 的第一章. 我想本章的内容对于刚刚接触麦克斯韦方程组的读者来说可能会略微有些难以掌握. 这并没有很大的关系. 正如我们开始提及的，本章是本书一个总纲. 本章中所涉及的很多内容还会在以后各个章节中进行更为具体和详尽的讨论. 所以，只要能够对本章内容有一个整体的把握就足够了. 附录 A 讨论了三维和四维中的矢量分析，附录 B 则包含了不同单位制下的麦克斯韦方程组，阅读本章时请同时参考.

在与电磁相关的书中不得不涉及的一个问题就是电磁单位制的选择. 较常用的单位制大概可以分为两大类：一类是国际单位制，它与物理学其他分支的国际单位制更一致，并且在电磁相关的工程应用中更加广泛地被运用；另外一类是类高斯单位制 (表 1.1 中的麦克斯韦方程组与高斯单位制的区别是没有明确写出光速 c)，它更加适合讨论与微观粒子相关的电磁学问题，并且表观上与狭义相对论兼容性更明显. 两种单位制各有优劣，我们这里不去详细讨论. 考虑到绝大多数国内普通物理电磁学的教科书都是采用的国际单位制，本书决定采用混合的单位制. 具体来说，即在讲述狭义相对论之前的部分，采用国际单位制，这可以更好地与普通物理电磁学的教程衔接，但在狭义相对论部分之后则采用高斯单位制. 两种单位制之间的具体转换关系以及背后的原因，读者可以参考本书附录 B 中的讨论.

关于电磁学的历史，有兴趣的读者可以阅读物理学史的有关书籍，例如参考书 [23]. 另外对于早期电磁学的发展，特别向大家推荐参考书 [6].

习　题

1. 电荷守恒定律. 从真空和介质中的麦克斯韦方程组出发导出电荷守恒定律. 它的表现形式是所谓的连续性方程

$$\frac{\partial \rho}{\partial t} + \nabla \cdot \boldsymbol{J} = 0.$$

分别从真空中的麦克斯韦方程 (1.1)~(1.4) 和介质中的麦克斯韦方程 (1.29)~(1.32) 出发，证明其中的电荷密度和电流密度 $(\rho, \boldsymbol{J})$ 满足上述连续性方程.

2. *电磁场在分立变换下的行为*. 验证电磁场在空间反射和时间反演变换下若分别按照 (1.7) 和 (1.8) 式变换，则麦克斯韦方程 (1.1)~(1.4) 的形式保持不变.

3. *束缚电荷的电荷密度*. 验证束缚电荷的积分公式 (1.18)，并进一步验证其电荷密度的表达式 (1.19) 和 (1.20).

4. *磁化强度相应的分子电流*. 验证磁化强度与分子电流密度的积分公式 (1.22)，并进一步验证其电流密度的表达式 (1.23) 和 (1.24).

5. *卷积定理*. 考虑时间的函数 $\boldsymbol{P}(t)$，$\boldsymbol{E}(t)$ 之间的关系类似公式 (1.34)：

$$P_i(t) = \epsilon_0 \int_{-\infty}^{\infty} \mathrm{d}t' \chi_{ij}^{(\mathrm{e})}(t') E_j(t-t').$$

这称为函数 $\chi_{ij}^{(\mathrm{e})}(t)$ 和函数 $E_i(t)$ 的卷积. 现在假定所有时间的函数在 $t \to \pm\infty$ 时趋于零足够迅速，以至于它们的傅里叶变换都可以良好定义，例如

$$\tilde{\chi}_{ij}^{(\mathrm{e})}(\omega) = \int_{-\infty}^{\infty} \mathrm{d}t \chi_{ij}^{(\mathrm{e})}(t) \mathrm{e}^{\mathrm{i}\omega t},$$

它的逆变换为

$$\chi_{ij}^{(\mathrm{e})}(t) = \frac{1}{2\pi} \int_{-\infty}^{\infty} \mathrm{d}\omega \tilde{\chi}_{ij}^{(\mathrm{e})}(\omega) \mathrm{e}^{-\mathrm{i}\omega t},$$

类似地可以引入 $\boldsymbol{E}(t)$ 和 $\boldsymbol{P}(t)$ 的傅里叶变换及其相应的逆变换

$$\tilde{\boldsymbol{E}}(\omega) = \int_{-\infty}^{\infty} \mathrm{d}t \boldsymbol{E}(t) \mathrm{e}^{\mathrm{i}\omega t},$$
$$\boldsymbol{E}(t) = \frac{1}{2\pi} \int_{-\infty}^{\infty} \mathrm{d}\omega \tilde{\boldsymbol{E}}(\omega) \mathrm{e}^{-\mathrm{i}\omega t},$$

证明在时间域的卷积等价于傅里叶圆频率域的直接乘积，即验证在定义 (1.34) 以及傅里叶变换的合适约定选择下，线性介质满足 (1.36) 和 (1.37) 式.

6. *矢量恒等式*. 验证守恒律讨论中我们曾经运用过的两个恒等式，其中 $\boldsymbol{E}$ 和 $\boldsymbol{H}$ 是两个任意的矢量场：

   (1) $\nabla \cdot (\boldsymbol{E} \times \boldsymbol{H}) = \boldsymbol{H} \cdot (\nabla \times \boldsymbol{E}) - \boldsymbol{E} \cdot (\nabla \times \boldsymbol{H})$,

   (2) $[\boldsymbol{E}(\nabla \cdot \boldsymbol{E}) - \boldsymbol{E} \times (\nabla \times \boldsymbol{E})]_i = \partial_j \left(E_i E_j - \dfrac{1}{2} \boldsymbol{E} \cdot \boldsymbol{E} \delta_{ij} \right)$.

7. *连续介质中的应力张量*. 我们导出的真空中的麦克斯韦应力张量 (1.64) 是关于两个指标对称的. 应力张量的概念源于人们对于连续介质力学 (流体力学、弹性力学等)

的研究. 为此考虑连续介质中一个任意的体积 V，其边界记为 ∂V. 考虑该体积 V 内的两类力：一类是所谓的彻体力. 它可以写为

$$\boldsymbol{F}^{\mathrm{bulk}}(t) = \int_V \mathrm{d}^3\boldsymbol{x}\ \rho(\boldsymbol{x},t)\,\boldsymbol{f}(\boldsymbol{x},t),$$

其中 $\boldsymbol{f}$ 表示单位质量受到的力，$\rho(\boldsymbol{x},t)$ 为空间的质量密度分布. 另一类是包围体积 V 的表面上受到的表面力 $\boldsymbol{F}^{\mathrm{surface}}(t)$. 它的分量可写为

$$F_i^{\mathrm{surface}}(t) = \int_{\partial V} \mathrm{d}S_j T_{ij}(\boldsymbol{x},t) = \int_V \mathrm{d}^3\boldsymbol{x}\ \partial_j T_{ij}(\boldsymbol{x},t),$$

其中 T_{ij} 就是连续体的应力张量. 假定该体积没有旋转，只有平动的加速度 $\boldsymbol{a}(t)$，试列出连续介质内任意一个体积 V 的 (平动和转动的) 运动方程，并由转动的平衡条件 (角动量守恒) 说明这导致 T_{ij} 是一个对称的二阶张量.

第二章　静电学

本 章 提 要

- 静电势的泊松方程 (6)
- 导体的边界条件和导体组的能量 (7)
- 唯一性定理与静电镜像法 (8)
- 泊松方程的分离变量解法 (9)
- 拉普拉斯方程的数值解法 (10)
- 静电多极展开 (11)

静态电磁场的研究是电磁学中发展最早，同时也有广泛应用背景的分支. 目前，在各种工程应用中，人们需要计算某些特定条件下的静态电磁场. 这些计算中的基本方程是麦克斯韦方程在静态情况下的特例，最为常见的情况就是求解某个区域内的拉普拉斯 (Laplace) 方程或者泊松方程. 虽然方程的形式是简单的，但这并不意味着静态电磁场的计算是一个简单的事情，事实上在绝大多数工程电磁场的计算问题中，都需要较大规模的数值计算. 原因在于这些实际问题中所遇到的边界的形状或者边界条件是比较复杂的. 本章将对静电学问题以及解决静电学边值问题的基本方法做一个简要的介绍.

所谓静态电磁场，或简称为静电磁场，是指所有的场变量都不随时间变化的情形. 考察麦克斯韦方程组我们发现，如果所有的场都不随时间变化，那么关于电场和磁场的方程可以完全分离. 所以，静电磁场的问题又可以分为静电问题和静磁问题两大类. 本章讨论静电问题，下一章将对静磁问题进行讨论.

6　泊松方程与静电边值问题

我们首先考虑均匀、各向同性的线性电介质中的静电问题. 设该介质的介电常数为常数 ϵ. 这时我们只需要麦克斯韦方程组中涉及电场的两个方程：

$$\nabla \cdot \boldsymbol{D} = \rho, \quad \nabla \times \boldsymbol{E} = 0,$$

其中 ρ 表示空间中的自由电荷密度. 上面的第二个方程说明，静电场是一个无旋场，于是我们可以引入一个静电势 Φ①：

$$\boldsymbol{E} = -\nabla \Phi. \tag{2.1}$$

利用 $\boldsymbol{D} = \epsilon \boldsymbol{E}$，上面的第一个方程就化为

$$\nabla^2 \Phi(\boldsymbol{x}) = -\rho(\boldsymbol{x})/\epsilon. \tag{2.2}$$

也就是说，静电势 Φ 满足泊松方程. 如果所考虑的区域自由电荷密度 $\rho(\boldsymbol{x}) \equiv 0$，那么静电势满足拉普拉斯方程

$$\nabla^2 \Phi = 0. \tag{2.3}$$

偏微分方程的数学理论告诉我们：一旦给定了自由电荷分布 ρ 和一定的边界条件，方程 (2.2) 或 (2.3) 的解就被唯一地确定了. 一旦求出了静电势 Φ，我们就可以利用 (2.1) 式来求出空间任意一点的电场 $\boldsymbol{E}$. 因此，静电学的基本问题就是求解满足一定边界条件的静电势 $\Phi(\boldsymbol{x})$，这又称为静电边值问题.

如果求解泊松方程的问题是在没有边界的无穷大空间中，同时空间中的电荷分布为已知，那么泊松方程的解可以十分简单地写出：

$$\Phi(\boldsymbol{x}) = \frac{1}{4\pi\epsilon} \int \mathrm{d}^3\boldsymbol{x}' \frac{\rho(\boldsymbol{x}')}{|\boldsymbol{x} - \boldsymbol{x}'|}. \tag{2.4}$$

(2.4) 式实际上就是按照库仑定律将空间的电荷分布在某一点产生的静电势线性叠加起来. 需要注意的是，这仅对于在有限区域内没有边界的情况才是合适的. 如果存在边界，那么一般在边界面上会产生额外的面电荷分布，而且这些面电荷分布在解出静电势之前是未知的②. 因此，仅仅知道体内的电荷分布 $\rho(\boldsymbol{x})$ 便不足以确定静电势.

---

①由于所有场都不依赖于时间，所以这里的 (2.1) 式与第一章中关于电磁势的定义式 (1.11) 完全一致.

②这些额外的面电荷分布在求出区域内的静电势 Φ 以后可以简单地由静电势得到. 但是在静电势没有求解出来之前，这些面电荷分布也是未知的.

从纯数学的角度来讲，(2.4) 式可以用 $1/r$ 势满足的泊松方程

$$\nabla_{\boldsymbol{x}}^2\left(\frac{1}{|\boldsymbol{x}-\boldsymbol{x}'|}\right)=\nabla_{\boldsymbol{x}'}^2\left(\frac{1}{|\boldsymbol{x}-\boldsymbol{x}'|}\right)=-4\pi\delta^3(\boldsymbol{x}-\boldsymbol{x}') \tag{2.5}$$

来证明. (2.5) 式所表达的实际上就是 (2.2) 式在单位点电荷情形下的特例.

如果我们考虑的空间区域不是无穷的，就需要考虑边界的影响. 考虑一个空间区域 V，它由一个闭合曲面 $S\equiv\partial V$ 所包围. 我们现在要求解区域 V 内满足泊松方程 (2.2)，同时在边界 S 上满足给定边界条件的静电势 Φ. 这在数学上称为边值问题. 在最为简单的情形下，静电势在边界 S 上所满足的边界条件有两类：一类是已知静电势本身在边界 S 上的取值，这称为狄利克雷 (Dirichlet) 边界条件；另一类是已知静电势在边界 S 上法向偏微商的取值，这称为诺伊曼 (Neumann) 边界条件. 数学上可以证明：在这两类边界条件下，静电边值问题的解是唯一的. 这在数学上称为解的唯一性定理.

满足 (2.5) 式的是拉普拉斯算符在无穷空间的格林函数，麦克斯韦在《电磁通论》(*A Treatise on Electricity and Magnetism*) 中论证了用格林函数法可以解决导体球表面的电荷分布对外界电荷分布响应的问题. 确切地说，如果格林函数 $G(\boldsymbol{x},\boldsymbol{x}')$ 在区域 V 内满足[③]

$$\nabla_{\boldsymbol{x}'}^2 G(\boldsymbol{x},\boldsymbol{x}')=-4\pi\delta^3(\boldsymbol{x}-\boldsymbol{x}'), \tag{2.6}$$

同时当 $\boldsymbol{x}'$ 处于边界 S 上时，函数 $G(\boldsymbol{x},\boldsymbol{x}')$ 还满足适当的边界条件 (参见下面的讨论)，我们就称 $G(\boldsymbol{x},\boldsymbol{x}')$ 为拉普拉斯算符在区域 V 内和相应边界条件下的格林函数. 利用静电势 Φ 所满足的泊松方程以及格林函数所满足的方程，再根据数学上的格林公式

$$\int_V \mathrm{d}^3\boldsymbol{x}(\phi\nabla^2\psi-\psi\nabla^2\phi)=\oint_S \mathrm{d}S\left[\phi\frac{\partial\psi}{\partial n}-\psi\frac{\partial\phi}{\partial n}\right], \tag{2.7}$$

令 $\phi=\Phi$, $\psi=G$，就可以得到区域 V 内静电边值问题的形式解

$$\begin{aligned}\Phi(\boldsymbol{x})=&\frac{1}{4\pi\epsilon_0}\int_V \mathrm{d}^3\boldsymbol{x}'\, G(\boldsymbol{x},\boldsymbol{x}')\rho(\boldsymbol{x}')\\&+\frac{1}{4\pi}\oint_S \mathrm{d}S'\left(G(\boldsymbol{x},\boldsymbol{x}')\frac{\partial\Phi(\boldsymbol{x}')}{\partial n'}-\Phi(\boldsymbol{x}')\frac{\partial G(\boldsymbol{x},\boldsymbol{x}')}{\partial n'}\right).\end{aligned} \tag{2.8}$$

③为了简化公式，我们在本节以下的讨论中都假定所考虑的均匀介质是真空，即 $\epsilon/\epsilon_0=1$. 否则，只需要将所得到的静电势乘以 $1/\epsilon$ 即可.

需要注意的是，函数 $1/|\boldsymbol{x}-\boldsymbol{x}'|$ 虽然满足格林函数所应当满足的方程，但是它不一定正好满足区域 V 的边界 S 上相应的边界条件. 因此，一般来说它还不是我们所要求解的格林函数. 但我们总可以将区域 V 内的格林函数写成

$$G(\boldsymbol{x},\boldsymbol{x}')=\frac{1}{|\boldsymbol{x}-\boldsymbol{x}'|}+F(\boldsymbol{x},\boldsymbol{x}'), \tag{2.9}$$

那么函数 $F(\boldsymbol{x},\boldsymbol{x}')$ 在区域 V 内满足拉普拉斯方程

$$\nabla^2_{\boldsymbol{x}'}F(\boldsymbol{x},\boldsymbol{x}')=0, \tag{2.10}$$

也就是说，格林函数与函数 $1/|\boldsymbol{x}-\boldsymbol{x}'|$ 之间可以相差一个该区域内的调和函数④. 我们需要选取 $F(\boldsymbol{x},\boldsymbol{x}')$ 以使得 (2.8) 式所确定的静电势在边界 S 上满足相应的边界条件.

对于狄利克雷边界条件的边值问题，为了方便起见，我们可以选取函数 $F(\boldsymbol{x},\boldsymbol{x}')$ 使得格林函数在边界上恒为零:

$$G_{\mathrm{D}}(\boldsymbol{x},\boldsymbol{x}')=0,\quad \boldsymbol{x}'\in S, \tag{2.11}$$

其中我们在格林函数的符号上加上一个下标 D 来表示狄利克雷边界条件下的格林函数. 于是，在边界 S 上满足狄利克雷边界条件的区域 V 内的静电势为

$$\varPhi(\boldsymbol{x})=\frac{1}{4\pi\epsilon_0}\int_V \mathrm{d}^3\boldsymbol{x}'\,\rho(\boldsymbol{x}')G_{\mathrm{D}}(\boldsymbol{x},\boldsymbol{x}')-\frac{1}{4\pi}\oint_S \mathrm{d}S'\,\varPhi(\boldsymbol{x}')\frac{\partial G_{\mathrm{D}}(\boldsymbol{x},\boldsymbol{x}')}{\partial n'}. \tag{2.12}$$

在诺伊曼边界条件下需要注意的是，我们不能简单地令相应的格林函数的边界法向偏微商恒为零. 原因是格林函数物理上相当于位于区域内 $\boldsymbol{x}$ 处的一个点电荷，在该区域中运用高斯定理就得到

$$\oint_S \mathrm{d}S'\,\frac{\partial G_{\mathrm{N}}(\boldsymbol{x},\boldsymbol{x}')}{\partial n'}=-4\pi,$$

其中我们用下标 N 来表示诺伊曼边界条件下的格林函数. 因此，最为简单的选择是令格林函数在边界上的法向偏微商为一个常数:

$$\frac{\partial G_{\mathrm{N}}(\boldsymbol{x},\boldsymbol{x}')}{\partial n'}=-4\pi/A_S,\quad \boldsymbol{x}'\in S, \tag{2.13}$$

其中 A_S 代表边界 S 的总面积. 这样一来，在边界 S 上满足诺伊曼边界条件的区域 V 内的静电势为

$$\varPhi(\boldsymbol{x})=\langle\varPhi\rangle_S+\frac{1}{4\pi\epsilon_0}\int_V \mathrm{d}^3\boldsymbol{x}'\,\rho(\boldsymbol{x}')G_{\mathrm{N}}(\boldsymbol{x},\boldsymbol{x}')+\frac{1}{4\pi}\oint_S \mathrm{d}S'\,G_{\mathrm{N}}(\boldsymbol{x},\boldsymbol{x}')\frac{\partial\varPhi(\boldsymbol{x}')}{\partial n'}, \tag{2.14}$$

④在某个空间区域内满足拉普拉斯方程的函数称为该空间内的调和函数.

其中 $\langle\Phi\rangle_S$ 代表静电势在边界 S 上的平均值.

最后需要指出的是，(2.12) 和 (2.14) 式都只是静电边值问题的形式解. 只有完全求出格林函数的明显表达式以后，这两个公式才真正给出边值问题的解，而求解格林函数一般说来并不是一个更为容易的问题. 我们将在第 9.4 小节给出两个这方面的例子.

7 导体的边界条件与导体组的能量

上一节对于静电边值问题的讨论更加侧重于泊松方程解的数学性质. 我们下面来看一下上节讨论的两类边界条件 (狄利克雷和诺伊曼) 在物理上是如何实现的. 就其静电学性质而言，我们可以按照填充某区域的物质物性的不同，将它们分为下列两类：导体和电介质[⑤]. 其中前者是可以导电的，而后者是绝缘体. 我们首先讨论一下在理想导体内部的电场以及导体与电介质交界面处的边界条件.

我们将假设导体满足欧姆定律 (1.41) 并且它的直流电导率足够大以至于可以视为理想导体[⑥]. 于是，如果某个时刻导体内部的电场强度不为零，那么按照欧姆定律，导体内部就会产生强大的电流密度，导体内部的自由电子就会有宏观的流动，从而会调整空间电荷的分布. 于是我们看到，这时的电场不可能是静态的. 也就是说当电场达到静态时，导体内部电场一定恒等于零. 另一方面，在导体与非导体的交界面上，如果表面的静电势不是处处相等的，那么就会造成导体表面的面电荷的宏观移动，从而电场也不可能处于静态. 所以我们得到的结论是：静电学中，导体内部的电场强度恒等于零；导体的表面是一个等电势面；导体上所有的自由电荷只可能分布在导体的表面. 因此，在静电学里，导体实际上是用来实现狄利克雷边界条件的物体. 按照我们第一章推导出来的普遍的边界条件 (1.46)，我们发现电场在导体表面一定与表面垂直而不可能有非零的切向分量. 在导体表面附近作一个“高斯小盒”并利用高斯定律来分析，我们马上发现静电势在导体表面的法向偏微商是与该处的自由面电荷密度联系在一起的：

$$\epsilon\frac{\partial\Phi}{\partial n}=-\sigma, \tag{2.15}$$

其中我们假定了在导体外部是介电常数为 ϵ 的各向同性、均匀线性电介质. 这里的法向定义为从导体的内部指向外部.

---

⑤我们将真空看成一种特殊的电介质，它的介电常数为 ϵ_0.

⑥在静电学这一章中，我们所处理的导体都是指理想导体. 在下面的讨论中，我们就简称它们为“导体”.

现在考虑由 N 个导体构成的系统，它们之间充满了电介质. 为了简化讨论，我们假设这种电介质是各向同性、均匀的线性介质，它的介电常数为 ϵ. 设在第 i 个导体的表面的静电势为 Φ_i，它上面总电荷为 Q_i. 这样的一个系统称为一个导体组. 我们再进一步假定除了导体组的各个导体表面以外，全空间再没有其他自由电荷的分布. 我们希望来计算一下整个导体组的静电能.

按照第一章关于电磁场能量的普遍公式 (1.53)，导体组的静电能应由下式给出：

$$U = \int \mathrm{d}^3\boldsymbol{x}\ \frac{1}{2}(\boldsymbol{E}\cdot\boldsymbol{D}). \tag{2.16}$$

(2.16) 式中的积分遍及全空间，但是由于在各个导体所占据空间中电场 $\boldsymbol{E}=0$，因此式中的积分实际上仅需计算各个导体之间的空间中静电场的总能量. 将 $\boldsymbol{D}=\epsilon\boldsymbol{E}$ 以及 $\boldsymbol{E}=-\nabla\Phi$ 代入，我们得到总静电能

$$U = \frac{\epsilon}{2}\int \mathrm{d}^3\boldsymbol{x}\ (\nabla\Phi)^2. \tag{2.17}$$

现在注意到

$$\nabla\cdot(\Phi\nabla\Phi) = \Phi\nabla^2\Phi + (\nabla\Phi)^2$$

以及 $\epsilon\nabla^2\Phi = -\rho = 0$ (因为我们假定在各个导体之间的区域没有任何自由电荷分布)，我们得到

$$U = \frac{\epsilon}{2}\int \mathrm{d}^3\boldsymbol{x}\ \nabla\cdot(\Phi\nabla\Phi). \tag{2.18}$$

利用高斯公式，这个体积分可以化为在各个导体表面的面积分. 另一方面，利用各个导体表面静电势是常数 Φ_i，同时利用静电势的法向偏微商与面电荷密度之间的关系 (2.15)，我们最终得到导体组的总静电能与各导体上的电势 Φ_i 的关系⑦

$$U = \frac{1}{2}\sum_{i=1}^{N}\Phi_i Q_i. \tag{2.19}$$

由于静电场满足线性叠加原理，对于一个导体组，第 i 个导体表面的总电荷

$$Q_i = \sum_{j=1}^{N} C_{ij}\Phi_j, \tag{2.20}$$

⑦这里需要小心的是表面法向的定义. 以导体来看，它的法向单位矢量是由导体指向导体外部的，以导体外的空间来看，它的表面法向单位矢量是由介质指向导体内部的，两者相差一个符号. 考虑到这一点就不难得到公式 (2.19) 了.

其中系数矩阵的对角元 C_{ii} 称为第 i 个导体的电容系数 (coefficients of capacitance) (若导体组中只有一个导体, 电容系数就是该导体的电容)，而非对角元称为感应系数 (coefficients of induction). 利用导体组的电容系数和感应系数，(2.19) 式中导体组的总静电能可以表达成

$$U = \frac{1}{2}\sum_{i,j=1}^{N} C_{ij}\Phi_i\Phi_j. \tag{2.21}$$

需要注意的是，一个导体组中导体的电容系数并非只与它们自身的几何参数有关，还依赖于各导体之间的相对位置以及它们之间介质的介电性质等.

8 唯一性定理与静电镜像法

前面曾经提到静电边值问题的唯一性定理. 我们现在具体地将这个定理表达成：设空间某个区域 V 的边界为 S，那么在区域 V 内满足泊松方程 (2.2) 并且在边界 S 上满足狄利克雷或诺伊曼边界条件的解 $\Phi(\boldsymbol{x})$ 是唯一的.

这个定理的证明实际上是比较简单的[8]. 我们注意到，如果 $\Phi_1(\boldsymbol{x})$ 和 $\Phi_2(\boldsymbol{x})$ 是满足定理中所述条件的两个解，那么函数 $\Psi(\boldsymbol{x}) = \Phi_1(\boldsymbol{x}) - \Phi_2(\boldsymbol{x})$ 就在区域 V 内部满足拉普拉斯方程，并且在边界 S 上要么本身等于零 (狄利克雷边界条件)，要么法向偏微商等于零 (诺伊曼边界条件). 现在利用等式

$$\int_V \mathrm{d}^3\boldsymbol{x}\ (\nabla\Psi)^2 = \oint_S \Psi(\nabla\Psi)\cdot\mathrm{d}\boldsymbol{S} - \int_V \mathrm{d}^3\boldsymbol{x}\ \Psi\nabla^2\Psi.$$

我们发现上式右方的第一项是在边界面上的积分, 无论是两种边界条件中的哪一种它都等于零. 等式右方的第二项也等于零，因为 Ψ 在区域内满足拉普拉斯方程. 于是我们得到结论：$\nabla\Psi = 0$. 所以，函数 Ψ 最多只能是常数. 对于狄利克雷边界条件，由于函数 Ψ 是连续函数，同时它在边界处恒为零，于是我们得知函数 Ψ 在区域 V 内部以及边界 S 上处处为零. 对于诺伊曼边界条件，本来所求得的解就可以相差一个与物理无关的常数. 于是，除去一个与物理无关的常数以外，我们就证明了唯一性定理.

唯一性定理在静电边值问题中的应用是十分广泛的. 假如我们能够利用某种方法写出既满足泊松方程又满足边界条件的函数，那么唯一性定理保证了我们写出的函数就是相应边值问题的唯一解. 利用这个思想，我们来介绍一下所谓的静电镜像法.

[8]我们这里并没有陈述最为普遍的存在性和唯一性定理, 但是这个形式对于我们通常所遇到的静电学应用来讲已经足够了.

例 2.1　点电荷旁的接地导体球. 如图 2.1 所示，考虑在真空中的一个半径为 a 的理想接地导体球 (从而导体球的电势恒为零). 在球外距离球心 $R > a$ 处放一个点电荷 Q. 现在我们要求解整个空间的静电势 $\Phi(\boldsymbol{x})$.

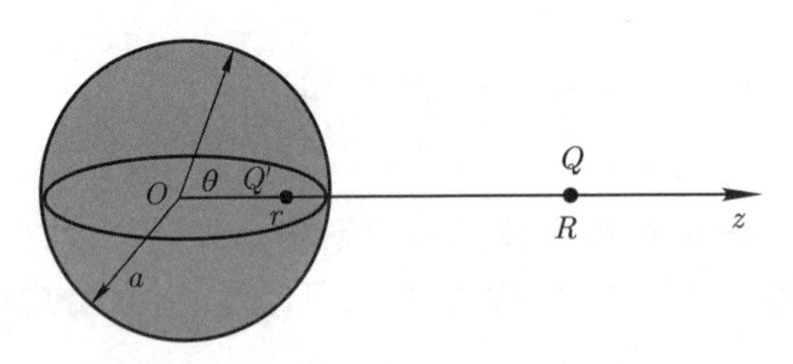

图 2.1　一个半径为 a 的接地导体球外距离球心为 R 的地方放置有一个点电荷 Q. 要求解这个静电问题，就必须在导体球内部距离球心为 r 处引入一个镜像电荷 Q'

解 从物理上分析，当我们引入点电荷 Q 时，导体球内自由电荷就会重新调整. 从宏观上讲，在靠近点电荷的一侧，会有与该点电荷异号的电荷堆积，这些静电荷会按照一定的分布存在于导体球的表面. 由于导体球是接地的，因此与这些电荷中和的，也就是与该点电荷同号的静电荷会经过接地的导线流向无穷远处. 因此可以想见，当系统达到静态时，导体表面的平衡面电荷分布是比较复杂的. 但是，这个静电边值问题所满足的边界条件是十分简单的：在空间任意一点 (除去导体内部和外部点电荷所在的点) 静电势 Φ 满足拉普拉斯方程，在导体球表面静电势 Φ 满足狄利克雷边界条件 $\Phi = 0$.

静电镜像法处理这个问题的思路是：我们试图用另一个 (当然，如果需要也可以不止一个) 点电荷 (我们称之为原先点电荷 Q 的镜像电荷) 来替代所有导体球表面所产生的面电荷分布的效应. 这样一来，导体球外空间的静电势就是原先的点电荷 Q 与镜像电荷所产生的静电势的简单叠加. 显然，镜像电荷不是随便放的，它的电荷 Q' 以及它的位置都必须精心设计，使得镜像电荷 Q' 加上原先就有的点电荷 Q 所共同产生的静电势刚好能够满足边界条件，即在导体球表面为零⑨. 如果我们能够做到这一点，那么唯一性定理告诉我们，镜像电荷和原先点电荷叠加的静电势就是这个边值问题的解.

按照对称性，如果我们能够用一个镜像电荷来替代导体表面的感应面电荷的话，那么它的位置一定应当放在点电荷 Q 与导体球的球心的连线上. 我们假设镜像电荷为 Q'，而且它距离球心的距离为 r. 利用球面上距离点电荷 Q 最近和

⑨由点电荷所叠加出来的静电势自动满足拉普拉斯方程，因此我们只需要它满足适当的边界条件就可以了.

最远的点的电势为零的条件，我们得到下列方程：

$$\frac{Q}{R-a}+\frac{Q'}{a-r}=0,\quad \frac{Q}{R+a}+\frac{Q'}{r+a}=0.$$

经过简单的代数运算可以解出

$$r=\frac{a^2}{R},\quad Q'=-Q\frac{a}{R}. \tag{2.22}$$

注意，仅仅得到这个结果还没有完全结束，我们还必须验证：如果将满足 (2.22) 式的镜像电荷与原先的点电荷 Q 的静电势叠加，那么它们在球面上任意一点 (而不仅是最近点和最远点) 产生的电势都是零. 这一点请读者自行验证一下 (需要一点平面几何). 经过这个验证，我们可以说这个静电边值问题的解已经完全得到了，整个空间的静电势就是点电荷 Q 以及镜像点电荷 Q' 所产生的静电势的叠加.

利用镜像法求出了静电势以后，我们还可以求出导体球表面的面电荷分布. 总静电势由图 2.1 中 Q 以及镜像 Q' 的静电势的叠加贡献，如果我们令从球心指向点电荷 Q 的矢量方向为 z 轴方向，在导体球面上与 z 轴夹角为 θ 处的面电荷分布 [(2.15) 式] 为

$$\sigma(\theta)=-\frac{Q}{4\pi a^2}\frac{\left(\frac{a}{R}\right)\left(1-\frac{a^2}{R^2}\right)}{\left[1-2\left(\frac{a}{R}\right)\cos\theta+\frac{a^2}{R^2}\right]^{3/2}}. \tag{2.23}$$

这个分布还是比较复杂的. 将这个式子在球面上积分，就可以得到导体球上所感生的总电荷. 得到的结果是：导体球上感生的总电荷正好等于镜像电荷 Q'[10].

需要指出的是：镜像电荷是为了求解边值问题而引入的一个虚拟的电荷，它不是物理上存在的真实电荷. 真正物理上存在的是 (2.23) 式中表达的在导体球表面感生的面电荷分布 $\sigma(\theta)$. 只不过这些面电荷分布在球外空间任意一点所产生的电势可以等效地用一个镜像点电荷 Q' 来替代罢了.

静电镜像法是一个比较古老的算法. 根据麦克斯韦的论述，首先将其广泛应用于静电问题的是汤姆孙 (W. Thomson，即开尔文勋爵) (1848 年). 麦克斯韦的经典著作《电磁通论》对其也有大量的论述[11]. 其中讨论最多的是关于球面[12] 的

---

[10] 这个结果可不是巧合，读者可以想想为什么.

[11] 见麦克斯韦的《电磁通论》的第 11 章“电像和电反演理论”.

[12] 平面可以视为半径为无穷的球面.

电反演理论. 反演变换最初是一个纯几何的变换, 包含两个因素：反演中心 O 的位置和反演球半径 a. 以本例为例，我们称球心 O 为反演中心，两个点电荷的位置恰好位于反演中心 O 到无穷的一条直线上 (本例中就是 z 轴) 且距离反演中心的距离 r 和 R 满足 $rR = a^2$，其中 a 是球半径. 这时我们称反演中心 O 的位置 (本例中取为原点) 和球半径 a 定义了一个反演变换. 我们可以将这个反演变换记为 $(\boldsymbol{x}_O, a)$，其中 $\boldsymbol{x}_O$ 是反演中心的三维坐标而 a 是反演变换对应的球半径. 因此，在给定反演中心 O 和球半径 a 的前提下，上述例题中点电荷 Q 及其镜像电荷 Q' 可以认为互为对方的镜像. 正如麦克斯韦曾经指出的那样，这个变换之所以对于球面特别有效，是因为在任意的维度中，一个球心位置任意、半径任意的球面经过一个反演中心位置任意和球半径 a 所描写的反演变换之后仍保持是一个球面，因此，我们可以调整反演变换的参数 $\boldsymbol{x}_O$ 和 a，使得变换之后的球面的半径和球心位置更为合适，从而最终获得静电问题的解. 这方面更多的例子我们将留作习题.

需要指出的是，静电镜像法并不是求解静电边值问题的最普遍方法，它仅对某些特殊的几何位形才能运用，而我们目前讨论的导体球的问题就是一个最有代表性的例子. 另外一个相当重要，但有时却被忽略的问题是，一般来说静电镜像法要能够运用有一个限制条件：所引入的镜像电荷必须位于我们原先要求解方程的区域之外. 这样镜像电荷的引入并不会改变我们感兴趣的区域 (如图 2.1 中的球外) 的泊松方程. 比如在图 2.1 的例子中，我们要求导体球外的静电势，除了点电荷所在的点以外，满足拉普拉斯方程，在该点电荷附近 (无穷近的地方) 满足一个点电荷的泊松方程. 我们引入的镜像电荷恰好不在球外，所以它的引入不会改变球外区域的电势满足的方程. 如果这一点不能得到满足，那么静电镜像法不能简单地加以运用[13].

我们这里仅举出了静电镜像法的一个最典型的例子. 在比较复杂的例子中，有时需要引入不止一个 (甚至是无穷多个) 镜像电荷. 例如考虑如图 2.2 中所显示的情况，两个半径分别为 a 和 b 的导体球 A 和 B 相距为 $R > a + b$. 导体球 A 的电势为 1，导体球 B 的电势为零. 要求解这个边值问题 (这实际上就是求两个导体球系统的电容系数问题)，我们就需要首先在电势为 1 的导体球 A 的球心引入一个点电荷 $Q_1 = 4\pi\epsilon_0 a$，它能够使得导体球 A 的表面的电势正好为 1. 但是这样一来，导体球 B 的表面的电势就不是零了. 利用上面的例子，我们知道必须在导体球 B 内引入一个镜像电荷 Q_1'，它能够使得导体球 B 的电势恢复到零. 可是现在导体球 A 的电势又不是 1 了. 因此，我们必须在球 A 的内部引入适当

---

[13]不是说一定不能用，而是说一时看不出有什么简单的方法来加以修改和运用. 也许这个情况下，还不如直接求解拉普拉斯方程来得简单.

的点电荷 Q_2，它能够使球 A 的电势恢复到 1，但它又会在导体球 B 内派生出镜像电荷 Q_2'⋯⋯ 这很像在两面相对的镜子前面的一个光源，它在一个镜子内产生镜像，这个镜像又在另一个镜子内产生镜像之镜像，如此往复便产生出无穷多的镜像. 我们不在这里详细求解这个问题，有兴趣的读者可以按照上面的思路尝试一下，或者见参考书 [16] 中的解答. 其实，麦克斯韦在《电磁通论》中讨论图 2.2 中的问题是为了论述库仑定律实验的准确性，书中也有解答，只不过使用了比较古老的符号而已[14]. 本章后的习题中也对这个问题有进一步的讨论，供有兴趣的读者尝试.

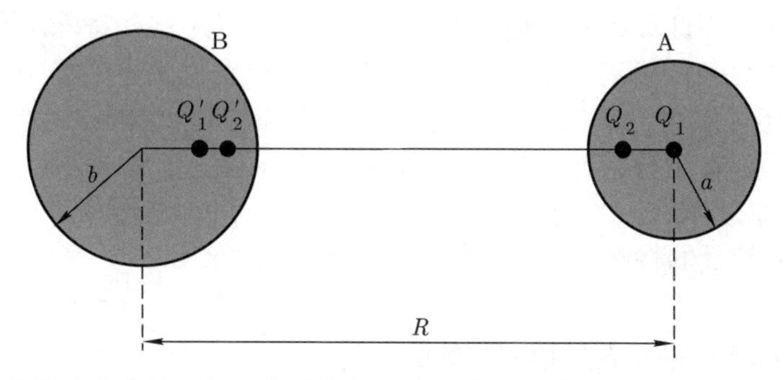

图 2.2　两个导体球构成的系统. 为了求出这个系统的电容系数，就必须分别在两个球的内部引入无穷多个镜像电荷

另外一个历史上非常经典的问题是一个理想导体立方体的电容问题. 这个问题是没有解析解的. 虽然历史上一直有谣言说某些学者曾经得到了它的解析解，但业界普遍认为恐怕事实并不真的如此. 尽管没有解析解，这个问题完全可以运用各种数值方法近似求解并获得足够好的精度. 本章后的习题中我们将提供一种近似的计算方法.

9　泊松方程的分离变量解法

正如前面曾经提到的，巧妙的静电镜像法实际上是一个十分特殊的方法，只能运用到一些极为有限的例子中. 处理静电边值问题的最为普遍的方法就是直接求解静电势所满足的泊松方程. 本节中我们简要回顾一下利用分离变量法求解泊松方程的一些结果.

给定区域 V 内的电荷分布 $\rho(\boldsymbol{x})$，我们的目的是求解该区域内的泊松方程 (2.2)，同时要求解 $\Phi(\boldsymbol{x})$ 在区域 V 的边界 S 上满足狄利克雷或诺伊曼边界条件. 我们已经注意到：(2.4) 式所表达的函数 $\Phi(\boldsymbol{x})$ 已经满足区域 V 内的泊松方

[14] 参见麦克斯韦的《电磁通论》第 11 章的 §171 ∼ §174.

程，唯一的问题是它并不正好满足所要求的边界条件. 于是我们总可以将要求的解写成 (2.4) 式中的函数再加上一个拉普拉斯方程的解. 因此，求解泊松方程边值问题与求解拉普拉斯方程边值问题在数学上是等价的. 下面，我们简要介绍一下在狄利克雷或诺伊曼边界条件下求解区域 V 内的拉普拉斯方程的方法. 我们将分为直角坐标系、柱坐标系、球坐标系几个情形来讨论 [20]. 这里讨论的直角坐标系、柱坐标系、球坐标系的拉普拉斯方程的解具有两方面的意义：第一，当相关的静电边值问题恰好具有 (或近似具有) 相应对称性的时候，我们可以直接在相应的坐标系中分离变量并求解；第二，由于这里涉及的特殊函数都构成一组完备的函数基，因此原则上任何边值问题的解都可以用这些特殊函数来展开. 如果能够通过边界条件确定这些展开系数，边值问题也就获得了解决. 当然，从原则上说我们还可以讨论其他形式的曲线坐标系 (例如椭球坐标系)，但是它们的应用往往仅局限在十分特殊的情形 (例如椭球坐标系适合于求解一个椭球体的电容)，我们这里就不进一步讨论了. 有兴趣的读者可以阅读参考书 [12] 中的 §4. 本节讨论中所涉及的特殊函数的一些常用公式, 见附录 C.

9.1　直角坐标系中的拉普拉斯方程的解

在直角坐标系中，拉普拉斯方程 $\nabla^2\Phi = 0$ 的解可以简单地利用分离变量法得到：$\Phi(\boldsymbol{x}) = X(x)Y(y)Z(z)$，其中 X，Y 和 Z 的形式可以表达为指数函数：

$$X(x) \propto \mathrm{e}^{k_1 x}, \quad Y(y) \propto \mathrm{e}^{k_2 y}, \quad Z(z) \propto \mathrm{e}^{k_3 z}, \quad k_1^2 + k_2^2 + k_3^2 = 0. \tag{2.24}$$

复参数 k_1，k_2，k_3 的具体数值必须由边界条件来确定. 一般来说，如果某个方向的边界条件是在一个有限的区间内，该方向相应的 k_i 往往只能取分立的纯虚数值 (形成驻波)；如果某个方向的边界条件是在无穷区间上，则相应的 k_i^2 可以取连续的值. 驻波情形下相应的本征函数是三角函数，其正交、归一、完备性由傅里叶级数理论给出，连续取值情形下的正交、归一、完备性则由傅里叶积分变换给出，这里我们不再赘述.

9.2　柱坐标系中的拉普拉斯方程的解

在柱坐标系中拉普拉斯方程的解可以分离为 $\Phi(\boldsymbol{x}) = Z(z)\Phi(\phi)R(r)$，其中 $r = \sqrt{x^2+y^2}$ 表示空间任意一点到 z 轴的距离. 容易验证，方程的解为

$$Z(z) \propto \mathrm{e}^{\pm kz}, \quad \Phi(\phi) \propto \mathrm{e}^{\pm im\phi}, \quad R(r) \propto \mathrm{J}_m(kr), \quad \mathrm{N}_m(kr). \tag{2.25}$$

为了保证静电势的单值性，参数 m 必须为整数. 参数 k 同时影响 $Z(z)$ 和 $R(r)$，一般有两类取法：

(1) 选取 k 为实数. 这时静电势在 z 方向为指数函数. 当 z 方向为无穷的情形下，为了保持静电势有限，往往只能选择 $\mathrm{e}^{\pm kz}$ 中的一个特定的符号. 径向函数 $R(r)$ 这时就是标准的贝塞尔 (Bessel) 函数 (振荡柱面波解) $\mathrm{J}_m(kr)$ 和 $\mathrm{N}_m(kr)$ 的组合，前者在 $r=0$ 处有限而后者发散. 往往需要额外的径向边界条件来确定具体的 k 的取值.

(2) 选取 k 为纯虚数. 这时静电势在 z 方向为振荡的三角函数，这往往由 z 方向有限区间所加的边界条件引起. 利用这些边界条件可以确定 k 的可能取值. 相应地，径向函数为虚宗量贝塞尔函数 (指数型) $\mathrm{I}_m(|k|r)$ 和 $\mathrm{K}_m(|k|r)$. 同样，前者在 $r=0$ 处有限而后者发散. 根据径向的边界条件，往往我们只能选取其中合适的线性组合.

与三角函数类似，柱函数同样具有正交、归一、完备等特性. 依赖于柱坐标系中 r 方向边界条件的不同，这些正交、归一、完备性的表现也有所不同. 例如对于有限区间 $0 \leqslant r \leqslant a$ 上的狄利克雷边界条件，相应的解的形式为 $\mathrm{J}_m(x_{mn}r/a)$，其中 x_{mn} 为 $\mathrm{J}_m(x)$ 在正实轴上的第 n 个零点：

$$\mathrm{J}_m(x_{mn}) = 0. \tag{2.26}$$

也就是说，对于有限区间的边界条件，一般解 $\mathrm{J}_m(kr)$ 中的波数 k 只能取分立的数值：$k = x_{mn}/a$. 这点与直角坐标系中的情形十分类似，只不过平面波换成了柱面波.

对于有限区间上的柱面波解，不同 n 的模式之间有正交归一关系

$$\int_0^a r\mathrm{J}_m\left(\frac{x_{mn}r}{a}\right)\mathrm{J}_m\left(\frac{x_{mn'}r}{a}\right)\mathrm{d}r = \frac{a^2}{2}\left[\mathrm{J}_{m+1}(x_{mn})\right]^2\delta_{nn'}. \tag{2.27}$$

在固定 m 时, 所有 n 的模式的完备性关系则可以写成

$$\sum_{n=1}^{\infty}\frac{2}{a^2\left[\mathrm{J}_{m+1}(x_{mn})\right]^2}\mathrm{J}_m\left(\frac{x_{mn}r}{a}\right)\mathrm{J}_m\left(\frac{x_{mn}r'}{a}\right) = \frac{1}{r}\delta(r-r'). \tag{2.28}$$

这些公式保证了任何区间 $[0,a]$ 上满足狄利克雷边界条件的具有足够良好性质的函数都可以用柱函数 $\mathrm{J}_m(x_{mn}r/a)$ 进行展开.

如果径向的边界条件是加在无穷区间上的，那么波数 k 一般可以取连续的值，这时的正交归一关系为

$$\int_0^{\infty} r\mathrm{J}_m(kr)\mathrm{J}_m(k'r)\mathrm{d}r = \frac{1}{k}\delta(k-k'). \tag{2.29}$$

这个关系定义了所谓的汉克尔 (Hankel) 变换. 将 (2.29) 式的 r 与 k 对换就得到完备性关系. 它们可以与直角坐标系中的傅里叶积分变换对应.

9.3 球坐标系中的拉普拉斯方程的解

如果我们需要求解的边值问题的边界具有球对称性，那么拉普拉斯方程可以在球坐标系中利用分离变量法求解. 这时边值问题的解可以用所谓的球谐函数来表达. 在球坐标系 (r,θ,ϕ) 中，拉普拉斯算符的表达式为

$$\nabla^2=\frac{1}{r^2}\frac{\partial}{\partial r}\left(r^2\frac{\partial}{\partial r}\right)-\frac{\hat{\boldsymbol{L}}^2}{r^2}, \tag{2.30}$$

其中与角度有关的二阶微分算符 $\hat{\boldsymbol{L}}^2$ 称为角动量平方算符，它的表达式为[15]

$$\hat{\boldsymbol{L}}^2=-\frac{1}{\sin\theta}\frac{\partial}{\partial\theta}\left(\sin\theta\frac{\partial}{\partial\theta}\right)-\frac{1}{\sin^2\theta}\frac{\partial^2}{\partial\phi^2}. \tag{2.31}$$

所谓球谐函数 $\mathrm{Y}_{lm}(\theta,\phi)$ 是算符 $\hat{\boldsymbol{L}}^2$ 的本征函数：

$$\hat{\boldsymbol{L}}^2\mathrm{Y}_{lm}(\theta,\phi)=l(l+1)\mathrm{Y}_{lm}(\theta,\phi), \tag{2.32}$$

其中 $l=0,1,2,\cdots$ 为非负整数，而整数 m 的取值范围是 $m=-l,-l+1,\cdots,l-1,l$. 所以对应于一个固定的整数 l，共有 $2l+1$ 个 m 的可能取值. 球谐函数对 θ 和 ϕ 的依赖也是分离的，它的明显表达式为

$$\mathrm{Y}_{lm}(\theta,\phi)=\sqrt{\frac{2l+1}{4\pi}\frac{(l-m)!}{(l+m)!}}\mathrm{P}_l^m(\cos\theta)\mathrm{e}^{\mathrm{i}m\phi}, \tag{2.33}$$

其中 $\mathrm{P}_l^m(\cos\theta)$ 是所谓的连带勒让德 (Legendre) 函数. 由于在球坐标系中一对固定的 θ 和 ϕ 是与一个三维空间的单位矢量 $\boldsymbol{n}=(\sin\theta\cos\phi,\ \sin\theta\sin\phi,\ \cos\theta)$ 一一对应的，所以，为了简化记号我们又会把球谐函数 $\mathrm{Y}_{lm}(\theta,\phi)$ 简记为 $\mathrm{Y}_{lm}(\boldsymbol{n})$. 类似地，我们将立体角元 $\sin\theta\mathrm{d}\theta\mathrm{d}\phi$ 记为 $\mathrm{d}\Omega_{\boldsymbol{n}}$, 或就记为 $\mathrm{d}\boldsymbol{n}$. 这样定义的球谐函数满足

$$\mathrm{Y}_{l,-m}(\boldsymbol{n})=(-1)^m\mathrm{Y}_{lm}^*(\boldsymbol{n}). \tag{2.34}$$

球谐函数满足一系列非常重要的性质，其中最为重要的就是正交归一性

$$\int\mathrm{d}\boldsymbol{n}\mathrm{Y}_{lm}^*(\boldsymbol{n})\mathrm{Y}_{l'm'}(\boldsymbol{n})=\delta_{ll'}\delta_{mm'}, \tag{2.35}$$

以及对所有 l,m 模式的完备性

$$\sum_{l=0}^{\infty}\sum_{m=-l}^{l}\mathrm{Y}_{lm}^*(\boldsymbol{n}')\mathrm{Y}_{lm}(\boldsymbol{n})=\delta(\cos\theta'-\cos\theta)\delta(\phi'-\phi). \tag{2.36}$$

---

[15] 这个名称是从量子力学里面借用过来的.

这意味着，球坐标系中任何一个角度 (θ,ϕ) 的函数都可以展开成球谐函数. 利用球谐函数，球坐标系中拉普拉斯方程的一般解可以写成

$$\varPhi(r,\boldsymbol{n})=\sum_{l=0}^{\infty}\sum_{m=-l}^{l}\left(A_{lm}r^l+\frac{B_{lm}}{r^{l+1}}\right)\mathrm{Y}_{lm}(\boldsymbol{n}),\tag{2.37}$$

其中系数 A_{lm} 和 B_{lm} 完全由边界条件确定. 我们马上就会看到利用球谐函数求解具体的静电边值问题的例子 (见本节后面的例 2.2). 如果所考虑的问题具有 ϕ 方向的对称性，那么静电势的展开中将只涉及 $m=0$ 的球谐函数，这时连带勒让德函数就退化为勒让德多项式.

球谐函数的一个非常重要的应用是用来展开函数 $\dfrac{1}{|\boldsymbol{x}-\boldsymbol{x}'|}$. 注意到这个函数对于 $\boldsymbol{x}$ 以及 $\boldsymbol{x}'$ 都满足拉普拉斯方程 (除去 $\boldsymbol{x}=\boldsymbol{x}'$ 的点以外)，所以它一定能够展开成 $\mathrm{Y}_{lm}(\boldsymbol{n})$ 和 $\mathrm{Y}_{lm}(\boldsymbol{n}')$ 的叠加. 按照函数的对称性，这个展开一定也是对于 $\boldsymbol{n}$ 和 $\boldsymbol{n}'$ 对称的. 详细的计算得到的结果是 (更详细的推导见例 2.4)：

$$\frac{1}{|\boldsymbol{x}-\boldsymbol{x}'|}=\sum_{l=0}^{\infty}\sum_{m=-l}^{l}\frac{4\pi}{2l+1}\frac{r_<^l}{r_>^{l+1}}\mathrm{Y}^*_{lm}(\boldsymbol{n}')\mathrm{Y}_{lm}(\boldsymbol{n}),\tag{2.38}$$

其中 $r_<$ 和 $r_>$ 分别代表 $|\boldsymbol{x}|$ 和 $|\boldsymbol{x}'|$ 中较小的和较大的那个量的数值. 这个重要结果称为球谐函数的加法定理. 我们会在第 11 节中讨论多极展开时用到它.

9.4 几个具体的例子

下面我们举几个实例来说明如何利用各种坐标系中分离变量的方法来求解具体的静电边值问题.

例 2.2 均匀场中的介质球. 如图 2.3 所示，考虑一个均匀的线性各向同性的电介质构成的球体，其半径为 a，介电常数为 ϵ_1，处在填满无穷空间的另一种均匀、线性、各向同性的电介质中，其介电常数为 ϵ_2. 在第二种介质中有均匀的沿 z 方向的电场，电场强度为 E_0. 我们要求解当介电球体放入后空间各点的静电势.

解 显然这个问题适合于在球坐标系中求解. 由于空间各点都不存在自由电荷分布，我们得知静电势 $\varPhi$ 在全空间满足拉普拉斯方程. 因此，在电介质球内部和外部，我们可以将静电势分别写成

$$\varPhi_{\rm in}(\boldsymbol{x})=\sum_l A_l r^l\mathrm{P}_l(\cos\theta),\quad \varPhi_{\rm out}(\boldsymbol{x})=\sum_l\left(B_l r^l+\frac{C_l}{r^{l+1}}\right)\mathrm{P}_l(\cos\theta),\tag{2.39}$$

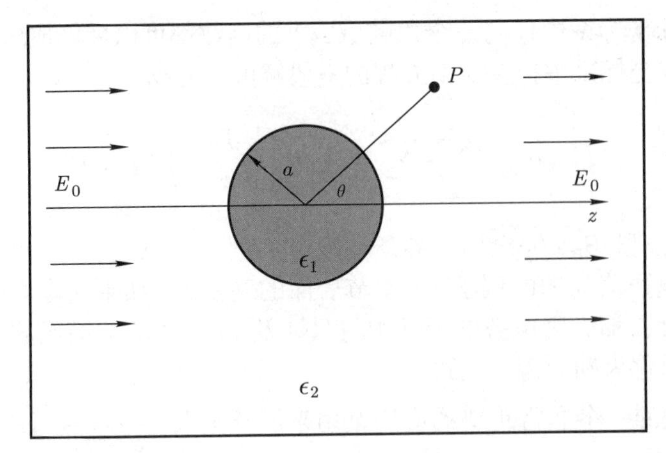

图 2.3　均匀介质 (介电常数为 ϵ_2) 中存在沿 z 方向的均匀电场 E_0. 现在将一个半径为 a 的电介质球 (介电常数为 ϵ_1) 放入，我们需要求解空间中任意一点 P 处的静电势

其中系数 A_l，B_l 和 C_l 由边界条件确定. 注意，由于绕 z 轴的对称性，我们的解中仅仅涉及 $m=0$ 的球谐函数（即勒让德多项式）.

下面我们分析一下静电势所满足的边界条件. 首先，在无穷远处电介质球的影响已经消失，所以在无穷远处一定有

$$\Phi_{\text{out}}(\boldsymbol{x}) = -E_0 z = -E_0 r\cos\theta, \quad \boldsymbol{x}\to\infty,$$

其中为了方便，我们已经将上式中可能的相加常数取为零. 这个条件告诉我们，所有的 B_l 中只有 $B_1=-E_0$ 不等于零. 由于外场仅含有 $l=1$ 的勒让德函数，所以由它所产生的介质极化一定也只包含 $l=1$ 的分量, 也就是说只有 A_1，C_1 和 $B_1=-E_0$ 不等于零. 另外两个非零的系数可以利用在电介质球的表面角坐标为 θ 的位置处电场强度的切向分量连续，电位移矢量的法向分量连续的事实得到[16]：

$$A_1 = -E_0 + C_1/a^3, \quad \epsilon_1 A_1 = -\epsilon_2(E_0 + 2C_1/a^3).$$

经过简单的代数运算，我们求出这个方程的解是

$$A_1 = -\left(\frac{3\epsilon_2}{\epsilon_1+2\epsilon_2}\right)E_0, \quad C_1 = \left(\frac{\epsilon_1-\epsilon_2}{\epsilon_1+2\epsilon_2}\right)E_0 a^3.$$

[16]这个方程组中的第一个方程来源于电场强度的切向连续，它也可以看成电势本身连续，两者给出同一方程，第二个方程来源于电位移矢量的法向连续.

于是，我们得到最终的静电势在全空间的解

$$
\begin{aligned}
\Phi_{\text{in}}(\boldsymbol{x}) &= -\left(\frac{3\epsilon_2}{\epsilon_1+2\epsilon_2}\right)E_0 r\cos\theta, \\
\Phi_{\text{out}}(\boldsymbol{x}) &= -E_0 r\cos\theta + \left(\frac{\epsilon_1-\epsilon_2}{\epsilon_1+2\epsilon_2}\right)E_0\frac{a^3}{r^2}\cos\theta.
\end{aligned} \tag{2.40}
$$

这个解表明静电势在球内对应于一个均匀电场，在球外对应于原先存在的均匀外电场与极化的电偶极矩所产生的电偶极场的叠加. 该电偶极子的电偶极矩的大小为

$$
p = 4\pi\epsilon_0\left(\frac{\epsilon_1-\epsilon_2}{\epsilon_1+2\epsilon_2}\right)a^3E_0. \tag{2.41}
$$

作为一个特例，如果我们令上面所讨论的例题中的参数 $\epsilon_1\to\infty$，那么考察电介质球表面的边界条件会发现，这实际上等效于一个均匀外场中导体球的边界条件. 于是，无须再解方程，我们知道一个导体球处于介电常数为 ϵ 的电介质中，同时加上均匀外电场时的静电势为

$$
\Phi_{\text{out}} = -E_0 r\cos\theta + E_0\frac{a^3}{r^2}\cos\theta. \tag{2.42}
$$

这时我们不必考虑球内的静电势，因为它恒为零.

例 2.3 两端接地的柱形导体空腔. 一个半径为 a、长度为 L 的柱形导体空腔的两个端面接地 (电势恒为零). 如果它侧面的电势 $V(\phi,z)$ 为已知函数，写出腔内任意一点的电势.

解 根据 (2.25) 式，适合这个问题的解的形式要求纯虚的 $k=\mathrm{i}(n\pi/L)$，径向和 z 方向的部分为

$$
\mathrm{I}_m\left(\frac{n\pi r}{L}\right)\sin\left(\frac{n\pi z}{L}\right). \tag{2.43}
$$

因此我们可以写出电势的级数展开

$$
\Phi(\boldsymbol{x}) = \sum_{m=0}^{\infty}\sum_{n=1}^{\infty}\mathrm{I}_m\left(\frac{n\pi r}{L}\right)\sin\left(\frac{n\pi z}{L}\right)(A_{mn}\sin m\phi + B_{mn}\cos m\phi), \tag{2.44}
$$

其中 A_{mn} 和 B_{mn} 为待定系数. 利用 $r=a$ 处的狄利克雷边界条件

$$
V(\phi,z) = \sum_{m=0}^{\infty}\sum_{n=1}^{\infty}\mathrm{I}_m\left(\frac{n\pi a}{L}\right)\sin\left(\frac{n\pi z}{L}\right)(A_{mn}\sin m\phi + B_{mn}\cos m\phi), \tag{2.45}
$$

以及这些函数的正交归一关系，我们最后得到

$$\begin{aligned} A_{mn} &= \frac{2}{\pi L \mathrm{I}_m(n\pi a/L)} \int_0^{2\pi} \mathrm{d}\phi \int_0^L \mathrm{d}z V(\phi,z) \sin\left(\frac{n\pi z}{L}\right) \sin(m\phi), \\ B_{mn} &= \frac{2}{\pi L \mathrm{I}_m(n\pi a/L)} \int_0^{2\pi} \mathrm{d}\phi \int_0^L \mathrm{d}z V(\phi,z) \sin\left(\frac{n\pi z}{L}\right) \cos(m\phi), \end{aligned} \tag{2.46}$$

其中对于 $m=0$ 的项，需要用式中的 B_{0n} 乘以 $1/2$ 替代 (2.44) 式中的 B_{0n}.

前面的两个例子涉及的是一般的静电边值问题. 下面的两个例子中，我们来讨论柱坐标系、球坐标系中的格林函数的求解. 所谓格林函数，就是在一定的边界条件下，点电荷所产生的静电势. 在前一小节中，我们给出的球谐函数的加法定理 (2.38) 其实就对应于无边界情形下、球坐标系中的格林函数. 下面我们就给出求解这类问题的一般思路.

例 2.4　证明球谐函数的加法定理 (2.38). 无边界的无穷空间中的格林函数为 $G(\boldsymbol{x},\boldsymbol{x}')=(1/4\pi)|\boldsymbol{x}-\boldsymbol{x}'|^{-1}$，它满足 $\nabla^2 G(\boldsymbol{x},\boldsymbol{x}')=-\delta^3(\boldsymbol{x}-\boldsymbol{x}')$. 通过求解这个方程验证前面给出的加法定理 (2.38).

解　我们的出发点是运用了完备性关系 (2.36) 的球坐标系中的三维 δ 函数：

$$\begin{aligned} \delta^3(\boldsymbol{x}-\boldsymbol{x}') &= \frac{1}{r^2}\delta(r-r')\delta(\cos\theta-\cos\theta')\delta(\phi-\phi') \\ &= \frac{1}{r^2}\delta(r-r')\sum_{l,m} \mathrm{Y}^*_{lm}(\boldsymbol{n}')\mathrm{Y}_{lm}(\boldsymbol{n}). \end{aligned} \tag{2.47}$$

(2.47) 式在全空间积分为 1. 因此我们可以将格林函数 $G(\boldsymbol{x},\boldsymbol{x}')$ 展开为

$$G(\boldsymbol{x},\boldsymbol{x}') = \sum_{l,m} g_l(r,r')\mathrm{Y}^*_{lm}(\boldsymbol{n}')\mathrm{Y}_{lm}(\boldsymbol{n}). \tag{2.48}$$

将 (2.48) 式代入格林函数满足的 $\nabla^2 G(\boldsymbol{x},\boldsymbol{x}')=-\delta^3(\boldsymbol{x}-\boldsymbol{x}')$，函数 $g_l(r,r')$ 满足

$$\frac{1}{r}\frac{\mathrm{d}^2}{\mathrm{d}r^2}[r g_l(r,r')] - \frac{l(l+1)}{r^2}g_l(r,r') = -\frac{1}{r^2}\delta(r-r'). \tag{2.49}$$

只要 $r\neq r'$，方程 (2.49) 的解就是 $g_l \propto r^l$ 或者 $g_l \propto r^{-(l+1)}$. 考虑到对于固定的 r'，$r\to 0$ 和 $r\to\infty$ 时 $g_l(r,r')$ 都要保持有限，又由于 $g_l(r,r')$ 对于 r，r' 是对称的，因此我们定义 $r_<$ 和 $r_>$ 分别是 r 和 r' 中较小和较大的，这样格林函数的径向部分函数为

$$g_l(r,r') = A_l \frac{r_<^l}{r_>^{l+1}}. \tag{2.50}$$

把方程 (2.49) 两边乘以 r，再在 $r=r'$ 邻域积分，有

$$\left[\frac{\mathrm{d}(rg_l(r,r'))}{\mathrm{d}r}\right]_{r=r'+\epsilon}-\left[\frac{\mathrm{d}(rg_l(r,r'))}{\mathrm{d}r}\right]_{r=r'-\epsilon}=-\frac{1}{r'}. \tag{2.51}$$

把 (2.50) 式代入 (2.51) 式，可得 $A_l=1/(2l+1)$. 这样就证明了加法定理 (2.38).

例 2.5 包含一个点电荷的接地柱形导体空腔. 考虑一个柱形导体空腔由 $0\leqslant z\leqslant L$ 和 $0\leqslant r\leqslant a$ 的边界围合而成，其边界接地，内部为真空. 在内部柱坐标为 $\boldsymbol{x}'=(r',\phi',z')$ 处有一个电荷为 1 的点电荷. 试求腔内各点的静电势.

解 这其实就是求解一个柱形区域内具有狄利克雷边界条件的格林函数问题. 问题的解 $G(\boldsymbol{x},\boldsymbol{x}')$ 满足的微分方程为

$$\nabla^2G(\boldsymbol{x},\boldsymbol{x}')=-\delta^3(\boldsymbol{x}-\boldsymbol{x}'). \tag{2.52}$$

按照前面的讨论，为保证 $r=0$ 处 G 有限，格林函数的解一定具有下列形式：

$$\mathrm{J}_m(kr)\mathrm{e}^{\mathrm{i}m\phi}\mathrm{e}^{\pm kz},\quad \mathrm{I}_m(kr)\mathrm{e}^{\mathrm{i}m\phi}\mathrm{e}^{\pm\mathrm{i}kz}. \tag{2.53}$$

事实上，从这两个形式出发都可以得到需要的解. 虽然两者形式上不太一样，但却是相等的. 我们这里以第一种形式为例来说明如何获得完全的解.

利用柱坐标系中 $\delta^3(\boldsymbol{x}-\boldsymbol{x}')$ 的标准表达式

$$\delta^3(\boldsymbol{x}-\boldsymbol{x}')=\frac{1}{r}\delta(r-r')\delta(\phi-\phi')\delta(z-z'), \tag{2.54}$$

以及柱函数 [参见 (2.28) 式] 和三角函数的完备性关系

$$\begin{aligned}\frac{1}{r}\delta(r-r')&=\sum_{n=1}^{\infty}\frac{2}{a^2\left[\mathrm{J}_{m+1}(x_{mn})\right]^2}\mathrm{J}_m\left(\frac{x_{mn}r}{a}\right)\mathrm{J}_m\left(\frac{x_{mn}r'}{a}\right),\\ \delta(\phi-\phi')&=\frac{1}{2\pi}\sum_{m=-\infty}^{\infty}\mathrm{e}^{\mathrm{i}m(\phi-\phi')},\end{aligned} \tag{2.55}$$

我们可以将圆柱形空腔内的格林函数展开为

$$G(\boldsymbol{x},\boldsymbol{x}')=\frac{1}{2\pi}\sum_{m=-\infty}^{+\infty}\sum_{n=1}^{\infty}g_{mn}(z,z')\mathrm{e}^{\mathrm{i}m(\phi-\phi')}\frac{\mathrm{J}_m\left(\frac{x_{mn}r}{a}\right)\mathrm{J}_m\left(\frac{x_{mn}r'}{a}\right)}{(a^2/2)\mathrm{J}_{m+1}^2(x_{mn})}, \tag{2.56}$$

其中 $g_{mn}(z,z')$ 为一待定函数. 将 (2.56) 式代入格林函数满足的 $\nabla^2 G(\boldsymbol{x},\boldsymbol{x}') = -\delta^3(\boldsymbol{x}-\boldsymbol{x}')$，我们发现函数 $g_{mn}(z,z')$ 满足常微分方程

$$\left(\frac{\mathrm{d}^2}{\mathrm{d}z^2} - k_{mn}^2\right) g_{mn}(z,z') = -\delta(z-z'), \tag{2.57}$$

其中 $k_{mn} = x_{mn}/a$. 显然，这个方程的解为指数函数. 要保证在 $z=0$ 处的静电势为零，我们需要 $g_{mn} \propto \sinh(k_{mn}z)$，要保证在 $z=L$ 处格林函数为零，我们却需要 $g_{mn} \propto \sinh(k_{mn}(L-z))$，两者似乎矛盾. 但是注意到我们需要的是一个格林函数，它对于交换 $\boldsymbol{x}$ 和 $\boldsymbol{x}'$ 是对称的，因此我们实际上可以用 ($z_<$ 和 $z_>$ 分别是 z 和 z' 中较小和较大的)

$$g_{mn}(z,z') = A_{mn} \sinh(x_{mn} z_< /a) \sinh(x_{mn}(L-z_>)/a) \tag{2.58}$$

来同时满足圆柱形上下接地的 $z=0$ 和 $z=L$ 处的边界条件. 按照方程 (2.57)，函数 $g_{mn}(z,z')$ 的一阶导数在 $z=z'$ 处有一个跃变，在 $z=z'$ 邻域积分，有

$$g'_{mn}(z,z')|_{z=z'+\epsilon} - g'_{mn}(z,z')|_{z=z'-\epsilon} = -1, \tag{2.59}$$

即得到跃变条件，其中 $\epsilon \to 0^+$. 因此把 (2.58) 式代入 (2.59) 式，即可得到系数 A_{mn}. 再把 (2.58) 式代入 (2.56) 式即可得接地柱形导体空腔中的格林函数

$$\begin{aligned} G(\boldsymbol{x},\boldsymbol{x}') = \sum_{m,n} & \frac{\mathrm{e}^{\mathrm{i}m(\phi-\phi')} \mathrm{J}_m\left[\dfrac{x_{mn}r}{a}\right] \mathrm{J}_m\left[\dfrac{x_{mn}r'}{a}\right]}{\pi a x_{mn} \mathrm{J}_{m+1}^2(x_{mn}) \sinh\left[\dfrac{x_{mn}L}{a}\right]} \\ & \times \sinh\left[\frac{x_{mn}z_<}{a}\right] \sinh\left[\frac{x_{mn}(L-z_>)}{a}\right], \end{aligned} \tag{2.60}$$

其中 m 的求和是从 $-\infty$ 到 ∞ (所有整数)，而 n 的求和是从 1 到 ∞ (所有自然数).

10　静电边值问题的数值解法

静电边值问题，或者具体地说在一定区域中求解拉普拉斯方程的问题，在实际应用中是经常遇到的. 但是，往往由于边界形状的复杂性，或者边界条件的复杂性 (例如不是简单的狄利克雷或诺伊曼边界条件)，乃至两种复杂性都存在的原因，绝大多数实际应用中的静电边值问题是不可能解析求解的 (有许多甚至不能分离变量). 这时，寻求一种可靠的数值解法就显得尤其重要了. 在数学中，偏微

分方程边值问题的数值解法是一门专门的学问，在本书中不可能对此给出详尽系统的讨论，详细一些的讨论可见参考书 [15] 以及那里所引用的相关文献.

拉普拉斯方程边值问题的数值求解实际上包含两个基本步骤：第一步，我们需要对于所求的问题做分立化的处理，也就是将原先无穷多自由度的问题化为求解有限多自由度的问题；第二步，我们需要利用相应的数值算法来求解所得到的、包含有限多自由度的问题. 我们首先介绍网格法以及利用雅可比 (Jacobi) 方法求解拉普拉斯方程，随后简要介绍有限元方法，它与网格法的区别主要在于第一个步骤.

10.1 简单的网格法

我们首先介绍一下经典的网格法解拉普拉斯方程的基本过程. 假设我们需要求解区域 V 内的拉普拉斯方程，这个区域的边界 ∂V 由一些垂直于三维坐标轴的平面围成，我们要求的解在边界上满足狄利克雷边界条件[17]. 我们现在将三维空间划分成三维的网格，格距为 a. 假设我们感兴趣的区域 V 内和边界 ∂V 上只包含有限多个网格交叉点. 我们统称这些交叉点为格点. 处于区域 V 内的这些格点称为内格点，而处在边界上的那些格点称为边界格点. 我们将要求的静电势在每个格点处的值记为 $\varPhi(\boldsymbol{x})$. 由于静电势满足狄利克雷边界条件，所以它在边界格点上的值是已知的. 如果我们能够求出静电势在每个内格点上的值，就可以得到关于区域 V 内静电势的一个近似解. 随后只要我们将格距不断减小，网格更加细致，就可以得到区域内静电势更好的近似解.

在三维空间中如果我们用差分来代替微分，就可以根据有限差分法 (finite difference method, FDM) 得到拉普拉斯算符的一个近似表达式

$$\nabla^2_{\boldsymbol{x}}\varPhi(\boldsymbol{x}) \approx \sum_{i=1}^{3}\frac{1}{a^2}\left(\varPhi(\boldsymbol{x}+\hat{i})+\varPhi(\boldsymbol{x}-\hat{i})-2\varPhi(\boldsymbol{x})\right), \tag{2.61}$$

其中 $\hat{i}$ 代表沿 i 坐标轴正方向的长度为 a 的矢量. 由于所有格点数是有限大，所以如果利用上面这个拉普拉斯算符的近似式作用于某一格点的静电势，得到的是该点的静电势以及与它相邻的六个格点上静电势的线性叠加. 换句话说，在分立网格情形下，所有格点 (内格点和边界格点) 上的静电势 $\varPhi(\boldsymbol{x})$ 可以看成一个列矢量，它的维数等于总的格点数. (2.61) 式中拉普拉斯算符的分立近似版本 $\nabla^2_{\boldsymbol{x}}$ 则

[17] 这只是一个简化的假定，并不是必需的. 原则上讲边界可以是任意形状的曲面，只不过求解的时候更为复杂罢了.

可以视为 $\{\varPhi(\boldsymbol{x})\}$ 这个矢量空间上的一个矩阵 (线性变换)，要求解的静电势满足 $\nabla^2_{\boldsymbol{x}}\varPhi(\boldsymbol{x})=0$.

要求解分立版本的拉普拉斯方程，我们可以从扩散方程

$$\frac{\partial\varPhi(\boldsymbol{x},t)}{\partial t}=\nabla^2\varPhi(\boldsymbol{x},t) \tag{2.62}$$

出发. 这个方程的差分形式为 (时间也分立化为 $t=n\Delta t$，其中 n 是非负整数)

$$\frac{\varPhi(\boldsymbol{x},t+\Delta t)-\varPhi(\boldsymbol{x},t)}{\Delta t}=\sum_{i=1}^{3}\frac{1}{a^2}\left(\varPhi(\boldsymbol{x}+\hat{i},t)+\varPhi(\boldsymbol{x}-\hat{i},t)-2\varPhi(\boldsymbol{x},t)\right). \tag{2.63}$$

注意，方程 (2.63) 可以用来迭代地求出 $\varPhi(\boldsymbol{x},t+\Delta t)$，只要所有的 $\varPhi(\boldsymbol{x},t)$ 为已知. 一个重要的特性就是：迭代无穷多 (在实际计算中是“足够多”) 次以后得到的函数 $\varPhi(\boldsymbol{x},t\to\infty)$ 一定满足拉普拉斯方程. 换句话说，拉普拉斯方程的解是扩散方程的一个稳定解. 可以证明，为了保证迭代的稳定性，时间方向的间隔 Δt 不能够取太大，必须满足

$$6\Delta t\leqslant a^2. \tag{2.64}$$

在此条件下，上述迭代一定会收敛. 如果我们取最大的可能的 Δt 的值，那么在迭代稳定以后，(2.63) 式中的迭代满足 FDM 中的拉普拉斯方程

$$\varPhi^{(n+1)}(\boldsymbol{x})=\frac{1}{6}\sum_{i=1}^{3}\left[\varPhi^{(n)}(\boldsymbol{x}+\hat{i})+\varPhi^{(n)}(\boldsymbol{x}-\hat{i})\right], \tag{2.65}$$

其中我们已经将时间的依赖写在 $\varPhi$ 的上标处，例如 $\varPhi^{(n)}(\boldsymbol{x})=\varPhi(\boldsymbol{x},n\Delta t)$. 这个迭代公式的形式十分简单：在保持已知的边界静电势不变的情况下，我们可以将内格点处的静电势改变为其六个近邻格点的代数平均值. 如此往复，直到每个内格点的静电势在所要求的精度之内不再变化为止. 这时我们就得到了该区域内拉普拉斯方程的一个近似解. 这个方法是一个十分古老的算法，称为雅可比方法，早在 19 世纪就已经广为人知了. 而它却是数值算法的基础，这说明了数学家工作的惊人前瞻性.

需要指出的是，雅可比方法一般并不是求解拉普拉斯方程的最快捷的方法，但它是概念上最为简洁、数值上也相当稳定的算法，其他的方法往往都是基于雅可比方法再做适当的改动[18]. 详细的讨论见参考书 [15] 以及那里所引的相关文献.

[18]例如，只需要十分轻微的改动就可以实现所谓的高斯–赛德尔 (Seidel) 方法，它一般比雅可比方法快一倍. 更为有效的还有所谓的持续过弛豫 (successive overrelaxation, SOR) 方法等，见参考书 [15].

我们用一个实例来说明这种方法. 考虑三维空间中一个稍微复杂一点的边值问题. 如图 2.4 所示，设想我们在三维直角坐标系的第一卦限中 (也就是 $x > 0$，$y > 0$，$z > 0$ 的区域) 填满导体并将其接地，空间其他区域为真空. 现在，在第一卦限外的任意一点放置一个电荷 $Q = 1$ 的单位点电荷，我们试图来求解空间的静电势.

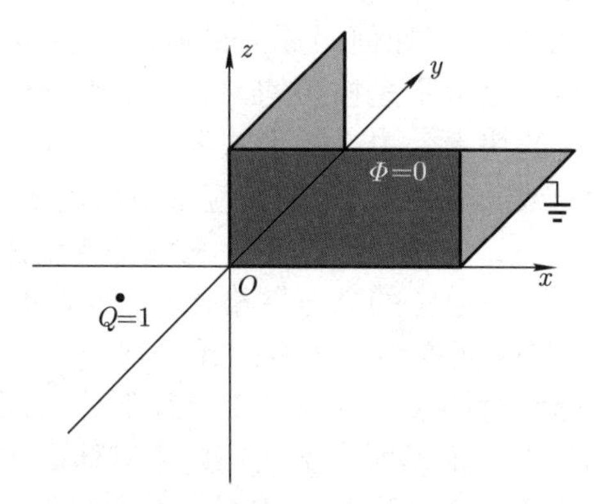

图 2.4 三维空间的第一卦限填满接地的导体，在其外部任意一点放置一个电荷 $Q = 1$ 的点电荷，我们需要求解空间任意一点处的静电势. 这个问题可以利用数值方法来近似求解

首先，这不是一个可以用静电镜像法简单求解的问题，原因在于若按通常的方法引入镜像电荷 (例如在点电荷关于三个坐标平面的镜像位置)，你会发现有些镜像电荷不在第一卦限，因此镜像电荷将影响导体外部的方程，使得静电镜像法不能直接应用 (见第 8 节的讨论). 我们可以利用雅可比方法来求解这个问题. 注意到第一卦限外的静电势总是可以写成点电荷的静电势加上一个拉普拉斯方程的解 $\Phi(\boldsymbol{x})$，而 $\Phi(\boldsymbol{x})$ 在边界上 (与第一卦限的交界面上) 满足确定的狄利克雷边界条件，即它应等于点电荷 Q 在边界上产生的静电势的负值，从而两者之和满足该边界上总的静电势为零. 剩下的工作就是利用计算机来实现上面讨论的雅可比方法，从而求解函数 $\Phi(\boldsymbol{x})$. 有兴趣的读者不妨一试.

另外一个非常著名的数值求解的经典静电问题是一个孤立立方体的电容问题. 这是一个十分古老的问题，可以追溯到麦克斯韦、汤姆孙的年代. 虽然有谣传狄利克雷本人曾经声称他获得了这个问题的解析解，但实际上很可能是一个误会. 类似的问题不仅会出现在静电学中，其实还会出现在流体力学的研究中，因为它们研究的方程有许多的相似性. 在数值方法介入之前，人们尝试了各种近似的解析或半解析方法. 从半个多世纪的发展看来，针对这个问题，数值方法目前已经可以求解得十分准确了[19]. 作为例子，读者可以试做本章后面的习题.

10.2　有限元方法

一种比前一小节更为复杂且更为系统的方法是所谓的有限元方法 (finite element method, FEM). 有限元方法与有限差分法 (FDM) 的最主要区别在于求解静电边值问题的第一步骤，即如何对原先的问题进行分立化. 在有限元方法中，我们对于待求解区域的划分不是按照均匀的网格来进行，而是根据实际的需要 (依赖于待求函数变化的快慢、边界的形状等等) 来划分，而且一般常用的微小单元也不是小立方体 (或长方体)，而是相应维数中的单纯形 (simplex). 具体来说，对于一维问题是线段，二维是三角形，三维是四面体等等. 之所以用各个维数的单纯形是因为它们 (与通常的立方网格比较) 可以更好地处理复杂形状的边界[20]. 每一个小的单纯形单元称为一个有限元，整个待求区域被一系列的有限元所覆盖. 这在数学上称为对待求区域的一个单纯剖分. 不同的有限元的大小和形状通常并不是相同的，而是根据所求解的问题来具体确定. 因此，利用有限元方法的第一个步骤就是确立一个合理的单纯剖分方案. 这一点在现代的有限元计算软件 (例如 ANSYS 等) 中一般可以方便地通过图形界面实现.

为了说明有限元方法的理论基础，本节的讨论将以二维情形为例. 对待求的二维区域进行单纯剖分后，覆盖区域的各个有限元 (小三角形) 的顶点称为这个剖分的节点 (node). 如果能够计算出静电势在各个节点处的值 (或者其近似值)，我们就可以得到静电势在待求区域内的一个分立的近似表达. 事实上，我们还可以做得更多. 我们不仅可以得到静电势在各个分立的节点处的值，还可以利用某种内插 (其中最常用的是线性内插) 给出静电势在区域内每一点处的近似值. 例如，考虑二维平面上一个任意的有限元，它的三个节点的坐标分别记为 (x_i, y_i)，$i = 1, 2, 3$. 假设我们给定这三个节点处的静电势的值 Φ_i，那么在有限元内部，可以利用线性内插公式

$$\Phi(x, y) = a + bx + cy, \tag{2.66}$$

[19]参见从 20 世纪 50 年代一直延续到 21 世纪的两篇典型文章：Reitan D K and Higgins T J. J. Appl. Phys., 1951, 22: 223; Hwang C and Mascagni M. J. Appl. Phys., 2004, 95: 3798.

[20]正是由于这个原因，单纯剖分被广泛应用于电脑图形处理 (一个典型的例子是电脑游戏) 中. 在电脑游戏中像人物头像这样具有比较复杂边界的物体的显示一般都是利用单纯剖分方法来实现的. 你可以想象，如果 3D 电脑游戏中人物的头像用立方网格来表现该是多么的 “悲剧”!

其中 (x,y) 是二维有限元（三角形）内部的任意一点. 利用静电势在三个节点处的值

$$\Phi_i = a + bx_i + cy_i, \qquad i = 1,2,3, \tag{2.67}$$

可以解出三个系数 a，b，c：

$$a = \frac{1}{D}\begin{vmatrix} \Phi_1 & x_1 & y_1 \\ \Phi_2 & x_2 & y_2 \\ \Phi_3 & x_3 & y_3 \end{vmatrix}, \quad b = \frac{1}{D}\begin{vmatrix} 1 & \Phi_1 & y_1 \\ 1 & \Phi_2 & y_2 \\ 1 & \Phi_3 & y_3 \end{vmatrix}, \quad c = \frac{1}{D}\begin{vmatrix} 1 & x_1 & \Phi_1 \\ 1 & x_2 & \Phi_2 \\ 1 & x_3 & \Phi_3 \end{vmatrix}, \tag{2.68}$$

其中 D 为系数行列式：

$$D = \begin{vmatrix} 1 & x_1 & y_1 \\ 1 & x_2 & y_2 \\ 1 & x_3 & y_3 \end{vmatrix}. \tag{2.69}$$

行列式 D 的数值正好等于相应的有限元 (三角形) 面积的两倍[21]. 将 (2.68) 和 (2.69) 式代入 (2.66) 式，我们就得到 FEM 法下二维的电势

$$\Phi(x,y) = \frac{1}{D}\sum_{i=1}^{3}(p_i + q_i x + r_i y)\Phi_i, \tag{2.70}$$

其中各个系数由下式给出：

$$p_1 = x_2y_3 - x_3y_2, \quad q_1 = y_2 - y_3, \quad r_1 = x_3 - x_2. \tag{2.71}$$

p_i，q_i，r_i 的其他系数可以由上式循环交换 $(1,2,3)$ 得到. 因此，只要给定某个单纯剖分的各个节点处的静电势的近似数值 $\{\Phi_i, i = 1,2,\cdots\}$，我们就可以得到整个区域内任意一点处的静电势的近似值. 我们还可以计算上述静电势对应的电场. 由于在有限元内部静电势线性依赖于坐标，因此电场 $\boldsymbol{E} = -\nabla\Phi$ 在一个有限元内部为常矢量：

$$E_x = -\frac{1}{D}\sum_{i=1}^{3} q_i\Phi_i, \qquad E_y = -\frac{1}{D}\sum_{i=1}^{3} r_i\Phi_i. \tag{2.72}$$

如何能够得到一组合理的各个节点处的静电势的近似值 $\{\Phi_i, i = 1,2,\cdots\}$ 呢？严格的静电势 $\tilde{\Phi}(\boldsymbol{x})$ 应当满足拉普拉斯方程或泊松方程，一个更为方便的办

[21] 此处有一个细节，若使 D 为正，实际上要求三角形顶点 1, 2, 3 轮换的顺序符合右手法则.

法是利用与方程等价的最小静电能量条件. 我们知道，在一定的边界条件下，满足相应拉普拉斯方程的静电势一定使得该区域上的静电能泛函[22]

$$\mathcal{E}[\Phi] = \frac{\epsilon}{2}\int \mathrm{d}^2\boldsymbol{x}|\nabla\Phi(\boldsymbol{x})|^2 \tag{2.73}$$

取极小值. 利用这个原理我们就得到一个求解静电问题的变分法方法. 当我们给定某个单纯剖分上各个节点处的静电势尝试值 $\{\Phi_i, i=1,2,\cdots\}$ 后，由于一个有限元内部的电场为常矢量 [见 (2.72) 式]，并且该电场线性依赖于有限元的三个节点处的静电势 Φ_i，所以与尝试静电势 (2.70) 对应的静电能泛函就等于各个有限元上的静电能密度乘以相应的有限元面积，再将所有有限元的贡献相加：

$$\mathcal{E}[\{\Phi_i\}] = \frac{\epsilon}{2}\sum_{f=1}^{N_f}\boldsymbol{E}_f^2\Delta S_f, \tag{2.74}$$

其中 $f=1,2,\cdots,N_f$ 标记不同的有限元 (假定共有 N_f 个)，ΔS_f 是有限元 f 的面积. 由于每个有限元上的静电能密度是其节点处静电势 Φ_i 的二次函数，因此与尝试静电势 (2.70) 对应的总静电能泛函也是所有 Φ_i 的正定二次型. 我们希望寻找的拉普拉斯方程的近似解就对应于上述总静电能泛函的极小值.

为了考虑边界条件，我们将一个待求区域的单纯剖分的节点分为内部节点和边界节点两大类. 对于边界节点来说，与之对应的静电势是给定的 (如果是狄利克雷边界条件). 因此，能量泛函 (2.74) 中需要确定的变量实际上只涉及那些内部节点处的静电势. 事实上，根据电场和势的关系式 (2.72)，可以进一步将 (2.74) 式写成

$$\mathcal{E}[\{\Phi_i\}] = \frac{1}{2}\Phi_i\mathcal{A}_{ij}\Phi_j - \mathcal{B}_i\Phi_i + \mathcal{C}, \tag{2.75}$$

其中指标 i 仅涉及内部节点，重复的指标意味着对于所有内部节点求和. 矩阵 $\mathcal{A}_{ij}$ 是一个正定的对称稀疏矩阵 (若一个 n 阶矩阵的 n^2 个元素中只有 $O(n)$ 个不为零，则称其为稀疏矩阵)，$\mathcal{B}_i$ 是一个矢量. 显然这个二次型取极小的条件对应于

$$\delta\mathcal{E}/\delta\Phi_i = 0 \quad\Longrightarrow\quad \mathcal{A}_{ij}\Phi_j = \mathcal{B}_i. \tag{2.76}$$

也就是说，只要确定了系数矩阵 $\mathcal{A}_{ij}$ 以及矢量 $\mathcal{B}_i$，求解上面的线性方程组就可以获得需要的解，即 FEM 所有节点上的电势 Φ_i. 一旦 Φ_i 获得，代入前面的 (2.70) 式，我们就得到了待求区域上静电问题的一个近似解.

---

[22] 这里为了与上面的讨论一致，写出了二维情形下的静电能泛函，推广到三维是直接的.

一般来说，形如 (2.76) 式的方程组可以利用迭代的方法来求解. 特别是对于正定的实对称矩阵，存在很多数值方法，例如著名的共轭梯度 (conjugate gradient) 算法等等. 我们这里就不再继续深入了，有兴趣的读者可以阅读参考书 [15] 的相关章节.

11 静电多极展开

考虑空间原点附近局域的一团电荷分布，我们用函数 $\rho(\boldsymbol{x})$ 表示它的电荷密度. 这里所谓的局域是指 $\rho(\boldsymbol{x})$ 只在空间有限大的一个区域 V 内才不等于零，而在该区域以外恒等于零. 我们现在要求远离这团电荷分布的一点处的静电势.

按照 (2.4) 式，在该区域外一点 $\boldsymbol{x}$ 处的静电势可以写成

$$\Phi(\boldsymbol{x}) = \frac{1}{4\pi\epsilon_0}\int_V \mathrm{d}^3\boldsymbol{x}' \frac{\rho(\boldsymbol{x}')}{|\boldsymbol{x}-\boldsymbol{x}'|}, \tag{2.77}$$

其中积分变量 $\boldsymbol{x}'$ 取值在区域 V 内. 现在我们利用前面得到的球谐函数的加法定理 (2.38) 得到 (在区域外远处的观察点，$r \gg r'$)

$$\Phi(\boldsymbol{x}) = \frac{1}{4\pi\epsilon_0}\sum_{l,m}\frac{4\pi}{2l+1}\left(\int \mathrm{Y}^*_{lm}(\boldsymbol{n}')(r')^l\rho(\boldsymbol{x}')\mathrm{d}^3\boldsymbol{x}'\right)\frac{\mathrm{Y}_{lm}(\boldsymbol{n})}{r^{l+1}}. \tag{2.78}$$

上式括号中的积分是一个只与电荷分布有关，而与点 $\boldsymbol{x}$ 的位置无关的常数. 于是，我们可以将远离电荷分布处任意一点的静电势表达成

$$\Phi(\boldsymbol{x}) = \frac{1}{\epsilon_0}\sum_{l,m}\frac{1}{2l+1}q_{lm}\frac{\mathrm{Y}_{lm}(\boldsymbol{n})}{r^{l+1}}, \tag{2.79}$$

其中系数 q_{lm} 称为与电荷分布 $\rho(\boldsymbol{x}')$ 对应的多极矩，它的表达式为

$$q_{lm} = \int \mathrm{Y}^*_{lm}(\boldsymbol{n}')(r')^l\rho(\boldsymbol{x}')\mathrm{d}^3\boldsymbol{x}'. \tag{2.80}$$

(2.79) 式称为静电势的多极展开. 为了看清多极矩 q_{lm} 的物理意义，我们利用最

低阶的几个球谐函数 ($l \geqslant |m|$) 的明显表达式得到[23]

$$q_{00} = \frac{1}{\sqrt{4\pi}} Q, \tag{2.81}$$

$$q_{10} = \sqrt{\frac{3}{4\pi}} p_3, \quad q_{11} = -\sqrt{\frac{3}{8\pi}} (p_1 - \mathrm{i}p_2), \quad q_{1,-1} = -q_{11}^*, \tag{2.82}$$

$$\begin{aligned} q_{20} &= \frac{1}{2}\sqrt{\frac{5}{4\pi}} D_{33}, \quad q_{21} = -\frac{1}{3}\sqrt{\frac{15}{8\pi}} (D_{13} - \mathrm{i}D_{23}), \quad q_{2,-1} = -q_{21}^*, \\ q_{22} &= \frac{1}{12}\sqrt{\frac{15}{2\pi}} (D_{11} - 2\mathrm{i}D_{12} - D_{22}), \quad q_{2,-2} = q_{22}^*, \end{aligned} \tag{2.83}$$

其中 Q 是电荷分布 $\rho(\boldsymbol{x}')$ 所对应的，包含在 V 内的总电荷，

$$Q = \int \mathrm{d}^3\boldsymbol{x}' \rho(\boldsymbol{x}'), \tag{2.84}$$

$\boldsymbol{p}$ 是该电荷分布的电偶极矩 (矢量)，

$$p_i = \int \mathrm{d}^3\boldsymbol{x}'\, \rho(\boldsymbol{x}')\, x_i', \tag{2.85}$$

而 D_{ij} 是该电荷分布的电四极矩张量，

$$D_{ij} = \int \mathrm{d}^3x' \left(3x_i'x_j' - (r')^2\delta_{ij}\right) \rho(\boldsymbol{x}'). \tag{2.86}$$

根据静电势的多极展开公式，任意一个局域电荷分布在远离电荷分布区域所产生的静电势可以按照它的多极矩进行展开：贡献最大的是单极矩 (也就是总电荷)，它按照 $1/r$ 的形式衰减；随后是电偶极矩的贡献，它按照 $1/r^2$ 的形式衰减；再随后是电四极矩的贡献，它按照 $1/r^3$ 衰减. 当然，如果需要更为精确的结果，还需要加上电八极矩、电十六极矩等等. 需要注意的是，一般来说一个带电体系的各个多极矩是依赖于原点的选取的. 可以证明，只有体系的最低阶的非零的电多极矩不依赖于原点位置的选取.

作为一个十分重要的例子，我们发现一个位于原点的 (点) 电偶极矩在空间任意一点 $\boldsymbol{x}$ 所产生的静电势和静电场分别为

$$\Phi(\boldsymbol{x}) = \frac{1}{4\pi\epsilon_0}\frac{\boldsymbol{p}\cdot\boldsymbol{x}}{r^3}, \quad \boldsymbol{E}(\boldsymbol{x}) = \frac{1}{4\pi\epsilon_0}\frac{3\boldsymbol{n}(\boldsymbol{n}\cdot\boldsymbol{p}) - \boldsymbol{p}}{r^3}. \tag{2.87}$$

本书中将多次用到 (2.87) 式.

[23] 这些明显的表达式见附录 C.

需要注意的是，(2.87) 式其实还并不完全，$\boldsymbol{E}(\boldsymbol{x})$ 中还差一个正比于 δ 函数的项. 为了找回这一项，考虑静电场 $\boldsymbol{E}$ 在球心位于原点、半径为 R 的球体内的积分

$$\int_{r<R} \mathrm{d}^3\boldsymbol{x}\, \boldsymbol{E}(\boldsymbol{x}) = -\int_{r<R} \mathrm{d}^3\boldsymbol{x}\, \nabla\Phi(\boldsymbol{x}).$$

利用高斯公式，它可以化成在球面上的积分：

$$\int_{r<R} \mathrm{d}^3\boldsymbol{x}\, \boldsymbol{E}(\boldsymbol{x}) = -\int_{r=R} R^2 \mathrm{d}\Omega_{\boldsymbol{n}}\, \Phi(\boldsymbol{x})\boldsymbol{n},$$

其中 $\boldsymbol{n}$ 是从球心 (原点) 指向球面上一点的单位矢量. 现在我们假定静电势 $\Phi(\boldsymbol{x})$ 是由位于 $\boldsymbol{x}'$ 处的电荷产生的，于是得到

$$\int_{r<R} \mathrm{d}^3\boldsymbol{x}\, \boldsymbol{E}(\boldsymbol{x}) = -\frac{R^2}{4\pi\epsilon_0}\int \mathrm{d}^3\boldsymbol{x}'\, \rho(\boldsymbol{x}') \int_{r=R} \mathrm{d}\Omega_{\boldsymbol{n}}\, \frac{\boldsymbol{n}}{|\boldsymbol{x}-\boldsymbol{x}'|}.$$

现在注意到这样一个重要的事实：如果我们将单位矢量 $\boldsymbol{n}$ 的各个分量用球面上的角度表达出来的话，它仅含有球谐函数中 $l=1$ 的那些分量. 因此，如果我们将 $1/|\boldsymbol{x}-\boldsymbol{x}'|$ 的加法定理的展开式 (2.38) 代入并积分，必定只有 $l=1$ 的项会留下来，其余的都将等于零. 再注意到

$$\begin{aligned}\int_{r=R} \mathrm{d}\Omega_{\boldsymbol{n}}\, \frac{\boldsymbol{n}}{|\boldsymbol{x}-\boldsymbol{x}'|} &= \frac{4\pi}{3}\frac{r_<}{r_>^2}\int_{r=R} \mathrm{d}\Omega_{\boldsymbol{n}}\, \boldsymbol{n} \sum_{l,m} \mathrm{Y}^*_{lm}(\boldsymbol{n}')\mathrm{Y}_{lm}(\boldsymbol{n}) \\ &= \frac{4\pi}{3}\frac{r_<}{r_>^2}\int_{r=R} \mathrm{d}\Omega_{\boldsymbol{n}}\, \boldsymbol{n}\,\delta^3(\boldsymbol{n}-\boldsymbol{n}') = \frac{4\pi}{3}\frac{r_<}{r_>^2}\boldsymbol{n}',\end{aligned}$$

其中第一行的公式中原本只有 $l=1$ 的球谐函数，但是我们有意加上了对所有 l 的求和. 这是允许的，因为正如我们前面说的，对 $\mathrm{d}\Omega_{\boldsymbol{n}}$ 积分后，仍然只有 $l=1$ 的项有贡献. 由于加上了对所有 l 的求和，于是我们可以利用球谐函数的完备性公式 (2.36) 得到第二行. 我们最终得到

$$\int_{r<R} \mathrm{d}^3\boldsymbol{x}\, \boldsymbol{E}(\boldsymbol{x}) = -\frac{R^2}{3\epsilon_0}\int \mathrm{d}^3\boldsymbol{x}'\, \frac{r_<}{r_>^2}\boldsymbol{n}'\rho(\boldsymbol{x}'), \tag{2.88}$$

其中 $r_<$ 和 $r_>$ 分别是 r' 和 R 中较小和较大的一个.

在两种情形下，(2.88) 式中的积分可以进一步化简：一种情形是电荷分布 $\rho(\boldsymbol{x}')$ 完全位于球体内，即 $r_<=r'$，$r_>=R$，这时我们得到

$$\int_{r<R} \mathrm{d}^3\boldsymbol{x}\, \boldsymbol{E}(\boldsymbol{x}) = -\frac{\boldsymbol{p}}{3\epsilon_0}, \tag{2.89}$$

其中 $\boldsymbol{p}$ 是球体内所有电荷分布的电偶极矩. 另一种情形是所有的电荷分布都处于球体外，这时 $r_< = R$，$r_> = r'$，我们的结果是

$$\int_{r<R} \mathrm{d}^3\boldsymbol{x}\, \boldsymbol{E}(\boldsymbol{x}) = -\frac{4\pi R^3}{3}\int \mathrm{d}^3\boldsymbol{x}'\, \frac{\boldsymbol{n}'}{r'^2}\rho(\boldsymbol{x}') = \frac{4\pi R^3}{3}\boldsymbol{E}(0). \tag{2.90}$$

我们看到，为了保证 (2.89) 式成立，一个位于原点的电偶极子产生的静电场的正确公式应当再加上一个正比于 δ 函数的项：

$$\boldsymbol{E}(\boldsymbol{x}) = \frac{1}{4\pi\epsilon_0}\left[\frac{3\boldsymbol{n}(\boldsymbol{n}\cdot\boldsymbol{p}) - \boldsymbol{p}}{r^3} - \frac{4\pi}{3}\boldsymbol{p}\,\delta^3(\boldsymbol{x})\right], \tag{2.91}$$

其中的 δ 函数保证了电偶极场在包含电偶极矩的空间内的体积分满足 (2.89) 式. (2.91) 式主要在量子力学中会用到.

下面我们讨论一团局域的电荷分布 $\rho(\boldsymbol{x})$ 在一个外电场中的静电能的问题. 设与外场相对应的静电势为 $\varPhi(\boldsymbol{x})$，那么静电能的表达式为

$$U = \int \mathrm{d}^3\boldsymbol{x}\, \rho(\boldsymbol{x})\varPhi(\boldsymbol{x}). \tag{2.92}$$

我们假定电荷分布 $\rho(\boldsymbol{x})$ 只是在 $\boldsymbol{x} = 0$ 附近才不为零，因此我们可以将外场在 $\boldsymbol{x} = 0$ 附近展开：

$$\varPhi(\boldsymbol{x}) = \varPhi(0) - \boldsymbol{x}\cdot\boldsymbol{E}(0) - \frac{1}{2}\sum_{i,j} x_i x_j \frac{\partial E_j(0)}{\partial x_i} + \cdots. \tag{2.93}$$

注意对于外电场 $\boldsymbol{E}$，产生它的源处于无穷远处，因此 $\nabla\cdot\boldsymbol{E}(0) = 0$. 所以，我们可以在 (2.93) 式的二阶展开中加上一项 $-\frac{1}{6}r^2\nabla\cdot\boldsymbol{E}(0)$，将 (2.93) 式代入 (2.92) 式，并基于 Q [(2.84) 式]，$\boldsymbol{p}$ [(2.85) 式] 和 $\boldsymbol{D}$ [(2.86) 式] 的定义，总静电能可以展开为

$$U = Q\varPhi(0) - \boldsymbol{p}\cdot\boldsymbol{E}(0) - \frac{1}{6}\sum_{i,j} D_{ij}\frac{\partial E_j(0)}{\partial x_i} + \cdots. \tag{2.94}$$

所以我们看到，一团任意的局域电荷分布与外电场的相互作用能可以表达成总电荷 Q 与电势、电偶极矩 $\boldsymbol{p}$ 与电场、电四极矩 $\boldsymbol{D}$ 与电场梯度的乘积等贡献之和.

最后，如果我们考虑两个分别处于 $\boldsymbol{x}_1$ 和 $\boldsymbol{x}_2$ 处的电偶极矩 $\boldsymbol{p}_1$ 和 $\boldsymbol{p}_2$. 于是，结合 (2.91) 式，我们得到这两个电偶极矩之间的相互作用静电能为

$$U = \frac{1}{4\pi\epsilon_0}\left[\frac{\boldsymbol{p}_1\cdot\boldsymbol{p}_2 - 3(\boldsymbol{n}\cdot\boldsymbol{p}_1)(\boldsymbol{n}\cdot\boldsymbol{p}_2)}{|\boldsymbol{x}_1 - \boldsymbol{x}_2|^3} + \frac{4\pi}{3}(\boldsymbol{p}_1\cdot\boldsymbol{p}_2)\,\delta^3(\boldsymbol{x}_1 - \boldsymbol{x}_2)\right], \tag{2.95}$$

其中 $\boldsymbol{n}$ 是从 $\boldsymbol{x}_1$ 指向 $\boldsymbol{x}_2$ 的单位矢量，并且我们已经考虑了带有 δ 函数的电偶极场.

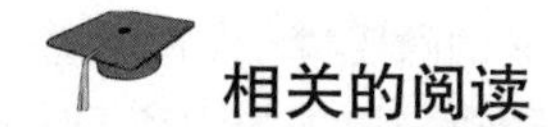

相关的阅读

本章主要处理的是静电问题. 我们的处理是十分简略的, 许多十分重要而有趣的问题都没有涉及. 比如我们几乎没有提到二维静电边值问题, 以及解析函数和保角变换在二维静电边值问题中的应用. 另外, 对于三维静电边值问题我们也只是做了一个比较简略的介绍. 对这些问题想深入探讨的读者可以阅读参考书 [9] 和 [16]. 对于专门讨论拉普拉斯方程的分离变量解法, 读者可以阅读参考书 [20]. 如果你竟然还嫌不过瘾的话, 推荐你欣赏经典名著参考书 [19] (虽然按照现代数学观点看有些陈旧, 但毕竟是经典). 对于拉普拉斯方程的数值解法, 我们也只是做了一个简略的介绍. 这方面的内容是十分丰富的. 在数值分析中有大量相关理论内容, 在工程应用中也存在大量实际例子, 有兴趣的读者可以阅读相关的书籍, 如参考书 [7].

习　题

1. 二维静电势的求解. 对于纯粹的二维静电势而言, 我们可以利用解析函数的性质将复杂的边界变换为规则的边界, 再利用解析函数的实部和虚部自动都是拉普拉斯方程的解的性质, 就可以直接解出许多二维静电势问题.

   (1) 考虑 x-y 平面上 x 轴的正负半轴上的电势分别保持为 0 和 $+V_0$, 利用解析函数 $f(z) = \ln z$ 的性质, 给出全平面上的电势的表达式;

   (2) 求二维平面的一个楔形角度 α 内的电势, 假定 x 轴的正半轴电势为零, 夹角为 α 的部分电势为 $+V_0$.

2. 欧氏空间中的广义反演变换. 本题中我们将讨论与静电镜像法密切相关的一种几何变换, 称为欧几里得 (Euclid) 空间 (简称欧氏空间) 中的广义反演变换. 考虑 n 维欧氏空间, 广义反演变换由一个反演中心和一个反演半径 R 所定义. 不失一般性, 我们将反演中心取为欧氏空间中的原点, 那么空间中的任意一个点 $x \in \mathbb{R}^n$ 的反演点 (或者称为反演变换下的像, 记为 $\tilde{x}$) 定义为

$$\tilde{x} = \frac{R^2}{||x||} \cdot \frac{x}{||x||} = \frac{R^2 x}{||x||^2},$$

其中 $||x|| = \sqrt{x^{\mathrm{T}} \cdot x}$ 是矢量 x 的欧氏模. 换句话说，矢量 x 的反演点仍然沿着 x 的方向，但是它到反演中心的距离与原先的距离的乘积 $||x|| \cdot ||\tilde{x}|| = R^2$. 试证明下面的几何结论：$n$ 维欧氏空间中，以任意位置 x_0 为球心，任意半径 r_0 的一个球面在经过上述定义的反演变换后，仍然是一个球面. 请给出变换后的球心位置以及半径大小.

3. *两个球面的反演*. 利用第 2 题的结论，考虑两个不相交的球 A 和球 B，它们球心相距为 $c > a + b$，其中 a 和 b 分别为球 A 和球 B 的半径，试证明可以找到一个适当的反演变换将两个球面变为同心的球面，给出相应的反演变换的中心和反演半径 R. 事实上，从这个结论出发麦克斯韦求解了两个分离的导体球之间的电容系数问题[24].

4. *缺角球壳上均匀电荷分布产生的电势*. 考虑一个半径为 R 的均匀球壳，它在北极点附近夹角为 α 的锥形区域内是掏空的，其余表面均匀分布了 $Q/(4\pi R^2)$ 的面电荷密度. 试求出球壳内部和外部的电势分布，并给出球心处的电场.

5. *两个导体球问题的求解*. 本题中我们将求解第 8 节提及的两个导体球的电容系数问题. 球 A 和球 B 的半径分别为 a 和 b，球 A 的电势保持为 1，与其相距 $R > a + b$ 的球 B 的电势保持为 0，参见图 2.2. 这是一个历史上十分著名的问题，麦克斯韦[25]、开尔文[26]等许多著名的物理学家都曾经研究过，直到近些年仍然有人对这个问题的一个特殊情况，即两个球相距非常接近的情形十分感兴趣[27].

   (1) 这个问题需要引入无穷多的镜像电荷. 为了描述它们，记球 A 中第 n 次引入的电荷为 Q_n^{A}，它到球 A 的球心的距离为 d_n^{A}，类似地，记球 B 中第 n 次引进的镜像电荷为 Q_n^{B}，它到球 B 的球心的距离为 d_n^{B}，这里 $n = 1, 2, \cdots$. 根据静电镜像法的原则，写出 Q_n^{A}，Q_n^{B}，d_n^{A}，d_n^{B} 满足的递推关系.

   (2) 利用电容系数的定义 (2.20)，将系数 C_{AB} 以及 C_{AA} 表达为 (1) 中各个镜像电荷之和.

   (3) 首先考察两个距离变量 d_n^{A} 和 d_n^{B}，分别写出它们的递推公式并将其表达为连分数的形式.

   (4) 从 (3) 获得的 d_n^{A} 或 d_n^{B} 满足的递推关系 (或者称为差分方程) 出发，完全解出 d_n^{A} 和 d_n^{B} 对于 n 的依赖关系. 提示：由于问题的对称性，d_n^{A} 和 d_n^{B} 的解是类似的，只需要将参数 a 和 b 互换就可以从一个解变到另一个. 同时在求解这个差分

---

[24] 有兴趣的读者可以阅读麦克斯韦《电磁通论》第 11 章的 §171 ~ §174 中的讨论.

[25] 参见麦克斯韦《电磁通论》的第 9 章和第 11 章.

[26] Thomson W. On the Mutual Attraction or Repulsion between Two Electrified Spherical Conductors//Reprint of Papers on Electrostatics and Magnetism. Macmillan, 1872.

[27] 见 Banerjee S, Peters T, Song Y, and Wilkerson B. Journal of Electrostatics, 2019, 101: 103369.

方程的过程中，首先考虑它的无穷极限是非常有帮助的，即令 $d_n^{\mathrm{A}} = d_\infty^{\mathrm{A}} + X_n$，然后再尝试求解 X_n 满足的差分方程. 请先给出 d_∞^{A} 所满足的普通方程 (一个一元二次代数方程) 并求解它，根据物理条件确定方程两个根中哪一个是正确的.

(5) 现在我们需要一些恰当的参数化表达式. 考虑到 $R > a + b$，我们令

$$R^2 \equiv a^2 + b^2 + 2ab\cosh u, \quad \mathrm{e}^{-u} \equiv \alpha,$$
$$\xi = \frac{a + b\alpha}{R}, \quad \eta = \frac{b + a\alpha}{R}, \quad \xi \cdot \eta \equiv \alpha,$$

其中 u 是一个无量纲的实参数. 利用这个参数化形式，将 (4) 获得的 d_∞^{A} 等各个量表达出来，

(6) 令 $d_n^{\mathrm{A}} = d_\infty^{\mathrm{A}} + X_n$，给出 X_n 所满足的递推关系并尝试求解之. 利用前面各问的结果，尝试给出整个问题的解.

6. 单位立方体电容的近似计算. 本题中我们尝试对历史上经典的立方体电容做一个近似的计算. 我们这里运用的方法是所谓的 “子面积法” (method of subareas). 这个方法曾经被麦克斯韦用来计算一个平面金属薄板的电容 [见下面的 (1)]. 我们将立方体的边长记为 1[28].

(1) 作为本方法的开端，首先计算一个表面均匀带电的正方形 (或长方形) 在空间任意一点产生的电势. 假定正方形的边长为 a 并且放在 x-y 平面上，其中心与原点重合并处于 $x \in [-a/2, +a/2]$ 和 $y \in [-a/2, +a/2]$，$z = 0$ 的位置. 它表面均匀带电 σ_0. 写出三维空间任意一点 $\boldsymbol{x}_0 = a(x_0, y_0, z_0)$ 的静电势，证明它可以写为

$$V(\boldsymbol{x}_0) = \frac{\sigma_0 a}{4\pi\epsilon_0}\Phi(x_0, y_0, z_0).$$

给出其中无量纲函数 $\Phi(x_0, y_0, z_0)$ 的明确积分表达式并讨论其对称性质. 注意，并不需要将积分完全积出为初等函数，只要表达为可以精确地进行数值计算的定积分形式即可.

(2) 作为立方体电容的最为粗略的估计，假定立方体的六个面上电荷分布是均匀的. 利用 (1) 的结果给出立方体电容的估计.

(3) 为了改善上述计算，我们将其表面分为更多的份数. 本问中我们将其等分为 $3 \times 3 = 9$ 份，这样每个面看起来就像一个标准的 3×3 魔方一样. 利用对称性，所有六个面上的共 $6 \times 9 = 54$ 个子面积将分为三类：第一类是位于中心的 6 个，第二类是与中心子面积相邻的 24 个，第三类是位于立方体的 8 个角上的 24 个. 我们将假设这三类子面积上的电荷分布是均匀的，并分别记为 σ_1，σ_2 和 σ_3. 要

[28]利用同样的方法但更为精细的计算可以参考 Reitan D K and Higgins T J. J. Appl. Phys., 1951, 22: 223.

利用 (1) 的结果，我们需要任意一个小面积在其他各个小面积 (包括自身) 的中心点处产生的电势. 如果将第 i 类子面积中心的电势记为 V_i，$i=1,2,3$，那么一定有

$$V_i=\sum_{j=1}^{3}K_{ij}Q_j,$$

其中 Q_j 是第 j 类子面积上携带的总电荷，K_{ij} 是一个几何因子，它依赖于各个子面积的位置和 (1) 中得到函数 Φ. 针对本问的 3×3 划分以及 (1) 的结果，写出 K_{ij} 的表达式并用无量纲函数 $\Phi(x_0,y_0,z_0)$ 来表达.

(4) 现在我们假定各个子面积的电势相等，并且都等于 V_0，那么 (3) 的结论将帮助我们给出一个立方体在 3×3 剖分下电容的一个近似估计. 给出这个估计.

(5) 仍然针对上述 3×3 等距剖分，试给出 σ_2/σ_3 和 σ_1/σ_3 的数值估计.

(6) 上述分析中假定将立方体的表面等分为若干子面积，更为有效的计算方法是假定不等分 (但仍对称地剖分). 例如我们可以假定在距离边棱 1/4 处进行 3×3 剖分. 这样仍然是分为三类子面积，只不过此时第二类子面积是一个长方形. 请重复上述计算并给出电容的估计. 请对比脚注㉘ 的文章中利用 6×6 剖分获得的结果 $(4\pi\epsilon_0)\times0.6555$. 一个更为现代也更为精确的结果 (但使用了完全不同于本题的计算方法) 是 $(4\pi\epsilon_0)\times0.6606782(1)$[29].

[29] Hwang C O and Mascagni M. J. Appl. Phys., 2004, 95: 3798.

第三章　静磁学

本章提要

静磁学是一个十分古老的学科，它也是静态电磁场研究的一个重要部分. 与静电学比较，静磁学有一些不同点. 这些区别中最为本质的一点是自然界中没有单一的磁荷，因此静磁场不会是由作为基本粒子的点磁荷 (又称为磁单极) 产生的. 产生磁场的可以是运动电荷 (电流)，或者是自发磁化的铁磁体中的等效磁荷 (其本质主要是电子自旋). 磁力线一定是闭合的曲线，磁感应强度一定是一个无源场.

人类对于磁性的早期认识可以追溯到公元前. 指南针 (司南) 被认为是古代中国对于世界的重大贡献之一①. 但是对于磁性真正系统的研究应当从 18 世纪、19 世纪算起. 由于静磁学问题初看起来与静电学问题迥然不同，人们一直认为磁与电是完全不相干的两回事. 一直到 1820 年，丹麦物理学家奥斯特 (Ørsted) 发现了电流附近的小磁针会发生偏转. 随后，法国人毕奥 (Biot)、萨伐尔 (Savart)，

①在欧洲，与磁性有关系的词语都派生于 “Magnesia”. 这原来是马其顿境内的一座山的名字. 由于这座山附近盛产一种矿石，该矿石具有吸引铁制物体的能力，所以后来将具有这种性质的物体称为 “magnet”.

特别是安培做了比较系统的实验，从而确立了电流产生磁场的规律. 从此，人们不仅认识到电流可以产生磁场，而且还可以定量地计算电流所产生的磁场. 从现代物理学的观点来看，历史上人们最先接触到的静磁现象，比如涉及铁磁体的静磁问题，恰恰是物理上比较复杂的，因为它涉及铁磁材料的微观性质，而这些性质往往有量子力学的起源. 相比之下，一个电流产生的磁场反而是更为简单的、纯经典的对象. 本章中，我们将首先从稳恒电流分布产生的磁场出发讨论静磁学中的基本问题. 在最后的第 15 节和第 16 节中，我们再简单地讨论铁磁体相关的静磁学问题.

12　环形电流的磁场与磁矩

根据麦克斯韦方程 (1.32)，我们可以引入磁矢势 $\boldsymbol{A}$ [(1.9) 式]：$\boldsymbol{B} = \nabla \times \boldsymbol{A}$. 这样一来，在静态的情形 (所有的场不显含时间) 下，磁矢势 $\boldsymbol{A}$ 一定满足泊松方程：

$$\nabla^2 \boldsymbol{A} = -\mu \boldsymbol{J}, \tag{3.1}$$

其中我们利用了库仑规范条件 $\nabla \cdot \boldsymbol{A} = 0$②，同时假定了空间充满磁化率为 $\mu = \mu_0 \mu_{\mathrm{r}}$ 的线性、各向同性、均匀磁介质. 我们看到，矢势的每一个分量都满足泊松方程，产生它的源就是电流密度的相应分量. 于是，如果给定稳恒的电流分布 $\boldsymbol{J}(\boldsymbol{x})$，在无边界的空间中，(3.1) 式的解可以写成

$$\boldsymbol{A}(\boldsymbol{x}) = \frac{\mu}{4\pi} \int \mathrm{d}^3 \boldsymbol{x}' \ \frac{\boldsymbol{J}(\boldsymbol{x}')}{|\boldsymbol{x} - \boldsymbol{x}'|}. \tag{3.2}$$

需要指出的是，在静磁学中的电流分布函数 $\boldsymbol{J}(\boldsymbol{x})$ 并不是任意的矢量场. 电荷守恒的连续性方程 (1.48) 要求

$$\nabla \cdot \boldsymbol{J} = 0. \tag{3.3}$$

我们这里讨论的电流密度 $\boldsymbol{J}(\boldsymbol{x})$ 可以包含广义函数 (或者称为分布). 例如，它可以对应于面电流密度和线电流密度 (分别正比于一个一维和二维 δ 函数). 这时我们可以在 (3.2) 式的积分中运用下面的替换规则：

$$\boldsymbol{J}(\boldsymbol{x}) \mathrm{d}^3 \boldsymbol{x} \quad \Leftrightarrow \quad \boldsymbol{K}(\boldsymbol{x}) \mathrm{d}S \quad \Leftrightarrow \quad I \mathrm{d}\boldsymbol{l}, \tag{3.4}$$

其中 $\boldsymbol{K}$ 为面电流密度，I 为线电流的电流强度.

---

②注意，在静磁学中库仑规范条件与洛伦茨规范条件是相同的.

如果空间存在不同磁介质，那么在两种不同介质的交界面处，磁场必须满足一定的边界条件. 这些条件我们在第一章中得到过 [(1.44) 和 (1.47) 式]：

$$\boldsymbol{n}\cdot(\boldsymbol{B}_2-\boldsymbol{B}_1)=0,\quad \boldsymbol{n}\times(\boldsymbol{H}_2-\boldsymbol{H}_1)=\boldsymbol{K},\tag{3.5}$$

其中 $\boldsymbol{n}$ 为从介质 1 指向介质 2 的单位矢量，$\boldsymbol{K}$ 为介质交界面上的自由面电流密度. 因此，一旦知道了两种介质中磁场 $\boldsymbol{H}$ 和磁感应强度 $\boldsymbol{B}$ 的本构关系，这些边界条件加上磁矢势满足的泊松方程，原则上就可以唯一地确定静磁问题的解了.

例 3.1 环形电流的磁矢势. 如图 3.1 所示，一个电流强度为 I 的电流环的圆心位于坐标的原点，它的平面法向指向正 z 方向. 计算该电流环在空间产生的磁矢势.

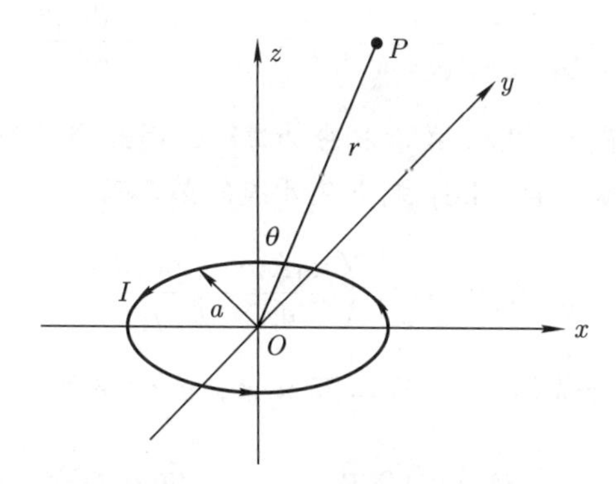

图 3.1 真空中一个半径为 a 的平面电流环放置在 $z=0$ 的平面上，其圆心位于坐标原点. 设环内流动的电流强度为 I，我们要求远离电流环的任意一点 P 处的磁矢势和磁场

解 首先我们写出电流密度. 在球坐标系中，空间的电流密度可以写成

$$J_\phi(r',\theta',\phi')=\frac{I}{a}\sin\theta'\delta(\cos\theta')\delta(r'-a),\tag{3.6}$$

其中 a 为电流环的半径，I 是电流环中的电流，电流密度的其他分量都为零. 如果用直角坐标的分量写出来，电流密度为

$$\boldsymbol{J}(\boldsymbol{x}')=-J_\phi\sin\phi'\hat{x}+J_\phi\cos\phi'\hat{y},\tag{3.7}$$

其中 $\hat{x}$ 和 $\hat{y}$ 分别代表沿 x 和 y 方向的单位矢量. 另一种更直接的方法是利用前面给出的替换规则 (3.4). 无论用哪种方法，由于问题的对称性，空间任意一点的磁矢势与观测点的坐标 ϕ 无关. 因此，为简单起见，我们在计算中取 $\phi=0$. 这

时磁矢势唯一的非零分量就是 A_ϕ. 利用 (3.2) 式，图 3.1 中观测点 P 处的矢势为 [(3.7) 式中的 y 分量贡献]

$$A_\phi(r,\theta)=\frac{\mu_0 Ia}{4\pi}\int_0^{2\pi}\frac{\cos\phi'\,\mathrm{d}\phi'}{(a^2+r^2-2ar\sin\theta\cos\phi')^{1/2}}, \tag{3.8}$$

其中 r 是点 P 到原点的距离，θ 是点 P 的位置矢量与 z 轴的夹角. 我们已经利用对称性取了点 P 的坐标 $\phi=0$. 这个积分可以表达成标准的椭圆积分，如果愿意也可以表达成球谐函数的一个无穷求和 [9]. 这里不打算写出其完整的表达式，而只是考虑远离电流环处矢势的近似行为.

在远离电流环处，$r\gg a$，于是我们可以将 (3.8) 式中的 $1/r$ 势进行适当的泰勒 (Taylor) 展开：

$$\frac{1}{(a^2+r^2-2ar\sin\theta\cos\phi')^{1/2}}=\frac{1}{r}+\frac{a\sin\theta\cos\phi'}{r^2}+\cdots. \tag{3.9}$$

这个展开式的第一项代入 (3.8) 式后积分为零③，因此在远离电流环的任意一点，对磁矢势的领头阶贡献来自 (3.8) 式中展开式的第二项：

$$A_\phi(r,\theta)\approx\left(\frac{\mu_0 I\pi a^2}{4\pi}\right)\frac{\sin\theta}{r^2}. \tag{3.10}$$

利用磁感应强度与磁矢势的关系 $\boldsymbol{B}=\nabla\times\boldsymbol{A}$，我们得到远离电流环处的磁感应强度为

$$B_r=\frac{\mu_0}{4\pi}\frac{2m\cos\theta}{r^3},\quad B_\theta=\frac{\mu_0}{4\pi}\frac{m\sin\theta}{r^3}, \tag{3.11}$$

其中我们定义了一个平面电流环的磁偶极矩

$$m=I\pi a^2. \tag{3.12}$$

我们发现 (3.11) 式所表达的磁场与静电学中一个电偶极子周围的电场形式完全类似，只不过电偶极矩被替换成了磁偶极矩. 所以，在无穷远处一个电流环所产生的磁场的领头阶是一个磁偶极场. 在第 14 节中，我们还将更为普遍地证明这个结论.

13 磁场的能量

这一节中我们来考虑一组闭合电流圈 (不一定是环形) 在空间所产生的磁场的能量问题. 本节的讨论与静电学一章的第 7 节中的讨论相对应.

③第一项在大距离上提供一个正比于 $1/r$ 的势，相当于磁单极子的势.

考虑 N 个闭合稳恒电流回路 C_i，其电流强度分别为 I_i，其中 $i=1,2,\cdots,N$. 我们假设除了这些电流圈中以外，空间再没有任何自由电流分布. 我们进一步假设空间充满了线性、各向同性、均匀的磁介质，其磁导率为 μ. 为了计算这个体系所产生的磁场能，我们从第一章中得到的电磁场能量密度的普遍公式 (1.53) 出发，在静磁学情形下，系统的能量可以写为

$$U=\frac{1}{2}\int \mathrm{d}^3\boldsymbol{x}\boldsymbol{H}\cdot\boldsymbol{B}=\frac{1}{2\mu}\int \mathrm{d}^3\boldsymbol{x}\,(\nabla\times\boldsymbol{A})^2. \tag{3.13}$$

(3.13) 式中的被积函数可以利用矢量分析中的公式进行适当的化简：

$$\begin{aligned}(\nabla\times\boldsymbol{A})^2&=\epsilon_{ijk}\epsilon_{ilm}(\partial_jA_k)(\partial_lA_m)\\&=(\delta_{jl}\delta_{km}-\delta_{jm}\delta_{kl})(\partial_jA_k)(\partial_lA_m)\\&=(\partial_jA_k)(\partial_jA_k)-(\partial_jA_k)(\partial_kA_j)\\&=\partial_j(A_k\partial_jA_k)-A_k(\partial_j\partial_jA_k)-\partial_j(A_k\partial_kA_j)+A_k(\partial_j\partial_kA_j),\end{aligned}$$

其中在得到第二行时，我们运用了两个 ϵ_{ijk} 缩并的公式 (A.6)，在得到第四行时，我们将前一行公式中的两项分别凑了一个全微分. 现在我们可以将这个式子代入磁场能量的积分公式中. 利用高斯公式 (A.22)，我们发现两个全微分的项都化为无穷远边界上的积分. 对局域电流分布所产生的磁场，在无穷远边界处的被积函数衰减得足够快，因此全微分的两项对能量没有贡献，最后一项由于 $\nabla\cdot\boldsymbol{A}=0$ 也没有贡献，于是，在利用了磁矢势满足的泊松方程 [(3.1) 式] 后静磁能 [(3.13) 式] 为

$$U=\frac{1}{2}\int \mathrm{d}^3\boldsymbol{x}\;\boldsymbol{A}\cdot\boldsymbol{J}. \tag{3.14}$$

这就是局域电流分布所产生的磁场能量的表达式，它与静电学中的 (2.19) 式对应.

现在我们注意到，如果局域电流分布只存在于系统设定的电流圈中，在空间中的其他地方 $\boldsymbol{J}\equiv 0$，那么 (3.14) 式中的体积分实际上只要对每个电流圈做线积分就可以了. 利用前面给出的替换规则 (3.4)，空间任意一点的磁矢势可以写成

$$\boldsymbol{A}(\boldsymbol{x})=\frac{\mu}{4\pi}\sum_{i=1}^{N}\oint_{C_i}\frac{I_i\mathrm{d}\boldsymbol{l}_i(\boldsymbol{x}_i')}{|\boldsymbol{x}-\boldsymbol{x}_i'|}, \tag{3.15}$$

其中 $\boldsymbol{x}_i'$ 是电流圈 C_i 上随积分跑动的点，$\mathrm{d}\boldsymbol{l}_i(\boldsymbol{x}_i')$ 则代表该点处的一个线元矢量，$\oint_{C_i}$ 表示沿 C_i 进行回路积分. 将 (3.15) 式代入 (3.14) 式中，一组电流圈产生的

静磁能

$$U = \frac{1}{2}\sum_{i,j=1}^{N} L_{ij} I_i I_j. \tag{3.16}$$

这个公式中的各个系数 L_{ij} 通称为电感系数，其中的对角元 L_{ii} 称为电流圈 C_i 的自感系数，或简称为电流圈 C_i 的电感，非对角元 L_{ij} (其中 $i \neq j$) 则称为这一组电流圈的互感系数. 电感系数的明显表达式为

$$L_{ij} = \frac{\mu}{4\pi}\oint_{C_i}\oint_{C_j}\frac{\mathrm{d}\boldsymbol{l}_i\cdot\mathrm{d}\boldsymbol{l}_j}{|\boldsymbol{x}_i-\boldsymbol{x}_j|}, \tag{3.17}$$

其中 $\boldsymbol{x}_i$ 和 $\boldsymbol{x}_j$ 分别是电流圈 C_i 和 C_j 上的点，$\mathrm{d}\boldsymbol{l}_i$ 和 $\mathrm{d}\boldsymbol{l}_j$ 分别代表相应两点处的线元矢量，$\oint_{C_i}$ 和 $\oint_{C_j}$ 则表示沿电流圈 C_i 和 C_j 进行回路积分. (3.16) 和 (3.17) 式与静电学第 7 节中的 (2.21) 和 (2.20) 式相当. 需要指出的是，一个无穷纤细的导线的电感实际上是发散的. 如果需要估计诸如一个电流环的电感，实际上必须假定导线具有有限大的截面积，同时了解电流在其内部的分布情况. 当然对于电感的估计而言，认为电流均匀地分布在它的截面上是一个不错的假设. 这方面的例子请读者在本章后面的习题中进行尝试.

得到了电流圈的能量表达式，我们可以考察一下真空中两个电流圈 (称之为 1 和 2) 之间的相互作用力. 电流圈 2 作用于电流圈 1 上的力可以写成两个电流圈之间的相互作用能对第一个电流圈坐标的正的梯度④：

$$\boldsymbol{F}_{2\to1} = \frac{\partial U}{\partial \boldsymbol{x}_1} = -\frac{\mu I_1 I_2}{4\pi}\oint\oint\frac{(\mathrm{d}\boldsymbol{l}_1\cdot\mathrm{d}\boldsymbol{l}_2)(\boldsymbol{x}_1-\boldsymbol{x}_2)}{|\boldsymbol{x}_1-\boldsymbol{x}_2|^3}. \tag{3.18}$$

(3.18) 式可以凑上一个积分后为零的全微分，写成

$$\begin{aligned}\boldsymbol{F}_{2\to1} &= \frac{\mu I_1 I_2}{4\pi}\oint\oint\frac{\mathrm{d}\boldsymbol{l}_1\times[\mathrm{d}\boldsymbol{l}_2\times(\boldsymbol{x}_1-\boldsymbol{x}_2)]}{|\boldsymbol{x}_1-\boldsymbol{x}_2|^3}\\ &= \oint_{C_1} I_1\mathrm{d}\boldsymbol{l}_1\times\boldsymbol{B}_{2\to1},\end{aligned} \tag{3.19}$$

$$\boldsymbol{B}_{2\to1} = \frac{\mu}{4\pi}\oint_{C_2}\frac{I_2\mathrm{d}\boldsymbol{l}_2\times(\boldsymbol{x}_1-\boldsymbol{x}_2)}{|\boldsymbol{x}_1-\boldsymbol{x}_2|^3}. \tag{3.20}$$

---

④之所以是“正的”梯度而不是大家所熟悉的“负的”梯度，是由于这个过程中我们是保持电流不变. 可以证明：如果是保持电流不变，那么应当是正的梯度，而如果是保持磁矢势不变，则应当是负的梯度. 更加详细的讨论可见参考书 [12] 以及参考书 [9] 中的相关章节.

这就是安培最先提出的关于两个电流圈之间相互作用力的实验公式. 安培进一步将 (3.19) 式中的第一行拆成两个公式：一个是关于电流元在磁场中受力的公式[(3.19) 式中的第二行]，这是洛伦兹力的宏观形式；另一个是电流在空间产生的磁场的 (3.20) 式，即毕奥–萨伐尔定律. 历史上正是这些公式奠定了静磁学的基础.

14 磁多极展开

与静电学第 11 节中静电多极展开的讨论相对应，在这一节中我们讨论一个局域在原点附近的稳恒电流分布在远处所产生的磁场，以及局域电流分布在外磁场中的能量、受力、力矩等相关问题.

(1) 磁多极展开.

类似于静电学第 11 节中的讨论，我们来考虑一个局域在原点附近的电流分布 $\boldsymbol{J}(\boldsymbol{x}')$ 在远离电流区域所产生的磁矢势. 为此，我们考虑远处任意一点 $\boldsymbol{x}$，它满足 $|\boldsymbol{x}| \gg |\boldsymbol{x}'|$，其中 $\boldsymbol{x}'$ 是电流密度 $\boldsymbol{J} \neq 0$ 区域的点. 那么我们可以做泰勒展开

$$\frac{1}{|\boldsymbol{x}-\boldsymbol{x}'|} = \frac{1}{|\boldsymbol{x}|} + \frac{\boldsymbol{x}\cdot\boldsymbol{x}'}{|\boldsymbol{x}|^3} + \cdots .$$

于是，在点 $\boldsymbol{x}$ 处的磁矢势可以近似写成

$$A_i(\boldsymbol{x}) = \frac{\mu}{4\pi|\boldsymbol{x}|}\int \mathrm{d}^3\boldsymbol{x}'\ J_i(\boldsymbol{x}') + \frac{\mu x_j}{4\pi|\boldsymbol{x}|^3}\int \mathrm{d}^3\boldsymbol{x}'\ J_i(\boldsymbol{x}')x'_j + \cdots . \tag{3.21}$$

为了能进一步化简这个式子，我们利用矢量恒等式

$$\int \mathrm{d}^3\boldsymbol{x}'\ \partial'_i\left[J_i(\boldsymbol{x}')x'_j\right] = 0. \tag{3.22}$$

这个恒等式之所以成立是因为我们可以将等式的左边化为无穷远边界上的面积分，而我们假设了电流分布是局域的，因此在无穷远边界处相应的函数恒等于零. 现在注意到，如果我们将上面的恒等式左边括号外的偏微商作用到括号里面去，将产生两项：一项正比于 $\partial'_i J_i(\boldsymbol{x}') = \nabla'\cdot\boldsymbol{J}(\boldsymbol{x}') = 0$ [参见 (3.3) 式]，另一项正比于 $\partial'_i x'_j = \delta_{ij}$，我们得到

$$\int \mathrm{d}^3\boldsymbol{x}'\ J_j(\boldsymbol{x}') = 0, \quad j = 1,2,3. \tag{3.23}$$

这意味着磁多极展开式 (3.21) 中的第一项恒等于零. 我们注意到第一项在远离电流分布的地方产生的磁矢势正比于 $1/|\boldsymbol{x}|$，即为磁单极势，这一项恒等于零与我们前面提到的不存在磁单极的事实是完全一致的.

因此在远离电流分布的任意一点的磁矢势的领头贡献来自展开式 (3.21) 中的第二项. 它正比于 $1/|\boldsymbol{x}|^2$，是一个磁偶极势. 为了看清这一点，我们利用恒等式

$$\int \mathrm{d}^3\boldsymbol{x}'\partial'_k[J_k(\boldsymbol{x}')x'_ix'_j] = 0. \tag{3.24}$$

这个恒等式成立的原因和上面的 (3.22) 式相同. 于是，将 (3.24) 式中的偏微商具体计算出来并且利用 $\nabla'\cdot\boldsymbol{J}(\boldsymbol{x}') = 0$，我们得到

$$\int \mathrm{d}^3\boldsymbol{x}'\ \left[x'_iJ_j(\boldsymbol{x}') + x'_jJ_i(\boldsymbol{x}')\right] = 0. \tag{3.25}$$

这意味着磁多极展开式 (3.21) 第二项中的积分关于指标 i 和 j 对称的部分实际上贡献为零，因而我们可以仅保留其中的反对称部分：

$$\begin{aligned} x_j\int \mathrm{d}^3\boldsymbol{x}'\ J_i(\boldsymbol{x}')x'_j &= -\frac{1}{2}x_j\int \mathrm{d}^3\boldsymbol{x}'\ \left[J_j(\boldsymbol{x}')x'_i - J_i(\boldsymbol{x}')x'_j\right] \\ &= -\frac{1}{2}\epsilon_{ijk}x_j\int \mathrm{d}^3\boldsymbol{x}'\ [\boldsymbol{x}'\times\boldsymbol{J}(\boldsymbol{x}')]_k \\ &= -\frac{1}{2}\left[\boldsymbol{x}\times\int \mathrm{d}^3\boldsymbol{x}'\ [\boldsymbol{x}'\times\boldsymbol{J}(\boldsymbol{x}')]\right]_i. \end{aligned} \tag{3.26}$$

因此，我们定义电流分布 $\boldsymbol{J}$ 对应的磁偶极矩 (简称为磁矩)

$$\boldsymbol{m} = \frac{1}{2}\int \mathrm{d}^3\boldsymbol{x}'\ \left[\boldsymbol{x}'\times\boldsymbol{J}(\boldsymbol{x}')\right]. \tag{3.27}$$

容易验证，如果电流分布是位于一个平面内的电流圈 (不一定是环形)，那么我们磁矩的普遍定义 (3.27) 可以表达成

$$\boldsymbol{m} = IS\boldsymbol{n}_0, \tag{3.28}$$

其中 S 和 I 分别为该平面电流圈所包围的面积和电流强度，$\boldsymbol{n}_0$ 是沿着右手法则所确定的平面电流圈的法向单位矢量. 这个定义与我们前面例 3.1 中的定义完全一致，只不过目前的定义 (3.27) 适用于普遍的电流分布.

利用磁矩的定义 (3.27)，并且仅保留展开式 (3.21) 的领头阶，即 (3.26) 式的形式，我们可以得到磁多极展开的首项磁矢势和相应的磁场：

$$\boldsymbol{A}(\boldsymbol{x}) \approx \frac{\mu}{4\pi}\frac{\boldsymbol{m}\times\boldsymbol{x}}{|\boldsymbol{x}|^3},\quad \boldsymbol{B}(\boldsymbol{x}) = \frac{\mu}{4\pi}\left[\frac{3\boldsymbol{n}(\boldsymbol{n}\cdot\boldsymbol{m}) - \boldsymbol{m}}{|\boldsymbol{x}|^3}\right], \tag{3.29}$$

其中 $\boldsymbol{n} = \boldsymbol{x}/|\boldsymbol{x}|$ 为 $\boldsymbol{x}$ 方向的单位矢量. 正如我们所说的，这是一个磁偶极矢势，上一节例 3.1 中的平面电流环在远处的磁矢势就具有这个形式.

完全类似于静电学中电偶极场的情形 [参见 (2.91) 式]，在静磁学中一个磁偶极矩产生的磁场也应当包含一个正比于 δ 函数的修正. 在考虑了这个原点处的修正后，位于原点的磁偶极子在空间产生的磁场为⑤

$$\boldsymbol{B}(\boldsymbol{x})=\frac{\mu}{4\pi}\left[\frac{3\boldsymbol{n}(\boldsymbol{n}\cdot\boldsymbol{m})-\boldsymbol{m}}{|\boldsymbol{x}|^3}+\frac{8\pi}{3}\boldsymbol{m}\,\delta^3(\boldsymbol{x})\right]. \tag{3.30}$$

如果电流密度 $\boldsymbol{J}(\boldsymbol{x})$ 由一系列带电粒子的运动提供：$\boldsymbol{J}(\boldsymbol{x})=\sum_i q_i\boldsymbol{v}_i\delta^3(\boldsymbol{x}-\boldsymbol{x}_i)$，其中 q_i，$\boldsymbol{x}_i$ 和 $\boldsymbol{v}_i$ 分别是第 i 个带电粒子的电荷、位置矢量和速度矢量，我们发现这样的带电粒子体系的磁矩 [(3.27) 式] 可以写为

$$\boldsymbol{m}=\frac{1}{2}\sum_i q_i(\boldsymbol{x}_i\times\boldsymbol{v}_i)=\sum_i\frac{q_i}{2M_i}\boldsymbol{L}_i, \tag{3.31}$$

其中 $\boldsymbol{L}_i=\boldsymbol{x}_i\times M_i\boldsymbol{v}_i$ 是第 i 个粒子绕原点的轨道角动量. 每个运动的带电粒子对于整个系统磁矩的贡献正比于该带电粒子的轨道角动量，其比例系数与粒子的荷质比 q_i/M_i 有关. 如果体系中所有粒子的电荷和质量都相同，即 $q_i/M_i=q/M$，我们就得到这个带电粒子系统的磁矩直接与其总轨道角动量成正比的结论：

$$\boldsymbol{m}=\frac{q}{2M}\boldsymbol{L}, \tag{3.32}$$

其中 $\boldsymbol{L}=\sum_i\boldsymbol{L}_i$ 为体系的总轨道角动量. 粒子的磁矩与角动量之间的关联在量子力学中仍然存在⑥，只不过在一个孤立原子或离子中，总角动量除了有经典对应的轨道角动量之外，还包含纯量子的自旋角动量 $\boldsymbol{S}$， 从而原子磁矩和核子磁矩分别为

$$\boldsymbol{m}=-\frac{e\hbar}{2m_{\mathrm{e}}}\left(g_l\boldsymbol{L}+g_s\boldsymbol{S}\right)/\hbar,\qquad \boldsymbol{m}_{\mathrm{N}}=\frac{e\hbar}{2m_{\mathrm{p}}}\left(g_s\boldsymbol{S}/\hbar\right). \tag{3.33}$$

两类角动量对于原子磁矩的贡献的比例系数并不相同. 轨道角动量与经典的情形一致 (即 $g_l=1$)，自旋角动量的贡献则有一个依赖于粒子性质的额外因子 g_s⑦.

⑤用完全类似于第 11 节中的方法可以证明：磁场 $\boldsymbol{B}$ 在一个包含了所有电流分布的球体内的积分正好等于 $2\mu/3$ 乘以该球体内的电流分布的磁矩.

⑥对电子来说，$M=m_{\mathrm{e}}$，$q=-e$，$\boldsymbol{m}$ 与无量纲的总轨道角动量 $\boldsymbol{L}/\hbar$ 之间的比例系数就是玻尔磁子 $\mu_{\mathrm{B}}=e\hbar/(2m_{\mathrm{e}})$，在高斯单位制中 $\mu_{\mathrm{B}}=e\hbar/(2m_{\mathrm{e}}c)$.

⑦对于电子有 $g_s\approx 2$. 核玻尔磁子 $e\hbar/(2m_{\mathrm{p}})$ 只有玻尔磁子的约 1/1840，但由于强相互作用的复杂性，质子的 g 因子 $g_s\approx 5.58$，中子的 g 因子 $g_s\approx -3.83$.

(2) 电流在外场中的受力.

首先看一下局域电流分布在外磁场中所受的力. 按照洛伦兹力的普遍公式 (1.6)，在静磁场中一个局域电流分布所受的力为

$$\boldsymbol{F} = \int \mathrm{d}^3\boldsymbol{x}'\, \boldsymbol{J}(\boldsymbol{x}') \times \boldsymbol{B}(\boldsymbol{x}'). \tag{3.34}$$

类似于静电学中第 11 节的讨论，假设电流分布局域于原点附近，我们将外磁场在原点附近展开：

$$B_k(\boldsymbol{x}') = B_k(0) + (\boldsymbol{x}' \cdot \nabla)B_k(0) + \cdots. \tag{3.35}$$

于是，我们可以将电流分布所受的力用分量形式做磁多极展开：

$$F_i = \epsilon_{ijk}\left[B_k(0)\int \mathrm{d}^3\boldsymbol{x}'\ J_j(\boldsymbol{x}') + \int \mathrm{d}^3\boldsymbol{x}'\ J_j(\boldsymbol{x}')(\boldsymbol{x}' \cdot \nabla)B_k(0) + \cdots\right]. \tag{3.36}$$

完全类似于上一节的讨论，(3.36) 式方括号中的第一项恒等于零，第二项则可以用电流分布的磁矩来表达. 于是磁多极展开下首项的洛伦兹力

$$\boldsymbol{F} = (\boldsymbol{m} \times \nabla) \times \boldsymbol{B} = \nabla(\boldsymbol{m} \cdot \boldsymbol{B}), \tag{3.37}$$

其中我们运用了磁的高斯定律 $\nabla \cdot \boldsymbol{B} = 0$.

(3) 电流在外场中所受的力矩.

一个任意电流分布所受的力矩也可以从洛伦兹力的公式得出. 在静磁学中，力矩的普遍表达式可以根据 (3.34) 式写成

$$\boldsymbol{N} = \int \mathrm{d}^3\boldsymbol{x}'\ \left(\boldsymbol{x}' \times (\boldsymbol{J}(\boldsymbol{x}') \times \boldsymbol{B}(\boldsymbol{x}'))\right). \tag{3.38}$$

与力的表达式不同的是，外磁场的展开式 (3.35) 中第一项的贡献不等于零，因此，一个局域电流分布所受的力矩主要来自这一项的贡献. 我们最后得到力矩的首项

$$\boldsymbol{N} = \boldsymbol{m} \times \boldsymbol{B}. \tag{3.39}$$

(3.39) 式与静电学中一个电偶极矩在外电场中所受的力矩 $\boldsymbol{N} = \boldsymbol{p} \times \boldsymbol{E}$ 是完全相似的.

(4) 电流在外场中的能量.

最后，我们来讨论一下局域电流分布在外磁场中的能量. 一个磁偶极子在外磁场中所受的力 (3.37) 可以看成这个磁偶极子在外磁场中的势能的负的梯度. 于是我们发现，一个外场中的磁偶极子的势能可以表达成

$$U = -\boldsymbol{m} \cdot \boldsymbol{B}. \tag{3.40}$$

这个公式在原子物理中具有十分重要的应用. 在原子物理中，电子的磁矩与外加磁场的相互作用能就可以写成这个形式. 由于量子力学中电子的磁矩与它的角动量成正比，而后者是量子化的，因此当原子处于外磁场之中时，由于转动不变性而简并的能级会发生劈裂，这就是所谓的塞曼 (Zeeman) 效应. 塞曼效应可以用 (3.40) 式给出的哈密顿量 (能量) 来描写，因此也称为塞曼能.

塞曼效应是由电子的磁矩与外加磁场的相互作用引起的. 考虑到原子核也是有磁矩的，因此即使没有外加的磁场，原子核的磁矩所产生的磁偶极场也会与电子的磁矩发生偶极–偶极相互作用. 原子物理中原子 (比如氢原子) 能级的所谓超精细结构 (hyperfine structure) 就是由这种相互作用引起的. 原子核本身具有一定的磁矩 $\boldsymbol{m}_{\mathrm{N}}$，它将感受到核外电子所产生的磁场的相互作用. 因此，超精细结构的相互作用能一项是核子磁矩与电子的自旋磁矩 $\boldsymbol{m}_{\mathrm{e}}$ 的偶极相互作用，一项是核子磁矩与电子的轨道运动磁矩 $(e/2m_{\mathrm{e}})\boldsymbol{L}$ 的偶极相互作用，最后一项是最重要的原点正比于 δ 函数的修正：

$$\mathcal{H}=\frac{\mu_0}{4\pi}\left(\frac{\boldsymbol{m}_{\mathrm{N}}\cdot\boldsymbol{m}_{\mathrm{e}}-3(\boldsymbol{n}\cdot\boldsymbol{m}_{\mathrm{N}})(\boldsymbol{n}\cdot\boldsymbol{m}_{\mathrm{e}})}{r^3}-\frac{e}{m}\frac{\boldsymbol{m}_{\mathrm{N}}\cdot\boldsymbol{L}}{r^3}-\frac{8\pi}{3}(\boldsymbol{m}_{\mathrm{N}}\cdot\boldsymbol{m}_{\mathrm{e}})\delta^3(\boldsymbol{x})\right). \tag{3.41}$$

在量子力学的超精细结构的研究中，上述相互作用哈密顿量被视为微扰，因此必须在原子波函数中取平均. 在典型的氢原子的基态波函数 (1s 波函数) 中取平均的结果将仅依赖于 (3.41) 式中正比于 δ 函数的一项. 对于氢原子的 1s 基态，这个超精细的能量移动给出了天文学上著名的 21 厘米谱线. 这个谱线来自原先二重简并的氢原子的基态，在考虑到电子与核子 (质子) 的磁矩相互作用之后分裂为两个，两者的能级差为

$$\Delta E=-\frac{\mu_0}{4\pi}\frac{8\pi}{3}|\psi(0)|^2\langle\boldsymbol{m}_{\mathrm{N}}\cdot\boldsymbol{m}_{\mathrm{e}}\rangle, \tag{3.42}$$

其中 $\psi(0)$ 是氢原子基态波函数在原点的值. 注意到电子的自旋与它的磁矩是反平行的 (因为它的电荷是负的)，所以上述公式意味着核自旋与电子自旋平行的态的能量稍高于两个自旋反平行的态. 对于氢原子来说，超精细结构的能量差远小于氢原子典型的能级差，大约为 5.9×10^{-6} eV，这个能级差对应的光的波长恰好接近 21 厘米. 这个谱线在射电天文学观测方面具有十分重要的意义.

15 磁标势与等效磁荷

如果在所研究的空间区域中没有自由电流分布（比如在不通电的材料内部），那么静磁学的麦克斯韦方程告诉我们 $\nabla\times\boldsymbol{H}=0$，也就是说磁场强度 $\boldsymbol{H}$ 是一个

无旋矢量场. 因此我们可以仿照静电学中的做法引入一个磁标势 $\Phi_{\mathrm{M}}(\boldsymbol{x})$，它满足

$$\boldsymbol{H}(\boldsymbol{x})=-\nabla\Phi_{\mathrm{M}}(\boldsymbol{x}). \tag{3.43}$$

必须强调指出的是，这个方法只在没有自由电流分布的空间可以使用. 如果空间存在非零的 $\boldsymbol{J}$，那么一般来说我们只能运用磁矢势 $\boldsymbol{A}$ 而不能引入磁标势[⑧].

如果我们讨论的问题满足可以引入磁标势的条件，那么磁标势的运用显然比磁矢势要简单. 这时候，由于 $\nabla\cdot\boldsymbol{B}=0$，利用 $\boldsymbol{B}=\mu_0(\boldsymbol{H}+\boldsymbol{M})$，再将磁标势与 $\boldsymbol{H}$ 的关系代入，我们发现磁标势满足类泊松方程

$$\nabla^2\Phi_{\mathrm{M}}(\boldsymbol{x})=-(-\nabla\cdot\boldsymbol{M}). \tag{3.44}$$

(3.44) 式说明，介质中如果存在随空间变化的磁化强度 $\boldsymbol{M}(\boldsymbol{x})$，那么它为磁标势提供了与静电学泊松方程 (2.2) 中的 ρ 等效的磁荷密度 ρ_{M}. 类似地，如果是在磁介质的边界上，则它等效地提供了一个面磁荷密度 σ_{M}. 它们由下式给出：

$$\rho_{\mathrm{M}}(\boldsymbol{x})=-\nabla\cdot\boldsymbol{M}(\boldsymbol{x}),\quad \sigma_{\mathrm{M}}(\boldsymbol{x})=\boldsymbol{n}\cdot\boldsymbol{M}(\boldsymbol{x}), \tag{3.45}$$

其中 $\boldsymbol{n}$ 是界面上由磁化的介质指向外面 (假定是真空) 的单位矢量. (3.45) 式与电学中的 (1.19) 式完全类似.

需要注意的是，磁标势所满足的“类泊松方程” (3.44) 实际上并不是在所有情况下都有用的，其原因在于在多数情况下，空间的磁化强度 $\boldsymbol{M}(\boldsymbol{x})$ 并不是已知的，往往是磁场 $\boldsymbol{H}=-\nabla\Phi_{\mathrm{M}}$ 的函数. 这个关系甚至可以是相当复杂的非线性关系，是应用磁学理论主要的研究对象. 在本节中，我们将只考虑下列两个简单情形：

(1) 线性介质的情形. 这时磁感应强度 $\boldsymbol{B}=\mu\boldsymbol{H}=-\mu\nabla\Phi_{\mathrm{M}}$，于是我们得知磁标势满足拉普拉斯方程 (假定介质是均匀的)

$$\nabla^2\Phi_{\mathrm{M}}(\boldsymbol{x})=0. \tag{3.46}$$

(2) 硬铁磁体的情形. 如果空间的磁场是由硬铁磁体产生的，那么空间的磁化强度 $\boldsymbol{M}$ 几乎不依赖于磁场 $\boldsymbol{H}$ 的分布. 也就是说，可以认为 $\boldsymbol{M}(\boldsymbol{x})$ 是一个已知的矢量场. 于是我们可以利用方程 (3.44) 来求解空间中的静磁问题.

为了说明磁标势在上述两类静磁问题中的运用，我们来看两个例子.

---

⑧一种比较特别的情形是空间只在测度为零的区域存在自由电流（例如只有线电流的情形）. 这时虽然也可以在电流为零的空间引入磁标势，但由于线电流的存在，磁标势将不是单值函数. 这时，更为保险的选择是不要利用磁标势而是利用普遍适用的磁矢势.

例 3.2　磁屏蔽效应. 如图 3.2 所示，考虑真空中存在的均匀静磁场 $\boldsymbol{H}_0$，其大小为 H_0，方向沿正 z 方向. 现在我们将一个内外半径分别为 a 和 b 的空心球放入均匀磁场，构成空心球的介质是均匀、线性、各向同性磁介质，它的磁导率为 μ. 将坐标原点取为球心，我们现在来求解全空间的磁标势.

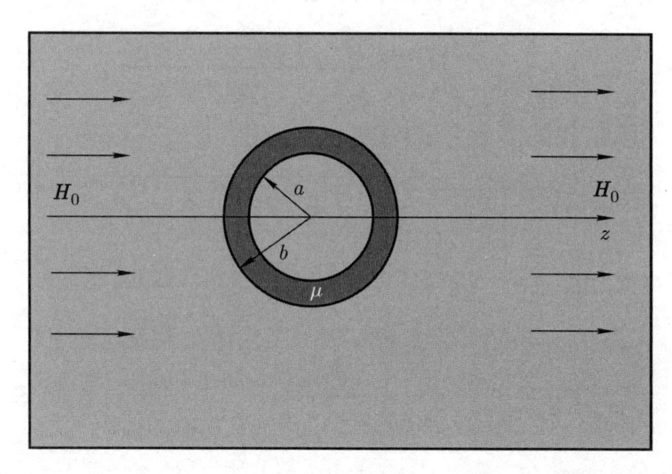

图 3.2　一个内外半径分别为 a 和 b 的磁介质球壳位于真空中. 球壳由磁导率为 μ 的磁介质构成，球壳内部 (即 $r < a$ 的区域) 也是真空. 现在外部空间加上沿 z 方向的均匀外磁场 $\boldsymbol{H}_0$. 我们要求空间中任意一点的磁标势

解　我们首先注意到，这个问题中空间没有自由电流分布，所以我们可以利用磁标势来求解. 它在全空间满足拉普拉斯方程. 这个问题的求解步骤与我们在静电学中给出的例子十分接近. 球谐函数的正交性告诉我们：在球外 $(r > b)$ 以及球层内 $(a < r < b)$ 的磁标势一定对应于均匀场加上一个偶极场；在球内区域 $(r < a)$ 磁标势一定对应于一个均匀场. 于是，我们可以写出

$$\begin{aligned}\varPhi_{\mathrm{M}}^{(r>b)} &= -H_0 r\cos\theta + \frac{A_1\cos\theta}{r^2},\\ \varPhi_{\mathrm{M}}^{(a<r<b)} &= -H_1 r\cos\theta + \frac{C_1\cos\theta}{r^2},\\ \varPhi_{\mathrm{M}}^{(r<a)} &= -H_2 r\cos\theta.\end{aligned} \tag{3.47}$$

现在，我们运用在两个交界面处的边界条件. 首先在 $r = b$ 处，

$$-H_0 + \frac{A_1}{b^3} = -H_1 + \frac{C_1}{b^3},\quad H_0 + \frac{2A_1}{b^3} = \mu'\left(H_1 + \frac{2C_1}{b^3}\right), \tag{3.48}$$

其中 $\mu' \equiv \mu/\mu_0$ 为介质的相对磁导率. 而在交界面 $r = a$ 处，边界条件为

$$-H_1 + \frac{C_1}{a^3} = -H_2, \quad \mu'\left(H_1 + \frac{2C_1}{b^3}\right) = H_2. \tag{3.49}$$

经过一些初等的代数运算，我们得到这些方程的解为

$$\begin{aligned}
A_1 &= \frac{(2\mu'+1)(\mu'-1)(b^3-a^3)H_0}{(2\mu'+1)(\mu'+2) - 2\dfrac{a^3}{b^3}(\mu'-1)^2}, \\
H_1 &= \frac{3(2\mu'+1)H_0}{(2\mu'+1)(\mu'+2) - 2\dfrac{a^3}{b^3}(\mu'-1)^2}, \\
C_1 &= \frac{-3(\mu'-1)a^3H_0}{(2\mu'+1)(\mu'+2) - 2\dfrac{a^3}{b^3}(\mu'-1)^2}, \\
H_2 &= \frac{-9\mu'H_0}{(2\mu'+1)(\mu'+2) - 2\dfrac{a^3}{b^3}(\mu'-1)^2}.
\end{aligned} \tag{3.50}$$

我们看到，在球内部的磁场强度由常数 H_2 给出，如果构成球层的介质具有非常大的相对磁导率 μ'，那么在球内部的磁场大约是 $9H_0/[2\mu'(1-a^3/b^3)]$，反比于 μ'. 也就是说，如果 $\mu' \gg 1$，那么球内的磁场非常小. 这个现象称为磁屏蔽. 虽然磁屏蔽与静电学中的静电屏蔽十分类似，但是从技术角度来说磁屏蔽远没有静电屏蔽有效. 由于地球表面总是存在地磁场和其他磁扰动，因此要在实验中实现真正的无磁场环境往往需要十分昂贵的特殊装置.

上面这个例子说明的是线性介质的静磁边值问题的解法. 我们发现它与静电边值问题的解法十分类似. 下面这个例子可以用来说明涉及硬铁磁体的静磁问题的解法.

例 3.3 均匀磁化的硬铁磁体球. 考虑一个均匀磁化的硬铁磁体制成的球，它的磁化强度为 $\boldsymbol{M}$，半径为 a. 将坐标原点取为球心并使 $\boldsymbol{M}$ 指向正 z 方向，我们现在来求解全空间的磁场.

解 这是可以利用磁标势来简单求解的第二类典型问题. 在题中所设置的坐标下，$\boldsymbol{M} = M_0\hat{z}$，其中 $\hat{z}$ 是 z 方向上的单位矢量. 由于磁化强度是常矢量，所以 (3.45) 式中的体磁荷密度为零而面磁荷密度为 $\sigma_{\mathrm{M}} = M_0\cos\theta'$，其中 θ' 为球心到球面上一点的矢量与 z 轴之间的夹角. 于是空间任一点 $\boldsymbol{x}$ 处的磁标势为

$$\varPhi_{\mathrm{M}}(\boldsymbol{x}) = \frac{M_0a^2}{4\pi}\int \mathrm{d}\Omega'_{\boldsymbol{n}}\frac{\cos\theta'}{|\boldsymbol{x}-\boldsymbol{x}'|}. \tag{3.51}$$

现在再次利用我们的老朋友——球谐函数的加法定理 [(2.38) 式]，得到

$$\Phi_{\mathrm{M}}(\boldsymbol{x})=\frac{1}{3}M_0a^2\frac{r_<}{r_>^2}\cos\theta, \tag{3.52}$$

其中 $r_<$ 和 $r_>$ 分别是 a 和 r 中较小和较大的一个. 具体地说，如果观察点在球内，这时 $r_<=r$，$r_>=a$，我们发现

$$\Phi_{\mathrm{M}}(\boldsymbol{x})=\frac{1}{3}M_0r\cos\theta. \tag{3.53}$$

利用 $\boldsymbol{H}=-\nabla\Phi_{\mathrm{M}}$，我们发现这是一个均匀的磁场，并且有

$$\boldsymbol{H}_{\mathrm{in}}=-\frac{1}{3}\boldsymbol{M},\quad \boldsymbol{B}_{\mathrm{in}}=\frac{2\mu_0}{3}\boldsymbol{M}. \tag{3.54}$$

在球外，磁标势具有典型的偶极子势的形式：

$$\Phi_{\mathrm{M}}(\boldsymbol{x})=\frac{1}{3}M_0a^3\frac{\cos\theta}{r^2}, \tag{3.55}$$

并且它的磁偶极矩等于 $(4\pi a^3/3)\boldsymbol{M}$，也就是磁化强度乘以球的体积.

16 静磁问题的数值解法

前面讨论的静磁边值问题仅涉及了比较简单的情形. 例如，对于上节中的铁磁体例子而言，它的磁化强度在整个体内是一个空间均匀的矢量，并且铁磁体的形状也是规则的球形. 但对于一般实际应用中的铁磁体来说，其形状和磁化强度的空间分布往往不会这么简单. 本节中，我们将简单介绍一下一个任意分布的磁化强度 $\boldsymbol{M}(\boldsymbol{x})$ 在空间产生的静磁场问题. 此时往往需要利用数值方法来进行处理，与静电学的第 10 节类似.

对于实际应用中的铁磁体而言，其内部的磁结构往往是多晶的. 换句话说，铁磁体可以看成由众多的单晶晶粒和复杂的晶粒间界 (简称晶界) 构成. 在同一个单晶晶粒之内，较强的交换相互作用使得每一个晶粒内部的磁化强度基本上是均匀的，但晶粒与晶粒之间可以存在不同原子成分和结构的晶粒间界. 同时，不同晶粒内的磁化强度之间也可以有差异，但总体而言，在一个磁畴内部，不同晶粒内的 $\boldsymbol{M}$ 基本都沿着一个特定的方向，从而使得铁磁体的磁畴体现出一个固定的磁矩. 这种多晶的结构对于理解真实铁磁体所产生的磁场是十分重要和关键的. 如果探讨铁磁体的这种多晶结构的形成机制，则必须考虑铁磁体内部与磁性相关的各种能量的平衡、铁磁体的微观结构以及本身的制备过程等等，这是一个复杂

的材料学和磁学问题，显然超出了本书所能讨论的范围. 有兴趣的读者可以阅读参考书 [17]. 但是，如果我们不管它为什么会形成这样的多晶结构，仅考虑一个既成的铁磁体结构所产生的静磁场，那么这是一个典型的静磁学问题.

本节中，作为一个简化的模型，我们将假定晶粒内部的磁化强度由 $\boldsymbol{M}_1(\boldsymbol{x})$ 描写，而晶粒间界内则由 $\boldsymbol{M}_2(\boldsymbol{x})$ 描写：

$$\boldsymbol{M}(\boldsymbol{x}) = \begin{cases} \boldsymbol{M}_1(\boldsymbol{x}), & \boldsymbol{x}\ \text{属于晶粒内部的格子}, \\ \boldsymbol{M}_2(\boldsymbol{x}), & \boldsymbol{x}\ \text{属于晶粒间界的格子}. \end{cases} \tag{3.56}$$

要研究磁体系统在空间所产生的静磁场问题，比较合适的做法是利用简单的网格法将待研究的区域分为小格子. 在这个网格中，那些具有相同磁化强度的连通的区域形成一个晶粒，不同的晶粒之间有晶界，晶界中的物质往往具有与晶粒中不同的物理化学性质 (相). 图 3.3(a) 就显示了这样的一个立方区域的示意图. 在这个图中，32^3 的网格区域中包含了六个晶粒[9]，晶粒与晶粒之间的白色区域代表不同晶粒之间的晶粒间界.

前面提到，晶界一般具有与晶粒内部不同的磁性质. 例如，我们可以假定晶界中的磁矩 $\boldsymbol{M}_2(\boldsymbol{x})$ 的饱和磁化强度为 M'_{s}，而晶粒内的磁矩 $\boldsymbol{M}_1(\boldsymbol{x})$ 的饱和磁化强度则由 M_{s} 描写. 我们进一步简化假定它们都沿着 z 方向，即

$$\boldsymbol{M}_1(\boldsymbol{x}) = M_{\mathrm{s}}\hat{z}, \quad \boldsymbol{M}_2(\boldsymbol{x}) = M'_{\mathrm{s}}\hat{z}, \tag{3.57}$$

其中 $\hat{z}$ 是 z 方向的单位矢量. 注意，这里为了演示静磁相互作用场的特性对磁矩分布进行了简化处理，原则上不同晶粒内的磁化强度 $\boldsymbol{M}_1$ 并不一定要完全相同，同时，晶界处的磁化强度也不一定在全空间都是一个常矢量. 当然，这种差异对于一个数值的方法而言并不构成什么实质性的困难. 这里只是取了最为简化的情形罢了. 对于一般的情形，空间静磁场的数值计算完全遵循相同的逻辑.

于是，按照 (3.45) 式，在铁磁体内部的各个晶粒的交界面处会出现等效的磁荷，这些磁荷就会在空间产生相应的静磁场，在磁学中，一般称之为退磁场 (demagnetizing field)[10]. 显然这些等效的磁荷在晶界处总是成对出现的，因此，如果我们计算全空间退磁场的体积分，会得到零的结果. 但是如果我们计算这个退磁场 $\boldsymbol{H}_{\mathrm{d}}(\boldsymbol{x})$ 的方均根大小在全空间的平均，则会是一个非零的数值，记为 $\langle H_{\mathrm{d}}\rangle$. 在图 3.3(b) 中，我们就显示了对应于 (a) 图所示的结构中产生的退磁场的方均根大小 (纵轴) 对晶界和晶粒饱和磁化强度的比值 $M'_{\mathrm{s}}/M_{\mathrm{s}}$ 的依赖关系，其中我们假定了磁化强度的分布由 (3.57) 式给出.

---

[9] 由于加上了周期边界条件，所以显得似乎晶粒数目不止六个，但实际上只有六个.

[10] 这个名称是由于在磁体内部的场 $\boldsymbol{H}$ 总是与 $\boldsymbol{M}$ 的方向相反，见 (3.54) 式.

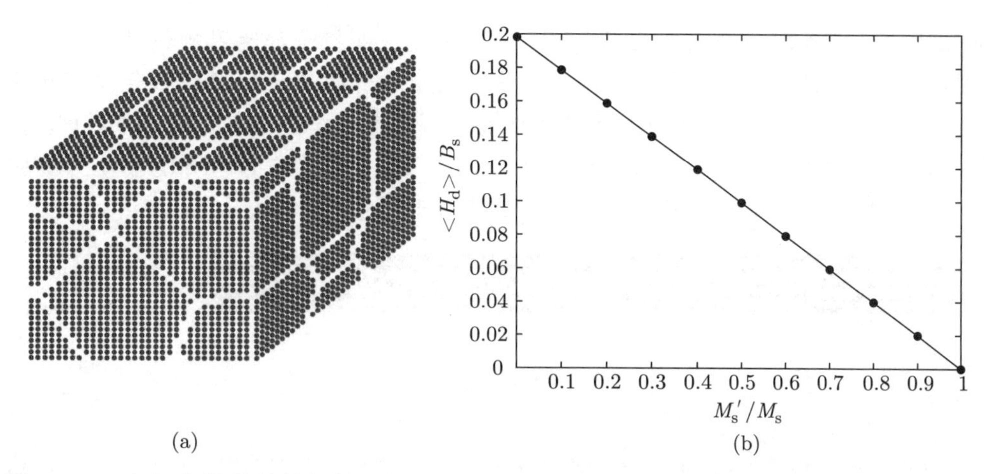

图 3.3 一个包含单晶晶粒与晶粒间界的多晶铁磁系统中退磁场的特性. (a) 图显示了一个具有六个铁磁晶粒的系统，其中白色的地方表示晶粒与晶粒之间的间界区域，其物理和化学性质与晶粒内部有所不同，因此晶界的饱和磁化强度的大小为 $M_{\rm s}'$，而晶粒中则是 $M_{\rm s}$. 整个空间的磁化强度的分布由 (3.57) 式给出. (b) 图则显示了空间产生的退磁场空间平均的方均根大小对于 $M_{\rm s}'/M_{\rm s}$ 的依赖关系 (注意此图用的是高斯单位制)，其中 $B_{\rm s}$ 为饱和磁感应强度. 特别感谢韦丹教授提供本图

我们看到，$M_{\rm s}'/M_{\rm s} = 1$ 意味着晶粒间界与晶粒就磁性质而言完全相同，因此其交界面处将不会产生任何有效磁荷，这直接导致空间的每一点的退磁场等于零. 如果 $M_{\rm s}'$ 显著地区别于 $M_{\rm s}$，那么就会在晶界附近产生等效的磁荷，相应地在空间中具有复杂分布的退磁场的大小也会线性地增加. 具体来说，对于 $M_{\rm s}' = 0$ (这对应于完全非铁磁性的晶粒间界)，退磁场的强度可以达到饱和磁感应强度 $B_{\rm s}$ 的 1/5 左右. 我们强调，这个具体的数值当然会依赖于所研究的铁磁体系统中具体的晶粒数目、其磁化强度的具体分布等材料的细节，但是这个定性的规律总是成立的.

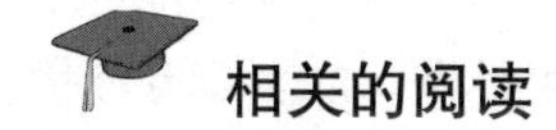

相关的阅读

本章主要处理的是静磁学问题. 许多处理的手法都是沿袭静电学中发展起来的办法，所以我们的讨论也是大致按照静电学一章的顺序. 静磁边值问题在工程中有许多具体运用. 例如，在对计算机硬盘的读写过程的研究中，就需要具体而

详细地计算硬盘磁头产生的磁场. 另一个例子是，在粒子加速器的设计中也需要对磁场进行比较精细的计算. 在这些具体应用中，静磁边值问题往往是比较复杂的. 这时，我们在上一章第 10 节中所介绍的数值计算方法将是十分有帮助的. 在第 16 节中我们给出了一个磁性材料中的简单例子. 更多的利用有限元方法处理静磁问题的例子，有兴趣的读者可以阅读参考书 [7].

习　题

1. 载流线圈电感的估计. 正文中我们没有涉及对一个载流线圈的电感的估计，在本题中我们来简要尝试一下. 考虑单一的闭合载流线圈. 假设线圈浸没于磁导率为 μ 的介质中，导线 (金属) 的截面是半径为 a 的圆形，且相对磁导率设为 1，线圈的总长度 (周长) 记为 $\mathcal{L}_{\text{tot}}$，线圈围合成的面积记为 A. 我们将看到，要精确计算其自感 (电感系数 $L_{11} \equiv L$) 是一个比较复杂的静磁学问题. 但是，我们可以对 L 给出一个不错的估计. 通过考虑线圈在全空间产生的磁场的能量可以说明，它能够写为三部分贡献之和：第一部分是导线内的磁场能量的贡献 L_{i}，第二部分 (也是最主要的贡献) 是导线外部但仍然接近于导线的轴 (具体来说，其距离导线轴的距离 $r < r_{\max}$) 的柱体部分的贡献 L_{e}^1，第三部分是导线外其他区域的磁场能量的贡献 L_{e}^2.
   (1) 假设导线内的电流均匀地分布于其截面上. 请给出线圈内部磁场能量的贡献部分 L_{i}.
   (2) 对于导线外部的第一个贡献 L_{e}^1，利用无穷长直导线近似，给出其对电感的贡献.
   (3) 对于导线外部的第二个贡献 L_{e}^2，显然利用无穷长直导线近似将不再合适. 事实上，我们将利用另外一个近似，即假设线圈是一个磁偶极子. 给出这部分对其电感的贡献.
2. 环形电流圈的电感. 考虑一个电流为 I 的圆环. 圆环的半径为 b，其圆形截面的半径为 a，取 $a \ll b$ 的极限. 请计算这个圆环的电感.
3. 旋转的带电球壳. 考虑一个半径为 a 的表面均匀带电的金属球壳，其携带的总电荷为 Q. 现在令球壳绕通过其中心的一个轴 (取为 z 轴) 以角速度 ω 匀速旋转. 忽略相对论效应，求出全空间的磁感应强度分布.
4. 原点的磁偶极子在空间产生的磁场. 验证 (3.30) 式中磁偶极子产生的磁场存在正比于 δ 函数的修正.
5. 磁多极展开下的力. 验证 (3.37) 式是磁多极展开下的力的首项贡献.

第四章　电磁波的传播

本章提要

光的色散是 17 世纪牛顿的棱镜实验发现的. 光 (确切地说是可见光) 只不过是处于某个特殊频率范围内的电磁波，这种对电磁波认识的革命性的进步却是在麦克斯韦电磁理论确立之后才有的. 到现在为止，人类社会对于电磁波的运用可以说到了一个登峰造极的阶段：卫星通信、无线通信、光纤 (optical fiber) 通信等等. 我们周围的电磁波是如此丰富，以至于人们开始担心电磁波是否已经给人类造成电磁污染了. 一个比电磁污染更为极端的例子是现代战争中所谓电磁炸弹的运用. 这类武器可以在短时间内发出极强的电磁波脉冲，从而有效地破坏敌方的电磁通信和计算机设施.

关于电磁波的问题，一般总可以将其归为产生、传播和接收三个基本过程. 电磁波的接收主要是一个工程技术的问题，因此本书基本不会涉及，有兴趣的读者可以参考相关方面的书籍. 宏观领域的电磁波的产生和发射问题我们将在下一章中简要讨论. 微观粒子辐射的电磁波则要等到相对论的讨论之后在第八章中介绍. 本章将首先讨论电磁波在各种介质中传播的基本物理问题. 由于电磁波如此广泛的应用，不可能在一章之中将电磁波传播的所有现象和性质都给出详尽的讨论，我们将只涉及电磁波在几种典型的介质 (线性非耗散介质、导体、波导、谐振腔) 中传播的最基本和最普遍的性质. 更为详尽的讨论，读者可以参考有关方面的专著.

17 均匀平面电磁波的基本性质

麦克斯韦方程组告诉人们，电磁场是一个可以自我支撑的动力学系统，不再需要依附于任何介质而可以在真空中传播①. 这一点在第一章中就已经展示了，那里我们得到了电磁势满足的波动方程. 利用电磁势与电磁场的关系可以轻易地证明：在没有电荷和电流分布的介质中，电场强度和磁感应强度也满足同样的波动方程：

$$\nabla^2\boldsymbol{E}-\epsilon\mu\frac{\partial^2\boldsymbol{E}}{\partial t^2}=0,\quad \nabla^2\boldsymbol{B}-\epsilon\mu\frac{\partial^2\boldsymbol{B}}{\partial t^2}=0, \tag{4.1}$$

其中我们假定空间存在介电常数和磁导率分别为 ϵ 和 μ 的均匀线性介质. 波动方程的解中最为基本的形式是所谓的均匀平面电磁波，可以表达为

$$\boldsymbol{E}=\boldsymbol{E}_0\mathrm{e}^{\mathrm{i}\boldsymbol{k}\cdot\boldsymbol{x}-\mathrm{i}\omega t},\quad \boldsymbol{B}=\boldsymbol{B}_0\mathrm{e}^{\mathrm{i}\boldsymbol{k}\cdot\boldsymbol{x}-\mathrm{i}\omega t}, \tag{4.2}$$

其中我们将电磁场的波动部分用复的指数来表达，波动部分的任意常数相因子则被吸收在波的矢量振幅之中，这样电磁场的振幅 $\boldsymbol{E}_0$ 和 $\boldsymbol{B}_0$ 原则上也都是复矢量. 我们在讨论与电磁波有关的现象时总是做如下约定：任何可测量的物理量都由其相应的复数表示形式的实部给出.

(1) 均匀平面电磁波的基本性质.

麦克斯韦方程组告诉我们，(4.2) 式中的均匀平面电磁波解中波矢 $\boldsymbol{k}$ 一定与场的振幅垂直. 同时，电磁场的复振幅之间也相互垂直并满足

$$\boldsymbol{k}\cdot\boldsymbol{E}_0=0,\quad \boldsymbol{k}\cdot\boldsymbol{B}_0=0, \tag{4.3}$$

$$\boldsymbol{B}_0=\sqrt{\mu\epsilon}\boldsymbol{n}\times\boldsymbol{E}_0, \tag{4.4}$$

其中 $\boldsymbol{n}$ 为波矢 $\boldsymbol{k}$ 方向的单位矢量. 因此均匀平面电磁波的波矢、电场强度和磁感应强度构成相互垂直的一个坐标架. 另外，要使 (4.2) 式满足波动方程 (4.1)，

①这一点实际上在麦克斯韦的年代还没有被真正认识到. 当时人们认为电磁波需要在一种特殊的介质中传播，这种特殊的介质就是所谓的以太. 但是，后来的实验以及狭义相对论的产生宣告了以太论的破产.

色散关系

$$k^2 \equiv \boldsymbol{k} \cdot \boldsymbol{k} = \mu\epsilon\omega^2 \tag{4.5}$$

必须被满足. 这意味着平面波在介质中的波速, 即相速度 (也就是平面波中相位保持相同的点在空间移动的速度) 为

$$v = \frac{\omega}{k} = \frac{1}{\sqrt{\mu\epsilon}} = \frac{c}{n}, \quad n = \sqrt{\frac{\mu\epsilon}{\mu_0\epsilon_0}}, \tag{4.6}$$

其中 n 称为该介质的折射率[②]. 真实的介质在广阔的麦克斯韦频谱中都是色散介质, 也就是说折射率通过 $\mu\epsilon$ 依赖于频率 ω. 在很窄的频率范围内, 如果忽略色散的效应, 其折射率几乎与频率 ω 无关, 这时将平面波解 (4.2) 进行线性叠加就可以写出波动方程的通解. 例如对于一维的情形, 这些解一定具有行波解的形式 $g(x - vt) + f(x + vt)$. 这个通解的重要特性是波的形状在波的传播过程中不变. 如果考虑色散, 叠加出来的解就不再是保持波形的行波解了. 有关这方面的更详细的讨论, 参见第 21 节.

(2) 偏振性质.

为了更为明确地表示电磁波作为矢量波的行为, 我们可以引入三维空间的三个实单位常矢量: 一个是沿波矢 $\boldsymbol{k}$ 方向的 $\boldsymbol{n} \equiv \boldsymbol{e}_3$, 另外两个在垂直于 $\boldsymbol{n}$ 的平面内, 我们记为 $\boldsymbol{e}_1$ 和 $\boldsymbol{e}_2$, 它们满足

$$\boldsymbol{e}_1 \times \boldsymbol{e}_2 = \boldsymbol{n}. \tag{4.7}$$

于是, 电场强度的复振幅就可以用 $\boldsymbol{e}_1$ 和 $\boldsymbol{e}_2$ 展开:

$$\boldsymbol{E}(\boldsymbol{x}, t) = (E_1\boldsymbol{e}_1 + E_2\boldsymbol{e}_2)\mathrm{e}^{\mathrm{i}\boldsymbol{k}\cdot\boldsymbol{x} - \mathrm{i}\omega t}, \tag{4.8}$$

其中的系数 E_1 和 E_2 都可以是复数. 随着 E_1 和 E_2 之间的关系不同, 我们称电磁波处于不同的偏振状态. 一般来说, E_1 和 E_2 的复相角是不相同的 (也就是说两者之比不是实数). 可以证明, 一个任意的由 (4.8) 式所描写的平面电磁波, 如果我们在空间中一个固定点, 面对着电磁波传播的反方向来看, 其电场强度 $\boldsymbol{E}(\boldsymbol{x}, t)$ 一般将随着时间的推移描出一个椭圆. 这时, 我们称该均匀平面电磁波是椭圆偏振的. 如果 E_1 和 E_2 的复相角相同, 我们称这样的均匀平面电磁波

[②] 电磁波的波矢可以写为 $\boldsymbol{k} = (\omega/c)n\boldsymbol{n}$, 其中 n 为折射率, $\boldsymbol{n}$ 表示沿电磁波波矢方向的单位矢量.

为线偏振的. 如果比值 $E_2/E_1 = \pm\mathrm{i}$，我们则分别称该均匀平面电磁波为左旋或右旋圆偏振的[3]. 对于圆偏振往往引入复单位矢量描述：

$$\boldsymbol{e}_\pm = \frac{1}{\sqrt{2}}(\boldsymbol{e}_1 \pm \mathrm{i}\boldsymbol{e}_2). \tag{4.9}$$

它们满足下列重要的正交归一关系：

$$\boldsymbol{e}_\pm^* \cdot \boldsymbol{n} = \boldsymbol{e}_\pm^* \cdot \boldsymbol{e}_\mp = 0, \quad \boldsymbol{e}_\pm^* \cdot \boldsymbol{e}_\pm = 1. \tag{4.10}$$

一个任意偏振的平面电磁波既可以用 $\boldsymbol{e}_1$，$\boldsymbol{e}_2$，也可以用 $\boldsymbol{e}_\pm$ 来展开.

在描写电磁波的偏振性质时常常引入所谓的斯托克斯 (Stokes) 参数. 以线偏振为例，如果我们令

$$\boldsymbol{e}_1 \cdot \boldsymbol{E} = a_1 \mathrm{e}^{\mathrm{i}\delta_1}, \quad \boldsymbol{e}_2 \cdot \boldsymbol{E} = a_2 \mathrm{e}^{\mathrm{i}\delta_2}, \tag{4.11}$$

其中 a_1, a_2 为相应复数的模（正实数），δ_1, δ_2 为相应幅角, 我们可以定义下列斯托克斯参数：

$$s_0 = a_1^2 + a_2^2, \quad s_1 = a_1^2 - a_2^2, \tag{4.12}$$

$$s_2 = 2a_1a_2\cos(\delta_2 - \delta_1), \quad s_3 = 2a_1a_2\sin(\delta_2 - \delta_1). \tag{4.13}$$

显然，上述四个斯托克斯参数并不是独立的，它们满足 $s_0^2 = s_1^2 + s_2^2 + s_3^2$. 这些参数是实验上可以直接测量的物理量. 通过对它们的测量就可以确定平面电磁波的偏振性质.

(3) 能流.

伴随着电磁波的传播有能量的传输. 我们知道电磁场的能流密度由所谓的坡印亭矢量给出（参见第 5 节）. 对于均匀平面电磁波，真实的坡印亭矢量也是随时间变化的. 坡印亭矢量的时间平均值代表了在一个周期中平均通过的能流：

$$\boldsymbol{S} = \frac{1}{2}\boldsymbol{E} \times \boldsymbol{H}^* = \frac{1}{2}\sqrt{\frac{\epsilon}{\mu}}|\boldsymbol{E}_0|^2\boldsymbol{n}. \tag{4.14}$$

---

[3] 左旋和右旋圆偏振的定义并不是十分统一. 我们这里采用的定义是这样的：如果我们面对正入射的电磁波来看，对于偏振 $\boldsymbol{e}_+$ 而言，给定空间位置的物理真实电场 $\mathrm{Re}\,\boldsymbol{E} = (\cos\theta, -\sin\theta)$ 随时间的旋转方向是逆时针的，其中 $\theta = \boldsymbol{k}\cdot\boldsymbol{x} - \omega t$，我们就称之为左旋的；反之对于偏振 $\boldsymbol{e}_-$，相应的电场 $\mathrm{Re}\,\boldsymbol{E} = (\cos\theta, \sin\theta)$ 旋转方向是顺时针的，则称之为右旋的. 用光子的语言来说，左旋偏振光的光子具有正的螺旋度 (helicity)，即它的角动量沿着传播方向的投影为 $+1$, 右旋偏振光的光子则具有 -1 的螺旋度，参见本章后面的习题 4. 一般的椭圆偏振对应的光子态为左旋和右旋偏振光子态的某种线性叠加态.

所以，电磁波传播的时间平均的效果是有静能流沿波矢 $\boldsymbol{k}$ 的方向传输（因此阳光能给我们带来温暖）. 类似地，也可以计算出电磁波能量密度在一个周期内的时间平均：

$$u = \frac{1}{4}\left[\epsilon \boldsymbol{E}\cdot\boldsymbol{E}^* + \frac{1}{\mu}\boldsymbol{B}\cdot\boldsymbol{B}^*\right] = \frac{\epsilon}{2}|\boldsymbol{E}_0|^2. \tag{4.15}$$

沿着单位矢量 $\boldsymbol{n}$ 方向传递的能流密度可以写为 $\boldsymbol{S} = uv\boldsymbol{n}$，其中 v 是能量流动的速度. 因此，将 (4.14) 和 (4.15) 式比较，均匀平面电磁波中能量流动的速度是 $v = 1/\sqrt{\mu\epsilon} = c/n$，恰好与电磁波的相速度吻合. 注意这个结果仅对于单色均匀平面电磁波是正确的. 我们后面会看到，一般来说电磁波能量流动的速度并不与其相速度相同.

18 电磁波在介质表面的折射与反射

这一节中我们要讨论平面电磁波在两种非导电介质表面的反射和折射的问题. 为此，我们考虑两种均匀、各向同性的线性介质，它们的介电常数和磁导率分别为 ϵ, μ 和 ϵ', μ'. 它们分别填充了 $z < 0$ 和 $z > 0$ 的空间，也就是说两种介质的交界面是 x-y 平面. 我们将两种介质交界面的法线方向的单位矢量 $\boldsymbol{n}$ 取为沿 $+z$ 方向，见图 4.1、图 4.2. 我们会用到两种介质的折射率，它们的定义分别与介质的电磁常数有关：

$$n = \sqrt{\frac{\mu\epsilon}{\mu_0\epsilon_0}}, \quad n' = \sqrt{\frac{\mu'\epsilon'}{\mu_0\epsilon_0}}. \tag{4.16}$$

我们假设有一均匀平面电磁波从具有折射率 n 的介质中入射到两种介质的交界面上.

为了方便，我们取入射电磁波的波矢 $\boldsymbol{k}$ 位于 x-z 平面内. 矢量 $\boldsymbol{k}$ 与单位法矢 $\boldsymbol{n}$ 构成的平面称为入射面，两者之间的夹角 i 称为入射角. 在两种介质的交界面处会出现电磁波的反射和折射. 我们将反射波的波矢记为 $\boldsymbol{k}''$，它与负的法向 $-\boldsymbol{n}$ 之间的夹角 r'' 称为反射角，折射波的波矢记为 $\boldsymbol{k}'$，它与法向 $\boldsymbol{n}$ 的夹角 r 称为折射角，用 $\hat{\boldsymbol{k}}$，$\hat{\boldsymbol{k}}'$ 和 $\hat{\boldsymbol{k}}''$ 来分别表示相应三个波矢方向的单位矢量（不再用 $\boldsymbol{n}$）. 于是，我们可以写出入射、折射和反射电磁波的电磁场：

$$\begin{aligned}
\boldsymbol{E} &= \boldsymbol{E}_0 e^{i\boldsymbol{k}\cdot\boldsymbol{x} - i\omega t}, & \boldsymbol{B} &= \sqrt{\mu\epsilon}\,\hat{\boldsymbol{k}}\times\boldsymbol{E}, \\
\boldsymbol{E}' &= \boldsymbol{E}'_0 e^{i\boldsymbol{k}'\cdot\boldsymbol{x} - i\omega t}, & \boldsymbol{B}' &= \sqrt{\mu'\epsilon'}\,\hat{\boldsymbol{k}}'\times\boldsymbol{E}', \\
\boldsymbol{E}'' &= \boldsymbol{E}''_0 e^{i\boldsymbol{k}''\cdot\boldsymbol{x} - i\omega t}, & \boldsymbol{B}'' &= \sqrt{\mu\epsilon}\,\hat{\boldsymbol{k}}''\times\boldsymbol{E}''.
\end{aligned} \tag{4.17}$$

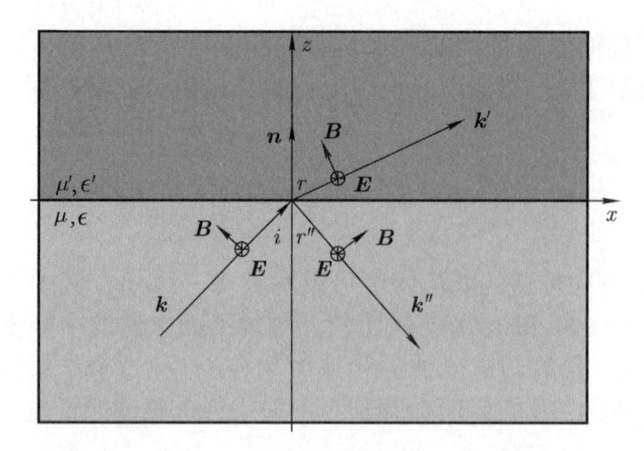

图 4.1　电磁波在两种介质表面的反射和折射示意图. 两种介质分别具有介电常数、磁导率 ϵ, μ 和 ϵ', μ'. 入射波矢与界面的法向位于 x-z 平面内，电场强度的偏振与入射面垂直

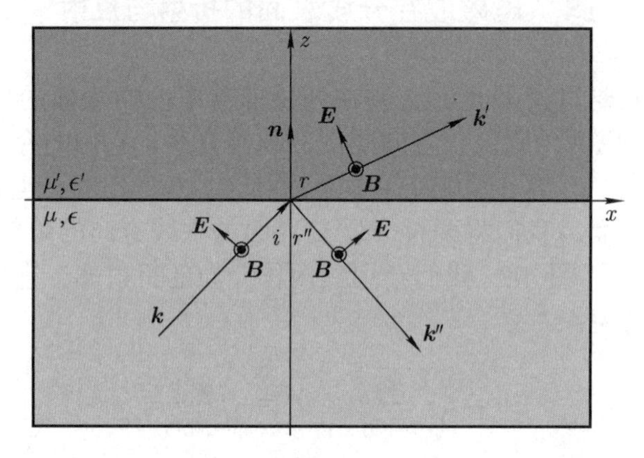

图 4.2　电磁波在两种介质表面的反射和折射示意图. 两种介质分别具有介电常数、磁导率 ϵ, μ 和 ϵ', μ'. 入射波矢与界面的法向位于 x-z 平面内，电场强度的偏振与入射面平行

三种不同的电磁波的波矢大小是与电磁波的频率以及所在介质的折射率直接联系的：

$$|\boldsymbol{k}| = |\boldsymbol{k}''| = k = n\frac{\omega}{c}, \quad |\boldsymbol{k}'| = k' = n'\frac{\omega}{c}. \tag{4.18}$$

在两种介质的交界面处电磁场要满足一定的边界条件 [(1.43), (1.44), (1.46) 和 (1.47) 式]. 这些边界条件必须在任意时刻、$z = 0$ 平面上的任意一点都得到满足. 这就要求入射、折射和反射波的相因子必须在 $z = 0$ 平面上时时处处相等：

$$(\boldsymbol{k} \cdot \boldsymbol{x})_{z=0} = (\boldsymbol{k}' \cdot \boldsymbol{x})_{z=0} = (\boldsymbol{k}'' \cdot \boldsymbol{x})_{z=0}. \tag{4.19}$$

(4.19) 式说明，三个波矢实际上都处于一个平面（也就是入射面 x-z 平面）之内. 对于反射波，(4.19) 式给出入射角 i 等于反射角 r''，而对于折射波它正好给出著名的斯涅耳 (Snell) 定律：

$$\frac{\sin i}{\sin r}=\frac{k'}{k}=\frac{n'}{n}, \tag{4.20}$$

其中 i 和 r 分别表示入射角和折射角.

现在我们可以运用电磁场在两种介质交界面处所应当满足的边界条件 [(1.43), (1.44), (1.46) 和 (1.47) 式]. 对无源的情形，边界条件可以表达成

$$\left[\epsilon(\boldsymbol{E}_0+\boldsymbol{E}_0'')-\epsilon'\boldsymbol{E}_0'\right]\cdot\boldsymbol{n}=0, \tag{4.21}$$

$$\left(\boldsymbol{k}\times\boldsymbol{E}_0+\boldsymbol{k}''\times\boldsymbol{E}_0''-\boldsymbol{k}'\times\boldsymbol{E}_0'\right)\cdot\boldsymbol{n}=0, \tag{4.22}$$

$$\left(\boldsymbol{E}_0+\boldsymbol{E}_0''-\boldsymbol{E}_0'\right)\times\boldsymbol{n}=0, \tag{4.23}$$

$$\left[\frac{1}{\mu}(\boldsymbol{k}\times\boldsymbol{E}_0+\boldsymbol{k}''\times\boldsymbol{E}_0'')-\frac{1}{\mu'}\boldsymbol{k}'\times\boldsymbol{E}_0'\right]\times\boldsymbol{n}=0. \tag{4.24}$$

上述四个方程分别来自 $\boldsymbol{D}$ 的法向、$\boldsymbol{B}$ 的法向、$\boldsymbol{E}$ 的切向和 $\boldsymbol{H}$ 的切向连续条件.

将电场垂直于入射面的分量 (见图 4.1) 和平行于入射面的分量 (见图 4.2) 分开讨论是比较方便的. 我们首先讨论图 4.1 的情形，也就是电场 $\boldsymbol{E}_0$ 在 y 方向的分量 $(\boldsymbol{E}_0)_\perp$. (4.21) 式只涉及电场的平行分量. 对电场的垂直分量，(4.22) 和 (4.23) 式 (在用了斯涅耳定律后) 是等价的，它们和 (4.24) 式共同给出

$$\begin{aligned}(\boldsymbol{E}_0)_\perp+(\boldsymbol{E}_0'')_\perp-(\boldsymbol{E}_0')_\perp&=0,\\ \sqrt{\frac{\epsilon}{\mu}}\left[(\boldsymbol{E}_0)_\perp-(\boldsymbol{E}_0'')_\perp\right]\cos i-\sqrt{\frac{\epsilon'}{\mu'}}(\boldsymbol{E}_0')_\perp\cos r&=0.\end{aligned}$$

于是我们可以解出电场振幅的垂直分量之比：

$$\frac{(\boldsymbol{E}_0')_\perp}{(\boldsymbol{E}_0)_\perp}=\frac{2n\cos i}{n\cos i+\dfrac{\mu}{\mu'}n'\cos r},\quad \frac{(\boldsymbol{E}_0'')_\perp}{(\boldsymbol{E}_0)_\perp}=\frac{n\cos i-\dfrac{\mu}{\mu'}n'\cos r}{n\cos i+\dfrac{\mu}{\mu'}n'\cos r}. \tag{4.25}$$

我们这里特别提醒大家注意的是，这些公式中除了出现两种介质的折射率之外，还出现了它们的磁化率之比（换句话说，介电常数和磁化率分别出现在公式中，而不仅是以折射率的组合出现）. 但是，对于可见光频率段，多数介质都可以近似地认为 $\mu/\mu'=1$，于是上面公式中将仅出现介质的折射率.

对图 4.2 中电场振幅平行于入射面的分量，(4.22) 式根本不涉及. 同样基于斯涅耳定律，(4.21) 和 (4.24) 式等价，它们和 (4.23) 式共同给出的解为

$$\frac{(\boldsymbol{E}_0')_\parallel}{(\boldsymbol{E}_0)_\parallel}=\frac{2n\cos i}{\dfrac{\mu}{\mu'}n'\cos i+n\cos r},\quad \frac{(\boldsymbol{E}_0'')_\parallel}{(\boldsymbol{E}_0)_\parallel}=\frac{\dfrac{\mu}{\mu'}n'\cos i-n\cos r}{\dfrac{\mu}{\mu'}n'\cos i+n\cos r}. \tag{4.26}$$

(4.25) 和 (4.26) 式统称为菲涅耳 (Fresnel) 公式.

作为一个特例，如果是正入射 (即入射角 $i=0$) 的情形，那么 (4.25) 和 (4.26) 式等价，我们就得到一个十分简单的结果：

$$\boldsymbol{E}_0'=\frac{2\boldsymbol{E}_0}{\sqrt{\dfrac{\mu\epsilon'}{\mu'\epsilon}}+1},\quad \boldsymbol{E}_0''=\boldsymbol{E}_0\frac{\sqrt{\dfrac{\mu\epsilon'}{\mu'\epsilon}}-1}{\sqrt{\dfrac{\mu\epsilon'}{\mu'\epsilon}}+1}. \tag{4.27}$$

从 (4.26) 式看出，对于反射波的振幅来说，如果入射波的入射角正好等于所谓的布儒斯特（Brewster）角 i_{B} 的时候，反射波的电场平行分量 $(\boldsymbol{E}_0'')_\parallel$ 等于零. 在非磁性材料中，布儒斯特角满足

$$i_{\mathrm{B}}=\tan^{-1}\left(\frac{n'}{n}\right). \tag{4.28}$$

也就是说，这个时候无论入射电磁波的偏振方向如何，反射波中电场的平行于入射面的分量都将是零，从而反射波的偏振方向就会完全垂直于入射面. 根据 (4.26) 式还可以看出，即使入射角不正好等于布儒斯特角，在反射波中的电场平行于入射面的分量也会被较大幅度地减小. 这就解释了为什么不偏振的自然光经过反射以后，其反射光往往具有较高的偏振度. 利用这个事实，人们制造了汽车驾驶员专用的墨镜，它可以有效地遮挡对面来车的前挡风玻璃所反射的阳光.

另外一个值得一提的现象就是全反射，它发生在电磁波从较大折射率的介质（光密介质）入射到较小折射率的介质（光疏介质）表面时. 按照 (4.20) 式的斯涅耳定律，如果 $n>n'$，那么使得 $r=\pi/2$ 的角度 i_0 称为全反射角：

$$i_0=\sin^{-1}\left(\frac{n'}{n}\right). \tag{4.29}$$

如果入射角等于 i_0，那么折射波将沿交界面传播，因此将没有能量流入折射率较小 (n') 的介质内部. 如果入射角比上述的全反射角还大，那么折射角的余弦将变

成纯虚数[4]：

$$\cos r = \mathrm{i}\sqrt{\left(\frac{\sin i}{\sin i_0}\right)^2 - 1}. \tag{4.30}$$

于是，折射波的相因子中将会出现沿 z 方向指数衰减的因子：

$$\mathrm{e}^{\mathrm{i}\boldsymbol{k}'\cdot\boldsymbol{x}} = \mathrm{e}^{-k'|\cos r|z}\mathrm{e}^{\mathrm{i}k'(\sin i/\sin i_0)x}. \tag{4.31}$$

因此，如果入射角大于全反射角，折射波将会在 z 方向上指数衰减 [又称隐失波 (evanescent wave)]，无法进入折射率较小 (n') 的介质，而将沿交界面传播. 读者可以用前面的 (4.25) 和 (4.26) 式来验证这时反射波与入射波振幅之比仅是一个相因子，也就是说，反射波振幅的模方与入射波相等，但是反射波相对于入射波而言可以有一个相位的改变.

19 电磁波在导电介质中的传播

这一节讨论电磁波在导电介质中的传播问题. 为了简化讨论，我们将假设所研究的导电介质是均匀、各向同性的，同时导电介质满足欧姆定律 $\boldsymbol{J} = \sigma\boldsymbol{E}$. 对电磁波而言，导电介质与非导电介质的重大区别就是电磁波在导电介质中会引起自由电流从而出现耗散，电磁波的能量会转换成导电介质中的焦耳热. 针对焦耳热的讨论将分为两类情形：首先将进行一般性的讨论，随后将稍微仔细地讨论所谓准静态近似下导体中的电磁场.

(1) 一般性的讨论.

与非导电介质相比，导电介质最重要的区别来自麦克斯韦方程组中的安培–麦克斯韦定律. 如果假定所有的场都简谐地依赖于时间，麦克斯韦方程 (1.30) 给出

$$\frac{1}{\mu}\nabla\times\boldsymbol{B} = -\mathrm{i}\omega\left(\epsilon_{\mathrm{b}} + \mathrm{i}\frac{\sigma}{\omega}\right)\boldsymbol{E}, \tag{4.32}$$

其中 ϵ_{b} 和 μ 是该导电介质中束缚电子贡献的介电常数和磁导率，它们仍可能是频率 ω 的函数. 与非导电介质中的相应方程比较，我们发现可以将 (4.32) 式中的圆括号内的量定义成导电介质的等效介电常数或复介电常数：

$$\epsilon(\omega) = \epsilon_{\mathrm{b}}(\omega) + \mathrm{i}\frac{\sigma(\omega)}{\omega}. \tag{4.33}$$

---

[4] (4.30) 和 (4.31) 式中用的符号似乎容易引起混淆，其中正体的 i 表示虚数单位，而 $\sin i$ 中斜体的 i 则表示入射角.

如果我们令所有场具有平面波 $e^{i\boldsymbol{k}\cdot\boldsymbol{x}-i\omega t}$ 的形式，由 (4.32) 式得到波矢的平方满足

$$k^2 = \mu\epsilon(\omega)\,\omega^2 = \mu\epsilon_b\omega^2\left(1 + i\frac{\sigma}{\omega\epsilon_b}\right). \tag{4.34}$$

(4.34) 式表明：如果假设介质的 $\mu\epsilon_b$ 基本上是实的，只要电导率 $\sigma \neq 0$，那么导体中电磁波的波矢 k 以及频率 ω 不可能都是实数. 我们下面将针对两种典型的情况进行讨论.

(i) 一种情况是在某个初始时刻 $t = 0$，导体中已经存在某个真实的电磁场分布，它可以按照三维空间分解为具有实的波矢 $\boldsymbol{k}$ 的平面波的叠加. 这时满足 (4.34) 式的频率 ω 必须是复数，频率的虚部代表了导体中的电磁场是随时间指数衰减的. 这也十分好理解，由于存在欧姆电流，所以 $t = 0$ 时刻存在的电磁场以及与之相对应的能量随时间不断转换为焦耳热，导致导体中电磁场的振幅随时间指数衰减.

(ii) 另一种常见的情况是外界有电磁波入射到导体的情形. 这时导体内的场是由外界能量注入的受迫振动，其时间依赖是不衰减的简谐振荡，即 ω 为实数. 此时电磁波的波矢 k 必须是复数. 虽然能量仍然会转化为焦耳热，但是由于外面入射的电磁波可以源源不断带来能量，所以导体内任意一点的电磁场随时间仍然可以维持不衰减的简谐振荡. 对于复的波矢我们通常令

$$k = k_1 + ik_2 = k_1 + i\frac{1}{2}A, \tag{4.35}$$

其中 k_1, k_2 为实数，A 为吸收系数. 我们将区分两个不同的极限：一个是导电性很差的导体，它满足 $\sigma/(\omega\epsilon_b) \ll 1$，另一个是良导体，它满足 $\sigma/(\omega\epsilon_b) \gg 1$.

对于不良导体 $[\sigma/(\omega\epsilon_b) \ll 1]$，(4.34) 式的波矢与频率的关系近似为

$$k \approx \sqrt{\mu\epsilon_b}\omega + i\frac{1}{2}\sqrt{\frac{\mu}{\epsilon_b}}\sigma. \tag{4.36}$$

我们看到，在不良导体中最低阶近似下电磁波的吸收系数 $A = \sigma\sqrt{\mu/\epsilon_b}$ 几乎不依赖于频率（假定 ϵ_b, μ 和 σ 都不明显地依赖于频率）.

对于良导体 $[\sigma/(\omega\epsilon_b) \gg 1]$，(4.34) 式的波矢与频率的关系近似为

$$k \approx (1 + i)\sqrt{\frac{\omega\mu\sigma}{2}} = (1 + i)/\delta. \tag{4.37}$$

(4.37) 式中的尺度 δ 称为导体中的趋肤深度：

$$\delta = \sqrt{\frac{2}{\omega\mu\sigma}}. \tag{4.38}$$

趋肤深度代表了电磁波能够进入导体内的一个特征长度. 它明显地依赖于电磁波的频率. 频率越高的电磁波越不容易穿透良导体，这个效应通常称为趋肤效应.

利用 (4.37) 式中波矢的表达式，良导体中的平面电磁波的形式为

$$\boldsymbol{E} = \boldsymbol{E}_0 \mathrm{e}^{-\boldsymbol{n}\cdot\boldsymbol{x}/\delta} \mathrm{e}^{\mathrm{i}\boldsymbol{n}\cdot\boldsymbol{x}/\delta - \mathrm{i}\omega t}, \quad \boldsymbol{H} = \boldsymbol{H}_0 \mathrm{e}^{-\boldsymbol{n}\cdot\boldsymbol{x}/\delta} \mathrm{e}^{\mathrm{i}\boldsymbol{n}\cdot\boldsymbol{x}/\delta - \mathrm{i}\omega t}, \tag{4.39}$$

其中 $\boldsymbol{n}$ 为垂直于导体表面并指向导体内部的法向单位矢量. 利用齐次麦克斯韦方程组可以将良导体内的电场和磁场的振幅联系在一起：

$$\boldsymbol{H}_0 = \frac{1}{\mu\omega} k\, \boldsymbol{n} \times \boldsymbol{E}_0. \tag{4.40}$$

由于 (4.37) 式中的波矢 k 是复数，良导体内的磁场与电场之间一般存在相位差. 这个相位差可以很容易地从 (4.34) 式中得到. 特别对于良导体而言，$\sigma/(\omega\epsilon_{\mathrm{b}}) \gg 1$，这时 $k^2 \approx 2\mathrm{i}/\delta^2$ 几乎是纯虚的，因此磁场与电场的相位差几乎为 $\pi/4$.

类似于第 18 节的讨论，我们也可以研究平面电磁波从一个非导电介质入射到一个导电介质表面时的反射和透射问题. 原则上来说，只需要将第 18 节中第二种介质的介电常数用本节中给出的等效复介电常数 (4.33) 替代即可. 第 18 节中许多的结论仍然成立，唯一复杂一些的是偏振的变化情况. 由于具体的公式过于复杂烦琐，这里就不再讨论了.

(2) 准静态近似下导体中的电磁场.

在一大类问题中，导体中的传导电流远大于位移电流的贡献，这时我们可以完全忽略位移电流的贡献. 这个近似一般称为导体的准静态近似，对应于前面讨论的良导体的情形. 由于这类问题的广泛性，值得我们另外单独讨论一下.

假定导体中的电导率 σ 和磁导率 μ 都是不依赖于位置的常数，于是欧姆定律 $\boldsymbol{J} = \sigma\boldsymbol{E}$ 成立，并且 $\boldsymbol{B} = \mu\boldsymbol{H}$. 假定所有场都谐振地依赖于时间，比较方便的是利用 $\boldsymbol{H}$ 所满足的微分方程. 由于线性介质中 $\nabla\cdot\boldsymbol{B} = 0$ 同时意味着 $\nabla\cdot\boldsymbol{H} = 0$，于是结合麦克斯韦方程组并略去位移电流的贡献，我们就得到准静态近似下场 $\boldsymbol{H}$ 所满足的方程

$$\mu\sigma\frac{\partial\boldsymbol{H}}{\partial t} = \nabla^2\boldsymbol{H}. \tag{4.41}$$

这是一个典型的扩散方程 (或者热传导方程). 与之相配合的边界条件是 $\boldsymbol{B}$ 的法向连续和 $\boldsymbol{H}$ 的切向连续：

$$\boldsymbol{B}_{\mathrm{n}1} = \boldsymbol{B}_{\mathrm{n}2}, \quad \boldsymbol{H}_{\mathrm{t}1} = \boldsymbol{H}_{\mathrm{t}2}. \tag{4.42}$$

事实上容易证明，电场 $\boldsymbol{E}$，$\boldsymbol{B}$ 乃至电磁势 $\boldsymbol{A}$ 和电流密度 $\boldsymbol{J}$ 满足同样的扩散方程. 扩散方程的特点是对于时间是一阶的而对于空间是二阶的，因此它的空间特征尺度的平方与时间的特征尺度成比例. 这也直接给出了趋肤深度的估计 (4.38).

在准静态近似下，导体内外的谐振电磁场会诱导出导体内部的涡流 (eddy current) 并通过焦耳热耗散为热能. 我们很容易计算耗散的功率，当然该功率也是随时间谐振的，平均的耗散效果就是 $\boldsymbol{J}\cdot\boldsymbol{E}$ 的体积分再对一个周期进行平均：

$$W_{\text{Joule}} = \int \mathrm{d}^3\boldsymbol{x}\,\langle \boldsymbol{J}\cdot\boldsymbol{E}\rangle, \tag{4.43}$$

其中的体积分遍及导体内部而 $\langle\cdot\rangle$ 则表示对相应的谐振物理量在一个时间周期中进行平均. 需要强调的是，上式中各个谐振的场量都是指相应的物理真实值，因此对于复数表示的场来说，我们需要取它的实部再进行时间的平均. 另一方面亦可计算外部谐振的电磁场流入导体的能流功率的平均值，它由坡印亭矢量 $\boldsymbol{S}=\boldsymbol{E}\times\boldsymbol{H}$ 的面积分给出[⑤]：

$$W = -\oint \langle \boldsymbol{E}\times\boldsymbol{H}\rangle\cdot\mathrm{d}\boldsymbol{A}, \tag{4.44}$$

其中 $\mathrm{d}\boldsymbol{A}$ 代表导体的表面积上的微分面元 (其方向由导体内部指向导体外). 与上面类似，这里的场量是真实的物理值. 容易证明 (4.43) 和 (4.44) 式实际上在时间平均的意义下是相等的. 例如，从 (4.44) 式出发，利用高斯公式我们得到

$$W = \int \mathrm{d}^3\boldsymbol{x}\,\langle \boldsymbol{E}\cdot(\nabla\times\boldsymbol{H}) - \boldsymbol{H}\cdot(\nabla\times\boldsymbol{E})\rangle\,. \tag{4.45}$$

现在利用 $-\nabla\times\boldsymbol{E}=\partial\boldsymbol{B}/\partial t$，(4.45) 式被积函数中的第二项正比于 $\boldsymbol{H}\cdot(\partial\boldsymbol{B}/\partial t)$. 由于我们假定了 $\boldsymbol{B}=\mu\boldsymbol{H}$，其中 μ 是一个实的常数，因此这项实际上等价于 $\frac{\mu}{2}\partial\boldsymbol{H}^2(t)/\partial t$. 一个完全周期的函数 $\boldsymbol{H}^2(t)$ 的时间导数在其周期内的平均必是恒等于零的. 因此 (4.45) 式中仅剩下第一项. 再根据 $\nabla\times\boldsymbol{H}=\boldsymbol{J}$，这就是 (4.43) 式中的焦耳热 W_{Joule} 的表达式. 读者容易发现上面的推导非常类似于我们在第 5 节中对能量守恒的推导. 事实上，我们这里仅是在准静态近似下忽略了导体内部电场能量的部分，因为通过简单的比较可以印证，就其平均值而言，良导体内的磁场能量的贡献远远大于相应电场能量的贡献.

例 4.1 交变电磁场中金属薄膜的涡流损耗. 考虑一个金属薄膜在随时间谐变的电磁场中的损耗问题. 铁磁平面薄膜的厚度为 $2d$ 并且位于 $|z|\leqslant d$ 的区域内. 外加谐变磁场 $H=H_0\boldsymbol{e}_1\mathrm{e}^{-\mathrm{i}\omega t}$. 假定薄膜的磁导率为 μ，电导率为 σ，我们来讨论薄膜中产生的涡流损耗.

[⑤] 为了区分坡印亭矢量 $\boldsymbol{S}$，这里的面元积分我们使用了符号 $\mathrm{d}\boldsymbol{A}$.

解 我们首先求出全空间的电磁场分布. 按照对称性, 全空间的磁场必定仅含有 x 分量且也是谐变的. 显然 $\boldsymbol{H}$ 同样满足扩散方程 (4.41). 将谐变的时间依赖代入, 我们发现场的空间分布一定是 $\mathrm{e}^{\mathrm{i}kx}$, 而波数 k 满足

$$k^2 = \mathrm{i}\mu\sigma\omega, \quad k = \pm\frac{1+\mathrm{i}}{\delta}, \tag{4.46}$$

其中的 δ 就是 (4.38) 式中定义的趋肤深度. 因此, 薄膜内磁场的分布一定具有下列形式:

$$H_x(z,t) = [A\mathrm{e}^{-z/\delta}\mathrm{e}^{\mathrm{i}z/\delta} + B\mathrm{e}^{z/\delta}\mathrm{e}^{-\mathrm{i}z/\delta}]\mathrm{e}^{-\mathrm{i}\omega t}, \tag{4.47}$$

其中 A 和 B 是两个复的常数. 当然, 真实的物理场是 (4.47) 式的实部. 根据此问题中关于 $\pm z$ 的对称性, 合适的解应当是 z 的偶函数, 再考虑到在 $z = \pm d$ 处导体内外的磁场切向连续的条件, 我们可以解出薄膜中的磁场

$$H_x(z,t) = H_0\frac{\cosh[(1+\mathrm{i})(z/\delta)]}{\cosh[(1+\mathrm{i})(d/\delta)]}\mathrm{e}^{-\mathrm{i}\omega t}. \tag{4.48}$$

相应的电场也可以由 $\boldsymbol{E} = (1/\sigma)\nabla\times\boldsymbol{H}$ 求出. 我们发现 $\boldsymbol{E}$ 仅有 y 分量:

$$E_y(z,t) = \frac{1}{\sigma}\frac{\partial H_x}{\partial z} = H_0\left(\frac{1+\mathrm{i}}{\sigma\delta}\right)\frac{\sinh[(1+\mathrm{i})(z/\delta)]}{\cosh[(1+\mathrm{i})(d/\delta)]}\mathrm{e}^{-\mathrm{i}\omega t}. \tag{4.49}$$

(4.48) 和 (4.49) 式中复数表示的电磁场的实部给出了物理上的电磁场. 交变的电磁场给出垂直于薄膜的交变能流密度 $\boldsymbol{S} = \boldsymbol{E}\times\boldsymbol{H}$, 这个能流在一个周期内的平均值就给出了外加电磁场注入导体薄膜的平均能流, 也等价于薄膜中平均的焦耳热损耗.

20 介质色散的经典模型

本节将简要地讨论一下介质的色散问题. 这是一个十分复杂而广泛的课题, 不大可能在这么小的篇幅内加以详述. 我们将从最简单的把束缚电子处理为经典振子的模型出发, 来进行定性或半定量的讨论. 详尽的色散理论的处理必须借助于固体物理和量子物理的知识. 本节讨论的最主要目的是借助经典振子的模型使读者对介质中的介电常数依赖于频率的基本特性有一个大致的了解, 从而更好地理解色散现象的起源.

本节中我们将使用洛伦兹光学模型或经典振子模型. 这个模型假设介质中的 (束缚) 电子可以看成一些 (可能包含阻尼的) 经典简谐振子, 电子有各自的本征

频率和阻尼系数. 一个电子在谐振的电场 (比如说可以是单色平面电磁波) 作用下做受迫振荡, 电子会偏离其固有平衡位置从而产生一个平均的电偶极矩:

$$\boldsymbol{p}=\frac{e^2}{m}\frac{\boldsymbol{E}_0}{\omega_0^2-\omega^2-\mathrm{i}\omega\gamma}, \tag{4.50}$$

其中 ω 是外电场的频率, ω_0 和 γ 是振子的本征 (圆) 频率和阻尼系数. 现在假定构成介质的原子[⑥]中的各个电子分别具有不同的本征频率 ω_i 和阻尼系数 γ_i, $i=1,2,\cdots$. 将在一个原子中, 具有某个特定本征频率 ω_i 和阻尼系数 γ_i 的电子数记为 f_i. 显然 $\sum\limits_i f_i=Z$, 其中 Z 为一个原子中的总电子数. 当这样的一个模型介质处在谐振的电磁场中时, 电磁场会使得介质产生一个平均的电偶极矩 (即将介质极化). 因此, 经典振子模型给出的介质中的介电常数为[⑦]

$$\frac{\epsilon(\omega)}{\epsilon_0}=1+\frac{Ne^2}{\epsilon_0 m}\sum_i\frac{f_i}{\omega_i^2-\omega^2-\mathrm{i}\omega\gamma_i}, \tag{4.51}$$

其中 N 是介质单位体积中的原子数, f_i 称为具有频率 ω_i 的电子的振子强度, e 和 m 分别是电子的电荷和质量. 这个看上去纯经典的公式其实对于量子的情形也是很不错的描述, 所需要的只是将上式中的参数, 例如 f_i, ω_i 等赋予量子力学的解释.

一个值得单独讨论的情形就是导体. 这时, 介质中有某些电子是 “自由” 电子[⑧], 也就是说, 它们具有 $\omega_0=0$ 的本征频率. 如果我们将所有其他 “非自由” 电子的贡献都归入介电常数 $\epsilon_{\mathrm{b}}(\omega)$, 那么 (4.51) 式则可以写成

$$\epsilon(\omega)=\epsilon_{\mathrm{b}}(\omega)+\mathrm{i}\frac{Ne^2f_0}{m\omega(\gamma_0-\mathrm{i}\omega)}. \tag{4.52}$$

如果我们将 (4.52) 式与 (4.33) 式比较, 会发现

$$\sigma(\omega)=\frac{f_0Ne^2}{m(\gamma_0-\mathrm{i}\omega)}. \tag{4.53}$$

这就是著名的 (并且很古老的) 德鲁德 (Drude) 公式. 当频率比较低的时候, 我们可以忽略 (4.53) 式分母中的虚部, 因此电导 $\sigma(\omega)$ 基本上是实的. 在固体物理中, 常常令 $\gamma_0=1/\tau$, 其中 τ 具有时间的量纲, 称为自由电子的弛豫时间.

---

⑥原则上也可以是分子. 在那种情形下, 下面的描述中的 “原子” 也相应换为 “分子”.

⑦要与实际测量的介电常数频谱比, 还需要考虑与极化强度关联的局域场的影响.

⑧更为确切的说法是 “巡游电子”, 因为这些介质中的电子实际上并不是真正 “自由” (无相互作用) 的.

另外一个值得注意的极限是高频极限. 按照 (4.51) 式，如果外场的频率非常高，远远高于介质中所有的 ω_i，那么介质的介电常数具有十分简单的形式：

$$\frac{\epsilon(\omega)}{\epsilon_0} \approx 1 - \frac{\omega_{\mathrm{p}}^2}{\omega^2}, \quad \omega_{\mathrm{p}}^2 = \frac{NZe^2}{\epsilon_0 m}. \tag{4.54}$$

(4.54) 式中的 ω_{p} 称为等离子体频率. 注意，这个近似公式是对于所有介质在极高频时都成立的. 作为一个比较特殊的例子，考虑纯粹的等离子体（比如地球的电离层），这时介质中的所有电子都是自由的，如果我们进一步忽略电子的阻尼效应，那么 (4.54) 式就对于所有频率（而不仅是高频）都成立. 对于这样的等离子体，如果电磁波的频率小于其等离子体频率，那么 (4.54) 式给出的介电常数会使该电磁波的波矢 $\boldsymbol{k}$ 中进入等离子体区域的分量变成纯虚数，这意味着电磁波的振幅一进入等离子体就指数地衰减了. 换句话说，如果有一个电磁波从普通的低层大气入射到高层的电离层，它将被完全反射回来而不会穿透电离层. 正是由于这个原因，地球上频率不太高的电磁波信号 (一般频率小于 10 MHz) 可以经电离层反射而传递很远，但是高频的电磁波 (比如微波) 是可以穿透电离层的. 类似的现象也出现在金属中. 简单的数量级估计指出，普通金属的等离子体频率处在紫外到 X 射线波段，所以虽然多数金属对于可见光是不透明的，但对于紫外线会逐步变成透明的. 这个现象称为金属的紫外透明.

对于一般的频率而言，由于通常非导电介质的 γ_i 比较小，因此 (4.51) 式给出的介电常数基本上是实数. 由于复的介电常数意味着电磁波的吸收（耗散），因此如果所有的 γ_i 都很小，只要电磁波的频率不接近介质的振子频率，电磁波的吸收就很小，即该介质对于电磁波来说就是透明的. 但是，在 $\omega \approx \omega_i$ 的时候，相应于该频率的吸收就会十分明显. 在振子频率附近，介质的介电常数的虚部会有一个明显的增强. 这个频率区间称为该介质的共振吸收区. 在共振吸收区内，伴随着虚部的增强，其实部也会剧烈地变化. 例如，所谓反常色散的现象就往往出现在共振吸收区. 当介电常数明显地成为复数时，电磁波的波数也是复数：

$$k = k_1 + \mathrm{i}k_2 = k_1 + \mathrm{i}\frac{1}{2}A, \tag{4.55}$$

其中 k_2 标志了电磁波场随传播距离的指数衰减，而 A 标志了电磁波的能流随传播距离的指数衰减[9]，称为该介质的衰减常数或者吸收系数.

一个典型的例子是水的介电常数. 在图 4.3 中，我们显示了水的吸收系数作为电磁波波长的函数. 该图表明，水对于电磁波的吸收系数在多数频率范围内一

[9] 注意电磁波强度正比于振幅的模方，因此波的能流或强度按照 e^{-Az} 衰减，其中 z 是传播距离.

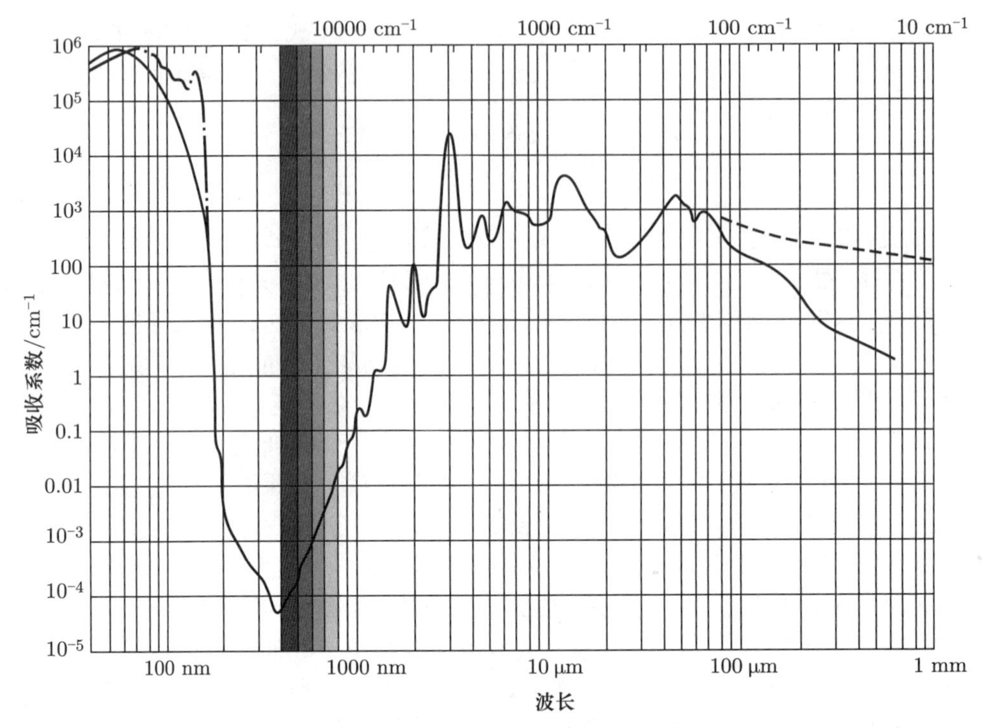

图 4.3　水的吸收系数作为波长的函数. 图中垂直的阴影条纹对应于可见光的波段. 我们发现，一般来说水对于电磁波吸收很强，仅在可见光波段的狭窄窗口中，水才变得格外透明

直是很大的，仅在一个非常狭小的频率窗口之内，水的吸收系数陡然变小. 这个窗口所对应的光波长恰好就是我们称之为可见光的波段 (大约 300 ∼ 700 nm). 也就是说，当且仅当电磁波的波长在这个波段时，水才是非常透明的. 为什么水的介电常数恰好是这样的行为? 要回答这个问题恐怕不是很容易的事情，而且肯定会涉及水分子的结构及其量子力学性质⑩. 但是，如果我们承认这个实验事实，它却能够解释为什么我们的肉眼仅能看到“可见光”. 其背后的原因就在于地球上所有的动物都源于海洋，因此在这个水环境中进化发展而来的各种动物（包括人类的祖先）能看到的自然就是那些能够透过海水的电磁波. 换句话说，图 4.3 为“水是生命之源”提供了最生动而有力的佐证.

不同物质的吸收率随波长的变化往往千差万别，因此对于像空气这样的混合介质，其中包含了各种物质 (包括水分子等) 的吸收，如图 4.4 所示. 这个图对于理解电磁波在空气之中的传播情况很有帮助.

⑩事实上据我所知，水的这些性质目前并没有十分令人满意的微观解释.

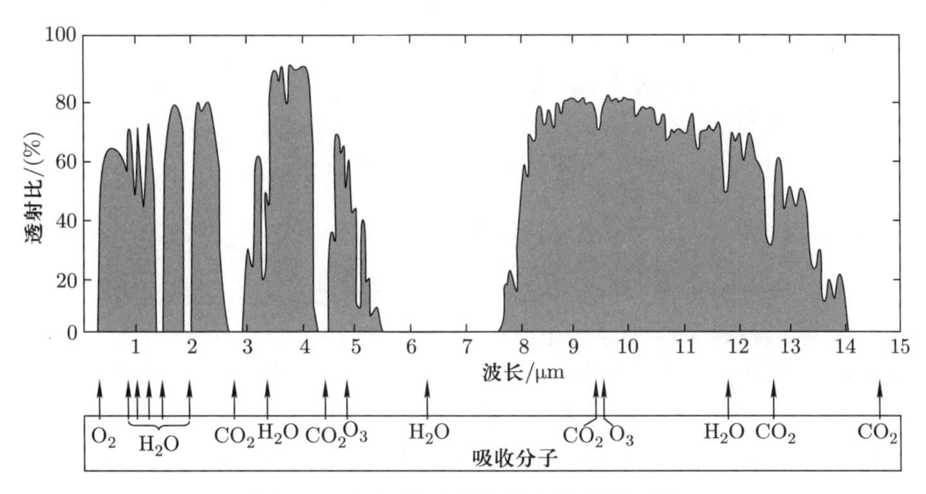

图 4.4　空气的透射比作为波长的函数

21　电磁信号在色散介质中的传播

前面几节中讨论的电磁波的传播都仅涉及了无限延展的单色均匀平面波. 真实的电磁波往往不是单色的，也不是均匀无限延展的，它们往往是以波包（wave packet）的形式传播的. 一个波包实际上就是一系列单色平面波的线性叠加. 为了简化讨论，我们将以一维波包为例来说明，推广到三维是直接的.

21.1　波包的色散

考虑一个一维波包，它的振幅可以写为一系列不同波数（频率）平面波的叠加[11]：

$$u(x,t)=\frac{1}{\sqrt{2\pi}}\int_{-\infty}^{\infty}A(k)\,\mathrm{e}^{\mathrm{i}kx-\mathrm{i}\omega(k)t}\,\mathrm{d}k, \tag{4.56}$$

其中 $\omega(k)$ 的形式依赖于介质的色散性质. 系数 $A(k)$ 表征了这个波包中不同频率单色波的成分，它可以由某个时刻，比如说 $t=0$ 时刻的波包振幅 $u(x,0)$ 给出：

$$A(k)=\frac{1}{\sqrt{2\pi}}\int_{-\infty}^{\infty}u(x,0)\,\mathrm{e}^{-\mathrm{i}kx}\,\mathrm{d}x. \tag{4.57}$$

大家很容易验证，如果在 $t=0$ 时刻的波 $u(x,0)=\mathrm{e}^{\mathrm{i}k_0x}$，则傅里叶振幅 $A(k)=\sqrt{2\pi}\delta(k-k_0)$，由此知该波在之后仍是单色的平面波：$u(x,t)=\mathrm{e}^{\mathrm{i}k_0x-\mathrm{i}\omega(k_0)t}$. 但

[11] 为了简化讨论，这一节中讨论的波都是标量波，没有考虑电磁波的偏振，同时我们假定了 $\partial u(x,0)/\partial t=0$.

是如果在 $t=0$ 时刻 $u(x,0)$ 不是单色平面波的形式，而是在空间有一定延展的波包，那么 $A(k)$ 也不再是 δ 函数，而是在 k 空间有一定延展的波包. 而且，傅里叶变换的基本性质保证了 $u(x,0)$ 在实空间的延展 Δx 以及它的傅里叶变换 $A(k)$ 在 k 空间的延展 Δk 之间满足一个重要的关系：

$$\Delta k\cdot\Delta x\geqslant\frac{1}{2}. \tag{4.58}$$

这个关系可以普遍地证明 (在给出 Δk，Δx 的明确定义之后). 在两边乘以常数 $\hbar$ 之后，它实际上就是量子力学 (确切地说是波动力学) 中著名的不确定关系. 这个关系说明，如果我们想要构造一个在实空间具有一定延展 Δx 的波包，我们需要选择在 k 空间也具有一定延展 Δk 的一系列单色波的叠加. 按照不确定关系，实空间的波包越窄，傅里叶空间需要的不同波长的单色波的延展就越宽，反之亦然[12].

现在我们讨论波包在色散介质中的传播问题. 这是一个比单色平面波传播要复杂得多的物理问题. 对于一般的色散介质，波的圆频率是波数（波长）的函数：

$$\omega=\omega(k),\quad k=k(\omega). \tag{4.59}$$

由于波的相速度为

$$v_{\rm p}=\frac{\omega}{k}=\frac{c}{n(k)}, \tag{4.60}$$

因此我们看到，由于色散的存在，相速度 $v_{\rm p}$ 对于波包中不同频率（波数）的成分是不相同的. 因此，尽管波包是一系列单色波的线性叠加，但是由于不同单色波传播的相速度不同，这就造成不同频率的成分之间的相位差会随时间的演化而发生相对变化. 返回到实空间，这意味着原先波包的形状一般来说将随着时间的推移发生变形. 不仅如此，我们知道对于一个单色平面波，它的能量流动的速度与其相速度是相同的. 但是，对于波包来说，它的能量流动的速度就变得十分复杂了. 如果波包的谱 $A(k)$ 仅具有一个比较小的延展，也就是说，我们假定它仅在 $k=k_0$ 附近一个 Δk 的很小范围内不等于零，同时假定在这个波数（频率）附近，$\omega(k)$ 是缓慢变化的，那么可以利用泰勒展开得到

$$\omega(k)\approx\omega_0+\left.\frac{{\rm d}\omega}{{\rm d}k}\right|_{k=k_0}(k-k_0), \tag{4.61}$$

其中 $\omega_0=\omega(k_0)$. 将 (4.61) 式的近似代入 (4.57) 式，我们发现 (4.56) 式中的波包随时间演化的行为可以近似地表达为

$$u(x,t)\approx u\left(x-v_{\rm g}t,0\right){\rm e}^{{\rm i}(k_0v_{\rm g}-\omega_0)t}, \tag{4.62}$$

[12]类似的结论大家在傅里叶光学中也遇到过.

其中 v_{g} 是介质中的群速度，其定义为

$$v_{\mathrm{g}} = \left.\frac{\mathrm{d}\omega}{\mathrm{d}k}\right|_{k=k_0}. \tag{4.63}$$

(4.62) 式说明，如果色散关系的线性近似式 (4.61) 成立，在色散介质中传播的波包在 t 时刻的强度为 $|u(x-v_{\mathrm{g}}t,0)|^2$. 与 $t=0$ 时刻的波包的强度 $|u(x,0)|^2$ 相比较，波包的整体形状没有改变，只不过它的位置按照群速度移动了一段距离 $v_{\mathrm{g}}t$. 因此，这时描写波包信号传播更为恰当的物理量是它的群速度 v_{g}，而不是相速度 v_{p}. 可以证明这时波的能量流动的速度也可以近似地用群速度而不是相速度来描写. 利用波矢、频率以及折射率的关系 $\omega(k)=ck/n(k)$，我们可以得到

$$v_{\mathrm{g}} = \frac{c}{n(\omega)+\omega(\mathrm{d}n/\mathrm{d}\omega)} = \frac{v_{\mathrm{p}}}{1+\omega(\mathrm{d}n/\mathrm{d}\omega)/n}. \tag{4.64}$$

因此只要存在色散，即 $\mathrm{d}n/\mathrm{d}\omega \neq 0$，波包的群速度 v_{g} 就不同于相速度 v_{p}.

需要特别提请读者注意的是，群速度是介质中信号（能量）传递的速度的结论并不能无限地扩大. 从上面的推导我们看到，群速度仅在近似条件 (4.61) 成立的前提下才是对于色散介质中电磁波传播有意义的一个物理量. 如果 (4.61) 式中的线性近似不成立，那么群速度同样也会失去其意义，就像相速度对于色散介质中的波包的传播失去其意义一样. 如果 $\mathrm{d}n/\mathrm{d}\omega > 0$，这称为正常色散，如果 $\mathrm{d}n/\mathrm{d}\omega < 0$，这称为反常色散. 对于正常色散的情形，由于通常 $n>1$，于是群速度比相速度要小，而且二者都小于真空中的光速. 对于反常色散的情形，由于 $\mathrm{d}n/\mathrm{d}\omega$ 的绝对值可以很大 [这一点可以从前面关于介质的振子模型的介电常数表达式 (4.51) 中看出]，特别是当频率接近某个振子的本征频率时，介质的折射率 $n=\sqrt{\epsilon(\omega)}$ 会出现剧烈的变化，这往往伴随着剧烈的反常色散，此时群速度可以大于相速度，甚至可以大于真空中的光速. 在更为极端的情形下，v_{g} 还可以是负的. 这些貌似奇怪的行为其实并不会撼动狭义相对论的基本原理，因为当群速度表观上超过真空光速，甚至变为负数时，群速度本身已经失去了其原本的物理意义，这时它并不能代表介质中信号或者能量的传播速度. 事实上我们随后在第 21.3 小节就会证明，在相当一般的假定下，任何色散介质中信号的传播速度都不会超过真空中的光速.

21.2 因果性与克拉默斯–克勒尼希关系

上一小节简要讨论了波包信号在色散介质中传播的问题. 我们看到，对于色散介质中的波包信号来说，它的传播一般是很复杂的，依赖于介质的介电常数的

具体行为. 即使前面已建立描写介质介电常数的振子模型，但我们仍希望了解最一般的情形下，介质的介电常数有何性质. 这一小节就将讨论因果性对于介电常数的限制. 我们会看到，仅利用因果性，已经能够对介质的介电常数的许多定性行为有所了解. 不仅如此，我们还可以得到联系介电常数实部和虚部的一个重要关系，即所谓的克拉默斯–克勒尼希关系. 一个普遍的因果性的假定竟然能够导致这样的关系还是相当令人惊叹的.

为了简单起见，我们仅讨论各向同性的线性介质. 第 4 节的 (1.34) 式已给出介质中的电位移矢量 $\boldsymbol{D}(\boldsymbol{x},t)$ 与电场强度 $\boldsymbol{E}(\boldsymbol{x},t)$ 之间存在的普遍线性关系[13]：

$$\begin{aligned} \boldsymbol{D}(\boldsymbol{x},t) &= \epsilon_0 \left[\boldsymbol{E}(\boldsymbol{x},t) + \int_{-\infty}^{\infty} \chi(\tau)\,\boldsymbol{E}(\boldsymbol{x},t-\tau)\,\mathrm{d}\tau\right], \\ \chi(\tau) &= \frac{1}{2\pi}\int_{-\infty}^{\infty}\left[\frac{\epsilon(\omega)}{\epsilon_0}-1\right]\mathrm{e}^{-\mathrm{i}\omega\tau}\mathrm{d}\omega, \end{aligned} \tag{4.65}$$

其中 $\chi(\tau)$ 是广义极化率. t 时刻的电位移矢量一般来说依赖于其他时刻的电场强度.

现在我们要运用因果性了. 电位移矢量是由电场强度和它所引起的介质的极化所构成的. 也就是说，电场强度是引起电位移矢量偏离其真空值的原因. 因此，因果性意味着在 t 时刻的电位移矢量应仅依赖于 t 时刻之前的电场强度，即要求

$$\chi(\tau) = 0, \quad \text{如果 } \tau < 0. \tag{4.66}$$

因此，我们可以将 $\boldsymbol{D}$ 与 $\boldsymbol{E}$ 的线性关系写为

$$\boldsymbol{D}(\boldsymbol{x},t) = \epsilon_0 \left[\boldsymbol{E}(\boldsymbol{x},t) + \int_{0}^{\infty} \chi(\tau)\,\boldsymbol{E}(\boldsymbol{x},t-\tau)\,\mathrm{d}\tau\right]. \tag{4.67}$$

对 (4.67) 式进行傅里叶变换，我们就可以得到一个关于介电常数的形式表达式

$$\epsilon(\omega)/\epsilon_0 = 1 + \int_0^{\infty} \chi(\tau)\,\mathrm{e}^{\mathrm{i}\omega\tau}\,\mathrm{d}\tau. \tag{4.68}$$

这个关于介质介电常数的形式表达式，以及 $\boldsymbol{D}(\boldsymbol{x},t)$，$\boldsymbol{E}(\boldsymbol{x},t)$ 都是实物理量的事实，已经能够导出一系列重要的结论了.

(1) 如果我们假定 $\chi(\tau)$ 对于所有的 τ 为有限，那么 $\epsilon(\omega)$ 在复 ω 平面的上半平面内（即 $\mathrm{Im}(\omega) > 0$ 的区域）解析.

[13] 在这一小节中，我们暂时恢复电场强度以及电位移矢量的实表示.

(2) 如果我们加上貌似合理的假定 $\chi(\tau \to \infty) \to 0$，即无穷久远的过去的电场对于目前的极化没有影响，那么可以证明 $\epsilon(\omega)$ 在实轴上也是解析的. 但是这一点其实对于导体是不对的. 对于导体我们有 [(4.33) 式]

$$\lim_{\tau\to\infty} \chi(\tau) = \sigma/\epsilon_0. \tag{4.69}$$

这样的一个行为使得 $\epsilon(\omega)$ 在 $\omega = 0$ 处存在一个极点. 因此，除掉在导电介质的情形下 $\epsilon(\omega)$ 在原点会出现一个极点之外，$\epsilon(\omega)$ 在包括实轴在内的上半平面解析.

(3) 在大的 ω 处介电常数的行为可以通过将 (4.68) 式分部积分得到：

$$\frac{\epsilon(\omega)}{\epsilon_0} = 1 - \frac{\chi'(0)}{\omega^2} + \cdots, \tag{4.70}$$

在分部积分时我们假定了 $\chi(0) = 0$ [即假定 $\chi(\tau)$ 在 $\tau = 0$ 处连续].

(4) 介电常数 $\epsilon(\omega)$ 满足下面的共轭关系：

$$\epsilon(-\omega) = \epsilon^*(\omega^*). \tag{4.71}$$

这个关系起源于 $\chi(\tau)$ 是实数的事实.

利用上面建立的介电常数的解析行为，我们可以得到一个十分重要的关系. 由于 $\epsilon(\omega)$ 在上半平面解析，在上半平面上的任意一点 z，介电常数的柯西 (Cauchy) 公式为

$$\epsilon(z)/\epsilon_0 = 1 + \frac{1}{2\pi\mathrm{i}} \oint_C \frac{(\epsilon(\omega')/\epsilon_0 - 1)}{\omega' - z} \mathrm{d}\omega', \tag{4.72}$$

其中积分的围道是由实轴以及上半平面无穷远处的半圆构成. 介电常数在大的 ω 处的行为 [(4.70) 式] 保证了上半平面无穷远处半圆的积分贡献为零，因此 (4.72) 式可以写成沿着实轴的积分. 进一步选取 $z = \omega + \mathrm{i}\delta$，其中 $\delta \to 0^+$，并且利用关系

$$\frac{1}{\omega' - \omega - \mathrm{i}\delta} = \mathcal{P}\left(\frac{1}{\omega' - \omega}\right) + \pi\mathrm{i}\delta(\omega' - \omega), \tag{4.73}$$

其中 $\mathcal{P}$ 代表主值积分，这样就得到介电常数的频谱

$$\epsilon(\omega)/\epsilon_0 = 1 + \frac{1}{\pi\mathrm{i}} \mathcal{P} \int_{-\infty}^{\infty} \frac{(\epsilon(\omega')/\epsilon_0 - 1)}{\omega' - \omega} \mathrm{d}\omega'. \tag{4.74}$$

我们也可以将这个复介电常数的频谱的实部和虚部分别写出：

$$\begin{aligned}
\mathrm{Re}[\epsilon(\omega)/\epsilon_0] &= 1 + \frac{1}{\pi} \mathcal{P} \int_{-\infty}^{\infty} \frac{\mathrm{Im}[\epsilon(\omega')/\epsilon_0]}{\omega' - \omega} \mathrm{d}\omega', \\
\mathrm{Im}[\epsilon(\omega)/\epsilon_0] &= -\frac{1}{\pi} \mathcal{P} \int_{-\infty}^{\infty} \frac{\mathrm{Re}[\epsilon(\omega')/\epsilon_0 - 1]}{\omega' - \omega} \mathrm{d}\omega'.
\end{aligned} \tag{4.75}$$

这就是著名的克拉默斯–克勒尼希关系，又称为色散关系. 正如我们强调的，导出它们仅利用了因果性以及一些十分基本的假定，因此，我们可以期待上述关系对于所有介质普遍成立.

21.3 因果性与最大信号传播速度

这一小节将利用因果性证明任何介质中信号传播的速度不会大于真空中的光速. 为了简化讨论，假定一个空间 $x>0$ 的区域中充满了折射率为 $n(\omega)$ 的介质，而 $x<0$ 的部分则为真空. 一个频谱为 $A(\omega)$ 的电磁波包从 $x<0$ 的真空正入射到介质上并且传入介质. 结合第 18 节的 (4.26) 和 (4.56) 式，介质中的电磁波可以表达为

$$u(x,t)=\int_{-\infty}^{\infty}\left[\frac{2}{1+n(\omega)}\right]A(\omega)\,\mathrm{e}^{\mathrm{i}k(\omega)x-\mathrm{i}\omega t}\,\mathrm{d}\omega, \tag{4.76}$$

其中真空中电磁波包的傅里叶振幅

$$A(\omega)=\frac{1}{2\pi}\int_{-\infty}^{\infty}u_{\mathrm{I}}(x=0^-,t)\,\mathrm{e}^{\mathrm{i}\omega t}\,\mathrm{d}t, \tag{4.77}$$

$u_{\mathrm{I}}(x,t)$ 是真空中入射电磁波的振幅.

我们现在假设真空中入射的波的波前在 $t<0$ 时没有到达 $x=0$，即假设

$$u_{\mathrm{I}}(x=0^-,t)=0,\quad \text{如果 } t<0, \tag{4.78}$$

那么按照类似于对 (4.68) 式的论述的讨论，$A(\omega)$ 将会是上半平面的解析函数. 我们还可进一步假定 $A(\omega)$ 在大的 ω 处有界（也是一个十分合理的假定）. 现在考察 (4.76) 式中的相因子在大的 $|\omega|$ 时的行为. 当 $|\omega|$ 很大时 $n(\omega)\to 1$ [(4.70) 式]，因此有

$$\mathrm{i}[k(\omega)x-\omega t]\to\frac{\mathrm{i}\omega(x-ct)}{c}. \tag{4.79}$$

于是我们发现，如果 $x-ct>0$，那么可以将 (4.76) 式中的积分加上上半平面无穷远处的半圆构成一个闭合围道. 由于 $A(\omega)$，$n(\omega)$ 在上半平面都是解析的，因此根据著名的柯西定理，(4.76) 式的积分在 $x>ct$ 时一定恒等于零：

$$u(x,t)=0,\quad \text{如果 } x-ct>0. \tag{4.80}$$

这意味着无论介质的折射率 $n(\omega)$ 的具体形式如何，该介质中信号 (波包) 传播的速度都不可能大于真空中的光速. 这也就是狭义相对论所要求的.

最后我们指出，如果利用 (4.76) 式来考察 $x - ct < 0$ 中的信号传播，那么一般来说我们将得到非零的结果. 事实上，在介质中传播的电磁波会分为两种信号 [分别称为索末菲 (Sommerfeld) 波前和布里渊 (Brillouin) 波前] 依次到达. 更为详细的讨论可以阅读参考书 [8] 中的 §7.11，这里就不再深入了.

22　波导与谐振腔

电磁波在现代社会中最广泛的应用就在于远程通信. 在这类实际的应用中，需要将电磁信号传递到比较远的地方. 这类传输大体可以分为两类：第一类就是我们前面已经讨论过的，电磁波在自由空间（实际上是空气中）的直接传播；第二类则是利用某种导线来进行传播. 第一类的例子是无线通信（手机间的通信、地面与卫星间的通信等）；第二类则属于有线通信. 有线通信中使用的传递电磁波的导线一般通称为波导. 传统的波导，例如电话线、有线电视的同轴电缆等，一般由金属制成，称为金属波导（后面讨论的金属波导，基本是指中空的金属波导管，一种样式如图 4.5 所示）. 随着近年来光通信的发展，介质波导（由不导电的光介质构成的光纤）变得十分普遍了. 谐振腔一般是由金属或铁氧体等所围成的一个封闭空间，它可以进行频率选择. 正是由于在实际中的广泛应用，波导与谐振腔中的电磁波的传播问题值得单独加以讨论.

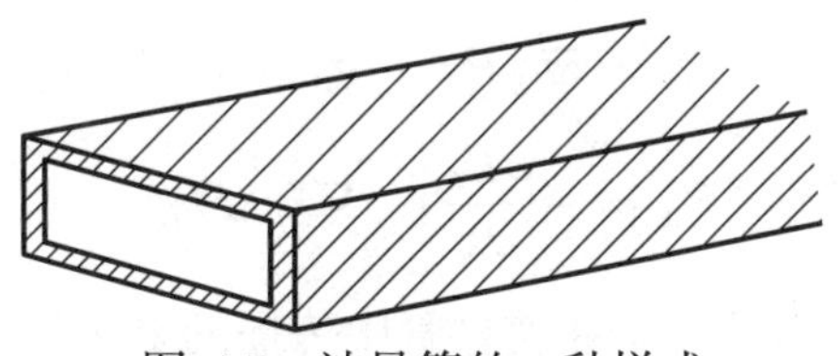

图 4.5　波导管的一种样式

为了简化讨论，我们这里假定波导管的电磁和几何性质沿着电磁波传播的方向具有不变性. 在波导管中，电磁波将沿着该波导管的平移对称轴（我们取为 z 轴）在介质中传播. 这些传播的电磁波由于在边界面上必须满足一定的边界条件，所以波导管中传播的电磁波会表现出与无边界介质中传播的电磁波不同的一些特性. 如果我们将金属波导管沿 z 轴的两端封闭起来，就构成了一个完全由导体所围合出来的封闭区域，这就是一个典型的谐振腔. 由于导体边界的边界条件，谐振腔中的电磁波都是所谓的驻波. 谐振腔在光学中十分重要，因为它的谐振频率完全是由它的几何构形所确定的.

本节中，我们将首先讨论金属波导，然后简要地讨论谐振腔，最后讨论介质波导（光纤）的电磁理论. 我们将仅局限于电磁理论层面的讨论，对于它们的实际应用则只会简单提及，有兴趣的读者可以参考相关方面的专门书籍.

22.1　麦克斯韦方程组按照横向和纵向的分离

如果不考虑边界条件，波导管内部的电磁场所满足的方程与无限介质中的情况相同，都是无源的麦克斯韦方程组. 如果假定所有场具有形如 $\mathrm{e}^{-\mathrm{i}\omega t}$ 的随时间振荡因子，那么电磁场满足波导中三维的亥姆霍兹方程

$$\left(\nabla^2+\mu\epsilon\omega^2\right)\begin{pmatrix}\boldsymbol{E}\\ \boldsymbol{B}\end{pmatrix}=0. \tag{4.81}$$

根据所研究问题的对称性，将电磁场的横向分量（也就是在 x-y 平面内的分量）与它的纵向分量（z 分量）分开是十分有帮助的. 我们有

$$\boldsymbol{E}=E_z\boldsymbol{e}_3+\boldsymbol{E}_\perp=E_z\boldsymbol{e}_3+(\boldsymbol{e}_3\times\boldsymbol{E})\times\boldsymbol{e}_3. \tag{4.82}$$

磁场 $\boldsymbol{B}$ 也可以类似地进行分解. 需要特别注意的是，由于波导管边界的影响，波导管中沿 z 方向传播的电磁波可以有沿传播方向 (即平行于平均能流方向) 的纵向分量. 这一点在无边界空间中是不可能的. 利用电磁场的横向和纵向的分解，原来的四个麦克斯韦矢量方程可以用电磁场的横向和纵向分量表达为

$$\frac{\partial\boldsymbol{E}_\perp}{\partial z}+\mathrm{i}\omega\boldsymbol{e}_3\times\boldsymbol{B}_\perp=\nabla_\perp E_z,\quad \boldsymbol{e}_3\cdot(\nabla_\perp\times\boldsymbol{E}_\perp)=\mathrm{i}\omega B_z, \tag{4.83}$$

$$\frac{\partial\boldsymbol{B}_\perp}{\partial z}-\mathrm{i}\mu\epsilon\omega\boldsymbol{e}_3\times\boldsymbol{E}_\perp=\nabla_\perp B_z,\quad \boldsymbol{e}_3\cdot(\nabla_\perp\times\boldsymbol{B}_\perp)=-\mathrm{i}\mu\epsilon\omega E_z, \tag{4.84}$$

$$\nabla_\perp\cdot\boldsymbol{E}_\perp=-\frac{\partial E_z}{\partial z},\quad \nabla_\perp\cdot\boldsymbol{B}_\perp=-\frac{\partial B_z}{\partial z}. \tag{4.85}$$

这些公式实际上说明，对于一个在波导管中传播的电磁波来说，只要确定了电磁场的纵向分量 E_z 和 B_z，电磁场的横向分量就可以确定了. 因此，波导问题中的关键就是求解电磁场的纵向分量. 由于问题具有沿纵向的平移对称性，我们可以将波导管中的电磁波的解写成（注意，是电磁场的所有分量，不仅是横向分量）:

$$\begin{pmatrix}\boldsymbol{E}\\ \boldsymbol{B}\end{pmatrix}=\begin{pmatrix}\boldsymbol{E}(x,y)\\ \boldsymbol{B}(x,y)\end{pmatrix}\mathrm{e}^{\pm\mathrm{i}kz-\mathrm{i}\omega t}. \tag{4.86}$$

这样一来，我们可以将上述问题进一步简化. 首先，我们可以明确写出横向的场量用纵向的场量表达的公式. 利用 (4.83) 和 (4.84) 式，我们得到

$$\begin{aligned}\boldsymbol{E}_\perp&=\frac{\mathrm{i}}{k_\perp^2}\left[k\nabla_\perp E_z-\omega\boldsymbol{e}_3\times\nabla_\perp B_z\right],\\ \boldsymbol{B}_\perp&=\frac{\mathrm{i}}{k_\perp^2}\left[k\nabla_\perp B_z+\mu\epsilon\omega\boldsymbol{e}_3\times\nabla_\perp E_z\right],\end{aligned} \tag{4.87}$$

其中 $k_\perp^2$ 定义为 (本节中 k 是波矢沿 z 方向的分量，称为波导管的波数)

$$\mu\epsilon\omega^2 = k^2 + k_\perp^2. \tag{4.88}$$

另一方面，波导管中电磁场满足的三维亥姆霍兹方程 (4.81) 就可以化为二维的亥姆霍兹方程

$$\left(\nabla_\perp^2 + k_\perp^2\right)\begin{pmatrix}\boldsymbol{E}(x,y)\\ \boldsymbol{B}(x,y)\end{pmatrix} = 0. \tag{4.89}$$

波导管中电磁波的波数 k 目前是一个待定的参数，其数值由边界条件确定. (4.89) 式中的亥姆霍兹方程虽然对电磁场的所有分量都是成立的，但是我们真正需要的仅是纵向分量. 只要利用边界条件将波导管中电磁场的纵向分量确定了，我们就可以利用 (4.87) 式直接得到电磁场的横向分量. 因此，求解波导管中电磁波传播问题的核心就是利用适当的边界条件，求解其中电磁场纵向分量所满足的二维亥姆霍兹方程 (4.89). 由于不同波导（金属波导和介质波导）所满足的边界条件不同，我们将分别讨论它们的解.

由于波导管中的电磁波完全由电磁场的纵向分量所确定，因此人们往往按照电磁场的纵向分量的不同行为对波导管中传播的电磁波进行分类. 例如，如果电场的纵向分量恒等于零，即 $E_z = 0$，这种波导管中传播的电磁波就称为横电波，或者称为 TE 波、横电模式、TE 模式. 类似地，如果磁场的纵向分量恒等于零，这种波就称为横磁波，或者 TM 波、横磁模式、TM 模式. 如果电场和磁场的纵向分量都恒等于零，这种模式就称为横电磁波，或者 TEM 波、横电磁模式、TEM 模式.

22.2 金属波导

为了讨论上的简化，我们在本节中将假定波导管的外壁由所谓的理想导体构成. 由第 19 节的 (4.38) 式可以看出，如果导体的电导率是无穷大，电磁波根本无法进入导体内部，也就是说理想导体内部的电场和磁场都等于零. 于是，我们得到由理想导体构成外壁的波导管中电磁场在边界上应当满足

$$\boldsymbol{n}\times\boldsymbol{E} = 0, \quad \boldsymbol{n}\cdot\boldsymbol{B} = 0, \tag{4.90}$$

其中 $\boldsymbol{n}$ 是波导管边界面 S 的法向单位矢量. 如果把电场和磁场都分解成横向的分量以及纵向的分量，那么根据 (4.90) 式中的第一个边界条件，并结合方程 (4.83), (4.84), (4.85) 和 (4.90) 式中的第二个边界条件，可以分别得到纵向电磁场的边界条件

$$E_z|_S = 0, \quad \left.\frac{\partial B_z}{\partial n}\right|_S = 0. \tag{4.91}$$

假设电场和磁场的纵向分量现在统一用 $\psi(x,y)$ 来表示，可以通过 (4.91) 式中纵向电磁场的边界条件分别确立电场或磁场的二维边值问题：

$$\begin{aligned} &(\nabla_\perp^2 + k_\perp^2)\psi = 0, \quad k_\perp^2 = \mu\epsilon\omega^2 - k^2, \\ &\psi|_S = 0, \qquad\qquad \left.\frac{\partial \psi}{\partial n}\right|_S = 0, \end{aligned} \tag{4.92}$$

其中第一个边界条件适用于电场的纵向分量，而第二个边界条件适用于磁场的纵向分量. 这组方程还说明了金属波导的一个重要特性：横电模式和横磁模式是完全分离的，互相没有干扰. 它们各自由自己的边界条件所完全确立[14]. 具体来说，有

$$\begin{aligned} &\psi \equiv E_z, \quad B_z = 0, \quad \boldsymbol{E}_\perp = \pm\frac{\mathrm{i}k}{k_\perp^2}\nabla_\perp\psi, \quad \text{对于 TM 波}, \\ &\psi \equiv H_z, \quad E_z = 0, \quad \boldsymbol{H}_\perp = \pm\frac{\mathrm{i}k}{k_\perp^2}\nabla_\perp\psi, \quad \text{对于 TE 波}. \end{aligned} \tag{4.93}$$

(4.93) 式里面的 $\pm$ 符号分别对应于 $\mathrm{e}^{\pm\mathrm{i}kz}$ 形式的波. 无论对于哪一种模式（TE 或 TM），$\pm$ 符号对应的磁场

$$\boldsymbol{H}_\perp = \pm\frac{1}{Z}\boldsymbol{e}_3 \times \boldsymbol{E}_\perp, \tag{4.94}$$

其中 Z 称为波导中的波阻抗，表达式为

$$Z = \begin{cases} \dfrac{k}{\epsilon\omega} = \dfrac{k}{k_0}\sqrt{\dfrac{\mu}{\epsilon}}, & \text{TM 波}, \\ \dfrac{\mu\omega}{k} = \dfrac{k_0}{k}\sqrt{\dfrac{\mu}{\epsilon}}, & \text{TE 波}. \end{cases} \tag{4.95}$$

我们知道，二维边值问题 (4.92) 的解是唯一的，并且相应的二维拉普拉斯算符的本征值 $k_\perp^2$ 一般是正的、分立的实数. 如果我们将这些分立的本征值记为 $k_\perp^2 = \gamma_\lambda^2$，$\lambda = 1, 2, \cdots$，那么对于一个给定的频率 ω，波导中可传播的电磁波的波数也是分立的：

$$k_\lambda^2 = \mu\epsilon\omega^2 - \gamma_\lambda^2. \tag{4.96}$$

[14] 我们下面马上会看到，在介质波导中的情形就不是如此了.

我们发现这个表达式有一个明显特点：电磁波的波数 k_λ 并不是对于所有的频率都是实数. 对于一个给定的 γ_λ^2，存在一个所谓的截止频率

$$\omega_\lambda = \frac{\gamma_\lambda}{\sqrt{\mu\epsilon}}. \tag{4.97}$$

如果频率 ω 小于截止频率，那么相应的电磁波的波数 k_λ 是纯虚的，因此它根本无法在波导管中传播. 由于边值问题的本征值 γ_λ^2 一般总是存在一个最小可能的值，所以对于一个给定的波导管，也存在一个最小的截止频率. 频率低于波导管的最小截止频率的电磁波无法在这个波导管中传播.

根据前面的讨论，金属波导中横电磁 (TEM) 模式的电场和磁场都类似于一个二维的静电场. 作为一个推论，横电磁 (TEM) 模式无法在一个单连通截面的波导管中存在，因为一个二维单连通区域中的拉普拉斯方程的解，如果满足边界为零的话，在该区域内也一定恒等于零. 在实际应用中，可以使用截面为复连通区域的同轴电缆或者平行导线来实现横电磁模式的传播[15]. 横电磁模式的波还有一个特性，那就是它的波数与频率之间的关系和无边界空间中平面波的波数与频率之间的关系完全相同：

$$k_{\rm TEM}^2 = \mu\epsilon\omega^2 \quad \Longrightarrow \quad k_{\rm TEM} = k_0 \equiv \sqrt{\mu\epsilon}\omega. \tag{4.98}$$

因此，横电磁模式的横向波矢 $k_\perp = 0$，电磁波的相速度与无边界空间中传播的平面波完全相同，就等于该介质中的光速. 对于一般的横电模式或横磁模式，由于截止频率的存在，可以证明波导管中的电磁波的相速度总是大于无边界空间中的光速，在截止频率附近，波导管中的电磁波的相速度趋于无穷大. 这并不与狭义相对论矛盾. 在第 22.3 小节中我们将说明，金属波导中能量的平均传输速度应当用群速度而不是相速度来描写.

例 4.2 矩形波导管. 考虑一个理想导体构成的矩形波导管，它的截面的边长分别为 a 和 b（假定 $a > b$）. 讨论其内部可以传播的最小频率的电磁波.

解 对于 TE 模式的波，考虑到磁场纵向分量的法向导数在边界为零，我们得知管内的磁场的纵向分量一定可以写成

$$H_z \equiv \psi_{m,n}(x,y) = H_0 \cos\left(\frac{m\pi x}{a}\right)\cos\left(\frac{n\pi y}{a}\right), \tag{4.99}$$

这里的整数 n 和 m 不能同时为零（否则管内的电磁场恒为零）. 与之相应的本

[15] 金属波导中横电磁模式的横向波矢 $k_\perp = 0$，纵向电磁波也是零，根据 (4.87) 式，复连通的金属波导中横向电磁场是 “0/0” 的情形，可以不等于零.

征值和截止频率为

$$\gamma_{m,n}^2 = \pi^2\left(\frac{m^2}{a^2}+\frac{n^2}{b^2}\right),\quad \omega_{m,n} = \frac{\pi}{\sqrt{\mu\epsilon}}\left(\frac{m^2}{a^2}+\frac{n^2}{b^2}\right)^{1/2}. \tag{4.100}$$

由于我们假定 $a>b$，所以最低的截止频率是 $m=1$，$n=0$ 的情形，即 $\omega_{1,0}=\pi/(\sqrt{\mu\epsilon}a)$.

对于 TM 模式的电磁波，本征值仍然与 TE 模式相同，但是由于电场的纵向分量是两个正弦函数相乘，

$$E_z \equiv \psi_{m,n}(x,y) = E_0\sin\left(\frac{m\pi x}{a}\right)\sin\left(\frac{n\pi y}{a}\right), \tag{4.101}$$

所以 $E_z\neq 0$ 要求整数 n 和 m 都不为零，因此 TM 模式最低截止频率是 $\omega_{1,1}$.

22.3　金属波导中的能量传输和损耗

如果构成金属波导的是上节讨论的理想导体，那么电磁波在这样的波导管中可以无损耗地传播. 但如果边界导体的电导率不是无穷大，而是一个有限大的数值，那么电磁波一般会诱导金属中的欧姆损耗. 本小节将简要讨论一下这个问题. 我们假设构成波导管的金属的电导率仍然是很大的. 按照第 19 节中的讨论，这时候电磁波其实并不能穿透金属，而是集中在其表面厚度大约为趋肤深度 δ [(4.38) 式] 的一个薄层 (称为耗尽层) 内.

我们首先来看金属波导中的能流密度. 它由坡印亭矢量 $\boldsymbol{S}=(1/2)(\boldsymbol{E}\times\boldsymbol{H}^*)$ 给出. 对于 TM 模式或者 TE 模式，利用 (4.93) 和 (4.94) 式，坡印亭矢量为

$$\boldsymbol{S} = \frac{\omega k}{2k_\perp^4}\begin{cases}\epsilon\left[\boldsymbol{e}_3|\nabla_\perp\psi|^2 + \mathrm{i}\dfrac{k_\perp^2}{k}\psi\nabla_\perp\psi^*\right], & \text{TM 波},\\[2ex] \mu\left[\boldsymbol{e}_3|\nabla_\perp\psi|^2 - \mathrm{i}\dfrac{k_\perp^2}{k}\psi^*\nabla_\perp\psi\right], & \text{TE 波},\end{cases} \tag{4.102}$$

其中上/下一行分别对应于 TM/TE 波的情形. 需要注意的是，波导中一个周期内平均的能流密度由 (4.102) 式的实部给出. 对于不考虑损耗的情形，一般来说二维边值问题的解 ψ 是实的. 这时只有 (4.102) 式括号中的第一项，也就是纵向的分量会有贡献，横向的分量 (第二项) 是纯虚的，不会对物理的平均能流密度有贡献. 如果我们将上述能流密度对波导管的截面积分，就能够获得单位时间内通过波导管的平均能量，即波导管传输的功率:

$$P = \int_A (\boldsymbol{S}\cdot\boldsymbol{e}_3)\mathrm{d}a. \tag{4.103}$$

进一步利用二维积分的格林公式可将上述面积分化为两项：一项涉及边界上的 $\psi\partial\psi^*/\partial n$ 的线积分，这由于边界条件对于 TM/TE 模式都恒等于零；另外一项涉及 $\psi^*\nabla_\perp^2\psi$ 的面积分，利用 ψ 满足的 (4.92) 式，(4.103) 式的功率最终化为 $|\psi|^2$ 的面积分：

$$P = \frac{1}{2\sqrt{\mu\epsilon}}\left(\frac{\omega}{\omega_\lambda}\right)^2\left(1-\frac{\omega_\lambda^2}{\omega^2}\right)^{1/2}\begin{bmatrix}\epsilon\\ \mu\end{bmatrix}\int_A |\psi|^2 \mathrm{d}a, \tag{4.104}$$

其中上/下一行分别对应于 TM/TE 波的情形，波数 k 满足 (4.96) 式，而 $\omega_\lambda = \gamma_\lambda/\sqrt{\mu\epsilon}$. 类似地，我们可以计算波导管中单位长度的平均电磁场能量：

$$U = \frac{1}{2}\left(\frac{\omega}{\omega_\lambda}\right)^2\begin{bmatrix}\epsilon\\ \mu\end{bmatrix}\int_A |\psi|^2 \mathrm{d}a, \tag{4.105}$$

同样上/下行分别对应于 TM/TE 波的情形. 于是波导中功率与单位长度的能量之比

$$\frac{P}{U} = \frac{k}{\omega}\frac{1}{\mu\epsilon} = \frac{1}{\sqrt{\mu\epsilon}}\sqrt{1-\frac{\omega_\lambda^2}{\omega^2}} = v_{\mathrm{g}}, \tag{4.106}$$

其实就是波导中电磁波的群速 $v_{\mathrm{g}} = \mathrm{d}\omega/\mathrm{d}k$，这个速度永远是小于真空中的光速的.

如果构成波导壁的金属的电导率不是无穷大，那么一般来说会有欧姆损耗. 一种简便的讨论欧姆损耗的方法是假定对某个特定的模式 λ，其垂直方向的波数 [(4.96) 式]

$$k_\perp = k_\perp^{(0)} + a_\lambda + \mathrm{i}b_\lambda \tag{4.107}$$

将变为复数，其中理想导体波导垂直方向的波数 $k_\perp^{(0)}$ 是实的，而考虑损耗后本征值 γ_λ 是复的. 这时沿波导管纵向传播的功率将因能量损耗而指数衰减：

$$P(z) = P_0 \mathrm{e}^{-2b_\lambda z}. \tag{4.108}$$

因此，我们可以通过下式确定参数 b_λ：

$$b_\lambda = -\frac{1}{2P}\frac{\mathrm{d}P(z)}{\mathrm{d}z}. \tag{4.109}$$

这个 $-\mathrm{d}P/\mathrm{d}z$ 恰恰就是由欧姆损耗造成的. 通过在厚度约为趋肤深度的耗尽层中电磁场满足的 (4.39) 式，可以用截面中表面的线积分给出沿金属波导单位长度的损耗：

$$-\frac{\mathrm{d}P}{\mathrm{d}z} = \frac{1}{2\sigma\delta}\oint_C |\boldsymbol{n}\times\boldsymbol{H}|^2 \mathrm{d}l. \tag{4.110}$$

22.4　谐振腔

下面我们简单讨论一下谐振腔. 如果将一个导体波导管的两端也用导体封闭起来，就构成了一个谐振腔. 前面关于波导管的讨论完全适用，唯一需要修正的是，这时沿 z 方向传播的行波变成了驻波，而且纵向波数一定是分立的：$k = p\pi/d$，这里 p 是一个整数而 d 是波导谐振腔纵向的长度. 横向的边值问题确定的本征值如果是 γ_λ^2，那么谐振腔中能够存在的频率一定是分立的或量子化的 [(4.96) 式]：

$$\mu\epsilon\omega_{p,\lambda}^2 = \gamma_\lambda^2 + \left(\frac{p\pi}{d}\right)^2. \tag{4.111}$$

这些分立的频率称为这个谐振腔的固有频率或者本征频率，具体数值是由谐振腔的几何性质和电磁性质决定的. 金属导体壁的谐振腔可以用来筛选固定频率的电磁波. 这种应用在激光的研究中经常遇到[16].

谐振腔的几何构形并不一定都是柱形的. 事实上，任何以导体为边界封闭起来的空间都可以构成谐振腔. 一个比较有趣的例子是我们的地球 (作为一个导体) 与它的电离层 (另一个导体) 之间构成的谐振腔. 我们看到，一个谐振腔的最低固有频率与腔的尺寸成反比. 一个大的谐振腔可以拥有极低的谐振频率. 例如，地球与地球的电离层之间的谐振腔的最低频率大约为 8 Hz. 这种谐振称为舒曼 (Schumann) 谐振，并且在实验上的确被观测到了. 舒曼谐振在地学上有许多重要用途. 对于物理学来说，它还提供了一个对于光子质量上限的不错估计. 根据量子力学，电磁场相应的量子是光子，它的能量可以写成 $\hbar\omega$. 如果光子有质量的话，我们一定有光子的总能量大于它的静止质量：$\hbar\omega > m_\gamma c^2$. 如果我们将舒曼谐振的最低频率 (大约 7.83 Hz) 代入，会发现光子质量 m_γ 一定小于大约 10^{-46} g. 这是一个相当不错的估计.

22.5　介质波导

本小节将讨论另一类应用十分广泛的波导——介质波导. 光纤是目前高速宽带互联网传递信息的主要通道，构成了现代互联网的主干. 它比起以往的金属波

---

[16] 电磁波的选频如果要连续可调，一般需要利用铁氧体材料. 如果频率较低，可以通过 RLC 电路中的 $\omega_0 = 1/\sqrt{LC}$ 来选频. 对于微波的选频，则需要把长方形波导四个壁中的一个替换为铁氧体薄膜，其厚度小于趋肤深度 δ，通过加在这个铁氧体薄膜上的可调静磁场 H 实现的铁磁共振可以进行选频.

导（例如同轴电缆、电话线等）的优势就在于它的宽带、低耗等特性[17].

实际应用的光纤一般由多层非晶 SiO_2 制成. 一根单独的光纤的直径范围大约从几微米到几十微米. 前者主要用于单模传输（single-mode transmission），而后者则用于多模传输（multi-mode transmission）. 真正铺设的光缆（直径大概在厘米量级）则由很多根子光缆构成，每个子光缆又包含若干很细小的光纤.

光纤中传播的电磁波的频率很高，一般可以高到 10^{15} Hz，相应的电磁波的波长则大约在微米量级. 按照上述量级的描述我们发现，对于多模传输来说，信号的波长远小于光纤的横向尺度或纤芯尺度，对于单模传输来说电磁波的波长则与光纤尺度相当. 这意味着对于多模传输来说，我们可以使用所谓的程函近似（eikonal approximation）. 这种近似实际上就是忽略光的波动性，将其看成是几何的光线，也就是几何光学近似[18]. 在这种近似下，光纤传播光信号的基本机制就是信号在光纤的核心区域与外部区域的边界上发生全内反射. 有关这类模式的传播问题，我们这里不打算深入探讨，有兴趣的读者可以参考相关光学方面的书籍. 对于单模传输而言，由于电磁波的波长与光纤的尺度可以比拟，因此波动的效应是相当显著的. 我们下面将主要探讨单模传播模式. 单模光纤的结构十分简单，其截面近似可以看成圆形. 光纤的截面又可以分为光纤核心 (fiber core，简称纤芯) 以及光纤包层 (fiber cladding) 两个部分. 它们一般具有不同的折射率，纤芯部分具有较大的折射率 n_1，包层部分具有比纤芯略小的折射率 n_2.

(1) 平面介质波导.

作为一个简化的（但极不合理的）光纤模型，我们考虑一个平面介质波导[19]. 如图 4.6 所示，它的核心部分由一片厚度为 $2a$ 的无穷大的、折射率为 n_1 的介质平板构成. 它的外面，即 $|x| > a$ 的包层部分是折射率为 n_2 的介质. 与光纤类似，假定 $n_1 > n_2$. 选取 x 轴垂直于介质平板，并且将 y-z 平面选在与介质平板的两个平面都平行的中间平面上，这样光纤核心部分就位于坐标系的 $|x| \leqslant a$ 的部分. 我们假设波导中的电磁波沿 $+z$ 方向传播. 如果电磁波的圆频率为 ω，定

---

[17] 我们日常家庭或办公室用到的网线并不是光纤，而是普通的金属线. 特别在 21 世纪早期，局域网往往是采用普通的金属线（双绞线结构），只有骨干网才运用光纤. 这主要是因为那时候将光信号转变为通常电脑信号的设备仍比较昂贵. 但近年来，随着个人用户对带宽的需求不断增加以及无线通信技术的进步与竞争，光纤入户已经普遍起来.

[18] 同样的近似在量子力学（波动力学）中又称为准经典近似或者温策尔 (Wentzel)–克拉默斯–布里渊近似 (简称 WKB 近似).

[19] 之所以选取这样一个与实际应用相距比较远的例子（毕竟它看起来一点也不像光纤）作为介质波导的开始，是由于它与圆形介质波导比较起来更为简单，同时可以很好地说明光纤中各种模式的物理特性.

义下列光纤理论中经常使用的参数:

$$k_0 = \frac{\omega}{c}, \quad \Delta = \frac{n_1^2 - n_2^2}{2n_1^2}, \quad V \equiv k_0 a\sqrt{n_1^2 - n_2^2} = n_1 k_0 a\sqrt{2\Delta}, \tag{4.112}$$

其中 Δ 标志了介质波导的纤芯和包层之间折射率的差异，称为光纤的轮廓高度参数 (profile height parameter). 对于通常的光纤，$\Delta \approx 0.01$，因此将其处理为小参量是不错的近似 (这称为弱导波近似). 参数 V 则称为光纤参数 (fiber parameter).

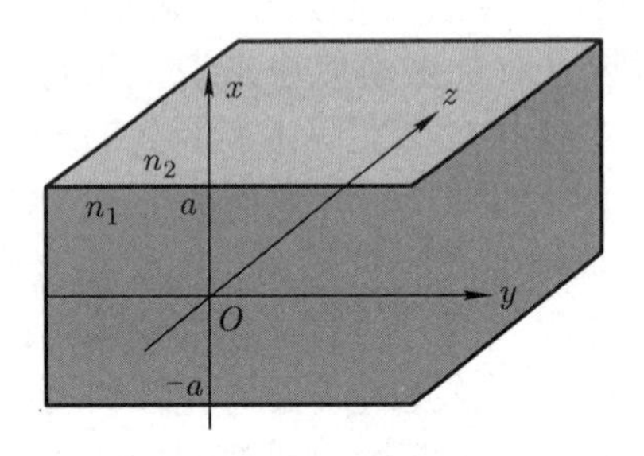

图 4.6 一个厚度为 $2a$ 的平面介质波导模型，假设波沿 $+z$ 方向传播

根据前面普遍的讨论，电磁波的能流仍然沿着平面介质波导的 $+z$ 方向，电磁场的纵向分量 (E_z, H_z) 必定满足三维亥姆霍兹方程 (4.81). 假定了场正比于 $\mathrm{e}^{\mathrm{i}kz-\mathrm{i}\omega t}$ 的依赖关系，并且考虑到问题沿 y 方向的平移不变性以后，我们可以假定场的纵向分量不依赖于坐标 y. 于是关于场的纵向分量的亥姆霍兹方程变为简单的常微分方程:

$$\begin{aligned} &\left(\frac{\mathrm{d}^2}{\mathrm{d}x^2} + \gamma^2\right)\psi(x) = 0, \ \text{对于} \ |x| < a, \\ &\left(\frac{\mathrm{d}^2}{\mathrm{d}x^2} - \beta^2\right)\psi(x) = 0, \ \text{对于} \ |x| > a, \end{aligned} \tag{4.113}$$

其中 $\psi(x)$ 表示电场或者磁场的 z 分量，参数 γ，$\mathrm{i}\beta$ 为介质内外的横向波矢:

$$\gamma^2 = n_1^2 k_0^2 - k^2, \quad \beta^2 = k^2 - n_2^2 k_0^2. \tag{4.114}$$

一个正常传播的介质波导要求 $\gamma^2 > 0$ 以及 $\beta^2 > 0$，即纵向传播的波数 k^2 必定满足

$$n_2^2 k_0^2 \leqslant k^2 < n_1^2 k_0^2 \ . \tag{4.115}$$

一般来说，并不是所有频率的电磁波都能够在波导之中传播，截止频率一般可以由 $\beta^2 = 0$ 来确定 (见下面的讨论). 由于方程 (4.113) 和边界的对称性，我们自然

可以将它的解 $\psi(x)$ 分为奇函数解和偶函数解两大类. 另外，对于平面介质波导这样的简单情形，我们可以将其中传播的电磁波分为横电波 ($E_z=0$) 和横磁波 ($H_z=0$) 两类. 由于平面介质波导中横电模式和横磁模式是完全分离的，这意味着前面关于金属波导中的那些公式同样成立，具体来说 (4.93) 和 (4.94) 式可以直接应用. 我们可以根据平面介质波导中的横向场对 x 的奇偶性把传播模式分为偶 TE、奇 TE、偶 TM、奇 TM 四类. 注意模式的奇和偶是以横向场对于 x 的奇偶性来定义的，横向场是纵向场的微分，因此所谓的偶模式对应于纵向场为奇函数，反之亦然. 对于奇模式解 (ψ 为纵向的 E_z 或 H_z)：

$$\psi(x)=\begin{cases}A\cos\gamma x, & \text{对于 } |x|\leqslant a,\\ B\mathrm{e}^{-\beta|x|}, & \text{对于 } |x|>a.\end{cases} \tag{4.116}$$

对于偶模式解，我们只需要将上式中纵向场的 $\cos\gamma x$ 换为 $\sin\gamma x$：

$$\psi(x)=\begin{cases}A\sin\gamma x, & \text{对于 } |x|\leqslant a,\\ B\dfrac{x}{|x|}\,\mathrm{e}^{-\beta|x|}, & \text{对于 } |x|>a.\end{cases} \tag{4.117}$$

下面需要做的就是利用边界条件确定各种解的具体行为. 介质波导与前面讨论的金属波导的边界条件完全不同. 在介质的边界面上，$|x|=a^-$ 处的电磁场（或其导数）并不为零，而是必须与 $|x|=a^+$ 处的电磁场的相应分量衔接. 利用纵向场分量在边界两边连续，以及横向场分量（目前只有沿 x 方向的场分量）的适当边界条件[20]，我们得到

$$\begin{aligned}
&A\sin\gamma a=B\mathrm{e}^{-\beta a}, && \frac{A}{\gamma a}\cos\gamma a=\frac{B}{\beta a}\mathrm{e}^{-\beta a}, && \text{偶 TE 波},\\
&A\cos\gamma a=B\mathrm{e}^{-\beta a}, && \frac{A}{\gamma a}\sin\gamma a=-\frac{B}{\beta a}\mathrm{e}^{-\beta a}, && \text{奇 TE 波},\\
&A\sin\gamma a=B\mathrm{e}^{-\beta a}, && \frac{An_1^2}{\gamma a}\cos\gamma a=\frac{Bn_2^2}{\beta a}\mathrm{e}^{-\beta a}, && \text{偶 TM 波},\\
&A\cos\gamma a=B\mathrm{e}^{-\beta a}, && \frac{An_1^2}{\gamma a}\sin\gamma a=-\frac{Bn_2^2}{\beta a}\mathrm{e}^{-\beta a}, && \text{奇 TM 波}.
\end{aligned} \tag{4.118}$$

将上面每一种模式的前后两个方程相除，我们就得到了每一种模式传播波数所满足的本征方程. 我们定义光纤理论中常用的参数 [(4.112), (4.113) 和 (4.114) 式]

$$U\equiv\gamma a,\quad W\equiv\beta a,\quad U^2+W^2\equiv V^2, \tag{4.119}$$

[20] 所谓适当是指横向的电场分量要在乘以相应的介电常数以后连续（即 $\boldsymbol{D}$ 的法向连续），磁场的横向分量是直接连续.

其中 V 是 (4.112) 式中定义的光纤参数. 于是，四种模式的本征方程可以明确表达为

$$\begin{aligned} &W = U\tan U, && \text{偶 TE 波}, && W = -U\cot U, && \text{奇 TE 波}, \\ &n_1^2 W = n_2^2 U\tan U, && \text{偶 TM 波}, && n_1^2 W = -n_2^2 U\cot U, && \text{奇 TM 波}. \end{aligned} \tag{4.120}$$

在求解这些本征方程的时候必须记住，U 和 W 不是独立的参量，它们满足约束条件 $U^2 + W^2 = V^2$. 因此一旦光纤参数 V 给定，U 和 W 只有一个是独立的.

(2) 本征模式及其截止频率.

下面我们来讨论本征方程 (4.120) 的解的行为. 首先以偶 TE 波为例. 这个本征方程的解可以通过在 U-W 平面上的曲线 $W = U\tan U$ 与半径为 V 的 1/4 圆 $W^2 + U^2 = V^2$ 的交点来获得. 考察函数 $W = f(U) = U\tan U$ 我们发现，它是 U 的单调递增的偶函数，同时它在 $U = (n + 1/2)\pi$ 的地方发散（其中 n 为整数），在 $U = n\pi$ 的地方等于零. 因此，函数 $f(U)$ 的值被 $U = (n + 1/2)\pi$ 分为无穷多互不连通的分支. 我们发现，随着 V 值由小变大，我们将分别在函数 $f(U)$ 的不同分支上获得越来越多的解. 而且，无论 V 的值如何，我们永远可以在函数 $f(U)$ 通过原点的一支上获得一个交点. 所以，对于偶 TE 模来说不存在所谓的截止频率. 但是，如果我们期望在函数 $f(U)$ 的第二支上也获得交点，必须要求 $V \geqslant \pi$. 因此偶 TE 模的第二个模式的截止频率对应于 $V_{\mathrm{c}} = \pi$.

类似地，我们可以考虑奇 TE 模，这时与圆 $W^2 + U^2 = V^2$ 相交的函数曲线变为 $W = g(U) = -U\cot U$. 这个函数与函数 $f(U)$ 类似，在我们感兴趣的区间仍然是单调增加的偶函数，只不过将它的各支分开的是 $U = n\pi$（n 为整数），函数的零点则出现在 $U = (n + 1/2)\pi$. 于是我们发现，要在靠近原点最近的一支上获得交点，必须要求 $V \geqslant \pi/2$. 这意味着奇 TE 波的截止频率为 $V_{\mathrm{c}} = \pi/2$.

显然，随着光纤参数 V 的增加，我们还会在上述函数的更高的分支上获得交点. 类似的行为对于 TM 模式也是成立的，只不过由于 $n_1 > n_2$，TM 模式的本征值 U 会比相应的 TE 模式的本征值大. 所有上述模式一般会标记为 TE_j 或者 TM_j，其中整数 $j = 0, 1, 2, \cdots$ 的奇偶性对应于奇的或偶的模式.

正如前面提到的，一般来说并不是所有频率的电磁波都可以在介质波导（光纤）中传播，不同的模式一般会有相应的截止频率. 如果频率低于某个特定模式的截止频率，该模式将无法在介质波导中传播. 通过我们上面关于本征方程的讨论可以看出，某个模式的截止频率可以通过令本征方程中介质外的 $W = \beta a = 0$，以及介质内的 $U = V = V_{\mathrm{c}}$ 求得. 于是我们发现，对于前面讨论的 TE_j 或者 TM_j 模式来说，它们的截止频率可以统一写为 $V_{\mathrm{c}} = j\pi/2$，其中 $j = 0, 1, 2, \cdots$.

要获得具体的本征值，我们需要对于给定的 V 值，数值地求解本征方

程 (4.120). 所有求出的本征值 $U(V)$ 通常会画在 U-V 图上. 在图 4.7 中，我们画出了平面波导中前几个 TE 模式的本征值对光纤参数 V 的依赖. 由于 $U \leqslant V$ 并且其中的等号恰好对应于相应的截止频率，于是所有模式的曲线 $U(V)$ 都从其截止频率（它正好位于 U-V 第一象限的对角线上）开始延伸. 它们都是 V 的增函数，但是都位于第一象限的对角线以下. 这些模式的本征值从它们各自的截止频率 $V_{\rm c} = j\pi/2$ 开始，随着 V 单调增加，最终趋于各自的极限值 $(j+1)\pi/2$. 相应的 TM 模式的本征值与 TE 模式的非常类似，具有相同的截止频率和极限行为，只不过数值上要大一些（因为 $n_1 > n_2$）.

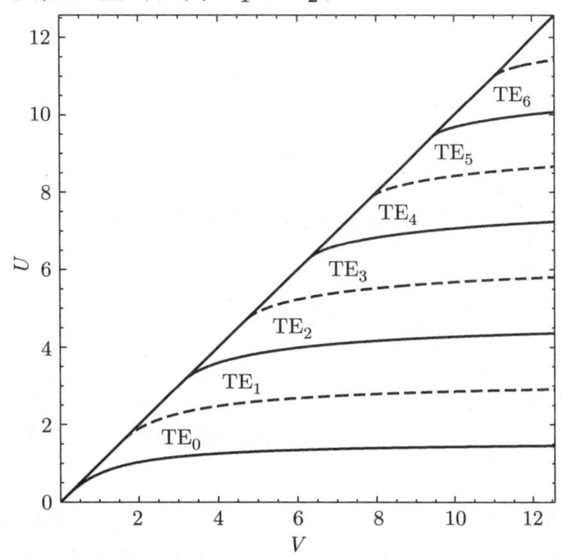

图 4.7 平面介质波导中 TE_j 模式的本征值 U 对光纤参数 V 的依赖. TE_j 模式的本征值从它们各自的截止频率 $V_{\rm c} = j\pi/2$ 开始，随着 V 单调增加，最终趋于各自的极限值 $(j+1)\pi/2$

学习过量子力学的读者也许注意到了，平面介质波导的本征方程与量子力学一维方势阱中的本征方程具有高度的相似性. 这种相似性是由于等效的一维亥姆霍兹方程 (4.113) 与量子力学一维方势阱对应的定态薛定谔 (Schrödinger) 波动方程在形式上是完全相同的，而电磁场的纵向分量 ψ 恰好与量子力学中的波函数 ψ 相对应. 此处的边界条件也可以表述为电磁场的纵向分量及其导数在边界连续，这与量子力学中的波函数及其导数在方势阱边界连续完全一致. 由此可见，由于方程和边界条件在形式上都完全相同，此处的平面介质波导的本征解自然也与量子力学方势阱中的本征解完全相同.

(3) 圆形介质波导.

作为一个更为接近实际的光纤模型，下面来考虑所谓的圆形介质波导. 假定光纤纤芯的截面是半径为 a 的圆，而包层部分则一直延伸到无穷. 选取柱坐标并将光纤的中心轴取为 z 轴. 如果假定纵向场分量的解 ψ 满足 [γ, β 见 (4.114) 式]

$$
\begin{aligned}
&\left(\nabla_\perp^2+\gamma^2\right)\psi=0, \qquad \rho<a,\\
&\left(\nabla_\perp^2-\beta^2\right)\psi=0, \qquad \rho>a,
\end{aligned} \tag{4.121}
$$

解的具体形式为 $R(\rho)\,\mathrm{e}^{\mathrm{i}kz}\,\mathrm{e}^{\mathrm{i}m\phi}$，那么我们发现径向函数 R 满足

$$
\begin{aligned}
&\left(\frac{1}{\rho}\frac{\mathrm{d}}{\mathrm{d}\rho}\left(\rho\frac{\mathrm{d}}{\mathrm{d}\rho}\right)-\frac{m^2}{\rho^2}+\gamma^2\right)R(\rho)=0,\ \text{对于}\ \rho<a,\\
&\left(\frac{1}{\rho}\frac{\mathrm{d}}{\mathrm{d}\rho}\left(\rho\frac{\mathrm{d}}{\mathrm{d}\rho}\right)-\frac{m^2}{\rho^2}-\beta^2\right)R(\rho)=0,\ \text{对于}\ \rho>a.
\end{aligned} \tag{4.122}
$$

在柱坐标系中，上述方程恰当的解可以写为

$$
\begin{pmatrix}E_z\\ H_z\end{pmatrix}=\begin{cases}\begin{pmatrix}A_\mathrm{e}\\ A_\mathrm{h}\end{pmatrix}\mathrm{J}_m(\gamma\rho)\,\mathrm{e}^{\mathrm{i}m\phi}\,\mathrm{e}^{\mathrm{i}kz},\quad \text{对于}\ \rho<a,\\ \begin{pmatrix}B_\mathrm{e}\\ B_\mathrm{h}\end{pmatrix}\mathrm{K}_m(\beta\rho)\,\mathrm{e}^{\mathrm{i}m\phi}\,\mathrm{e}^{\mathrm{i}kz},\ \text{对于}\ \rho>a.\end{cases} \tag{4.123}
$$

在 (4.123) 式中，内部的场我们选择了贝塞尔函数 J_m，而在外部则选择了虚宗量贝塞尔函数 K_m，这样能够保证在纤芯中的解是有界的，包层中的解则随 ρ 的增加而指数衰减.

我们下一步需要做的是加上合适的边界条件从而进一步确定这些解的具体形式. 这时我们可以发现圆形介质波导与前面讨论的金属波导以及平板介质波导的区别. 在介质波导中，横向场仍然可以按照 (4.87) 式用纵向场表达出来，这一点与金属波导完全相同，但是由于介质波导外部 (光纤包层) 中的场并不为零，因此横向电场将不仅依赖于纵向的电场分量，还依赖于纵向的磁场分量. 对于磁场的边界条件也是如此. 因此，我们发现介质波导中纵向电场和纵向磁场一般来说是耦合在一起的，无法将它们完全分开. 以上面光纤中的尝试解 (4.123) 为例，我们可以利用 (4.87) 式得到场的横向分量的具体表达式. 将纤芯和包层界面 $\rho=a$ 处电磁场的相应分量匹配起来得到

$$
\begin{aligned}
A_\mathrm{e}\mathrm{J}_m&=B_\mathrm{e}\mathrm{K}_m,\\
A_\mathrm{h}\mathrm{J}_m&=B_\mathrm{h}\mathrm{K}_m,\\
A_\mathrm{e}\frac{\mathrm{i}mk}{\gamma^2 a}\mathrm{J}_m-A_\mathrm{h}\frac{\omega\mu_0}{\gamma}\mathrm{J}_m'+B_\mathrm{e}\frac{\mathrm{i}mk}{\beta^2 a}\mathrm{K}_m-B_\mathrm{h}\frac{\omega\mu_0}{\beta}\mathrm{K}_m'&=0,\\
A_\mathrm{h}\frac{\mathrm{i}mk}{\gamma^2 a}\mathrm{J}_m+A_\mathrm{e}\frac{\omega\epsilon_0 n_1^2}{\gamma}\mathrm{J}_m'+B_\mathrm{h}\frac{\mathrm{i}mk}{\beta^2 a}\mathrm{K}_m+B_\mathrm{e}\frac{\omega\epsilon_0 n_2^2}{\beta}\mathrm{K}_m'&=0,
\end{aligned}
$$

其中的贝塞尔函数 J_m，J_m' 取值在 γa，K_m，K_m' 则取值在 βa. 上面四个连接条件分别来自 E_z，H_z，E_ϕ，H_ϕ 在边界 $\rho = a$ 处的连续条件. 显然，上面四个连接条件可以写成关于四个系数 A_e，A_h，B_e 和 B_h 的齐次线性方程：

$$\begin{pmatrix} \mathrm{J}_m & 0 & -\mathrm{K}_m & 0 \\ 0 & \mathrm{J}_m & 0 & -\mathrm{K}_m \\ \dfrac{\mathrm{i}mk}{\gamma^2 a}\mathrm{J}_m & -\dfrac{\omega\mu_0}{\gamma}\mathrm{J}_m' & \dfrac{\mathrm{i}mk}{\beta^2 a}\mathrm{K}_m & -\dfrac{\omega\mu_0}{\beta}\mathrm{K}_m' \\ \dfrac{\omega\epsilon_0 n_1^2}{\gamma}\mathrm{J}_m' & \dfrac{\mathrm{i}mk}{\gamma^2 a}\mathrm{J}_m & \dfrac{\omega\epsilon_0 n_2^2}{\beta}\mathrm{K}_m' & \dfrac{\mathrm{i}mk}{\beta^2 a}\mathrm{K}_m \end{pmatrix} \begin{pmatrix} A_\mathrm{e} \\ A_\mathrm{h} \\ B_\mathrm{e} \\ B_\mathrm{h} \end{pmatrix} = 0. \tag{4.124}$$

该方程要有非零解就要求系数矩阵的行列式为零，于是我们得到

$$\left(\frac{n_1^2}{\gamma}\frac{\mathrm{J}_m'}{\mathrm{J}_m} + \frac{n_2^2}{\beta}\frac{\mathrm{K}_m'}{\mathrm{K}_m}\right)\left(\frac{1}{\gamma}\frac{\mathrm{J}_m'}{\mathrm{J}_m} + \frac{1}{\beta}\frac{\mathrm{K}_m'}{\mathrm{K}_m}\right) = \frac{m^2}{a^2}\left(\frac{n_1^2}{\gamma^2} + \frac{n_2^2}{\beta^2}\right)\left(\frac{1}{\gamma^2} + \frac{1}{\beta^2}\right). \tag{4.125}$$

这个光纤中的本征方程的另一个等价的写法是 [参数 U, W 见 (4.119) 式]

$$\left(\frac{\mathrm{J}_m'(U)}{U\mathrm{J}_m(U)} + \frac{n_2^2}{n_1^2}\frac{\mathrm{K}_m'(W)}{W\mathrm{K}_m(W)}\right)\left(\frac{\mathrm{J}_m'(U)}{U\mathrm{J}_m(U)} + \frac{\mathrm{K}_m'(W)}{U\mathrm{K}_m(U)}\right) = \left(\frac{mk}{n_1 k_0}\right)^2\left(\frac{V}{UW}\right)^4. \tag{4.126}$$

这个光纤的本征方程如此复杂，以至于并不能够直接写出解析解，但在一些特殊的情形下，我们仍然能够根据 (4.126) 式得到一系列重要的物理信息.

(i) $m = 0$ 的情形.

如果 $m = 0$，那么传输的电磁场对于角度 ϕ 没有依赖，本征方程 (4.125) 要求该方程左边的两个因子之一等于零，这个条件实际上分别对应于光纤中的 TE 波和 TM 波. 要证明这一点，我们回到齐次方程 (4.124)，考察其系数矩阵，发现由于电磁场的耦合，如果 $m \neq 0$，一般来说在光纤中并不存在纯粹的横电模式或者横磁模式，对应于齐次方程的非零解一定是既有纵向的电场，也有纵向的磁场，即 E_z，H_z 都不等于零. 但是，当 $m = 0$ 时，由于系数矩阵的特殊形式，可以存在横电模式 ($E_z = A_\mathrm{e} = B_\mathrm{e} = 0$) 和横磁模式 ($H_z = A_\mathrm{h} = B_\mathrm{h} = 0$)，它们的本征方程分别为

$$\begin{aligned} &\left(\frac{n_1^2}{U}\frac{\mathrm{J}_1(U)}{\mathrm{J}_0(U)} + \frac{n_2^2}{W}\frac{\mathrm{K}_1(W)}{\mathrm{K}_0(W)}\right) = 0, \quad \text{TM 模式}, \\ &\left(\frac{1}{U}\frac{\mathrm{J}_1(U)}{\mathrm{J}_0(U)} + \frac{1}{W}\frac{\mathrm{K}_1(W)}{\mathrm{K}_0(W)}\right) = 0, \quad \text{TE 模式}, \end{aligned} \tag{4.127}$$

其中我们利用了贝塞尔函数的性质 $\mathrm{J}_0' = -\mathrm{J}_1$，$\mathrm{K}_0' = -\mathrm{K}_1$. 如果考虑 $m = 0$ 时的截止频率，它对应于包层中 $W = \beta a \to 0$，纤芯中 $U = \gamma a \to V = V_\mathrm{c}$ 的情形.

根据 (4.126) 式，无论是横电模式还是横磁模式，其截止频率都由下式给出：

$$J_0(V_c) = 0 \quad \Longrightarrow \quad V_c = x_n^{(0)}, \tag{4.128}$$

其中 $x_n^{(0)}$ 是函数 $J_0(x)$ 的第 n 个正实数零点. 数值最小的一个对应于 $x_1^{(0)} \approx 2.405$，与之相应的模式则记为 TE_{01} 和 TM_{01}，其中第一个下标标志 $m = 0$，第二个下标表示它对应于 U 的第一个（最低的）本征值. 因此我们看到，如果光纤参数满足 $0 < V < 2.405$，那么纯粹的横电模式或横磁模式将无法在光纤中传播.

(ii) $m = 1$ 的情形.

$m \neq 0$ 时的本征方程一般来说十分复杂，我们将仅讨论 $m = 1$ 的情形. 首先讨论它的截止频率. 令方程 (4.126) 中 $U \to V = V_c$，$W \to 0$，我们得到

$$J_1(V_c) = 0 \quad \Longrightarrow \quad V_c = x_n^{(1)}, \tag{4.129}$$

其中 $x_n^{(1)}$ 为函数 $J_1(x)$ 的第 n 个非负实数零点. 由于函数 $J_1(0) = 0$，因此我们发现这一系列模式中最低的一个模式的截止频率为零. 这个模式一般称为 HE_{11} 模式. 也就是说，HE_{11} 模式可以任何频率传播，不存在截止频率. HE_{11} 模式的这个特性使得它是在 $0 < V < 2.405$ 这个区间上可以传播的唯一模式. 人们恰恰利用这个特性实现了光纤中所谓的单模传播. 单模传播的重要性来源于通信的需求. 与多模传播相比较，单模传播提供更加可靠和长距离的信息传输. 根据 $0 < V < 2.405$ 的限制条件，单模光纤的纤芯半径 a 必须满足

$$a < \frac{2.405\ \lambda}{2\pi\sqrt{\epsilon_1 - \epsilon_2}} = \frac{2.405\ \lambda}{2\pi\sqrt{n_1^2 - n_2^2}}, \tag{4.130}$$

其中 λ 为工作波长. 由于光纤的工作波长在 1 μm 的量级，如果 $a \sim \lambda$ 会给光纤的制造带来工艺上的困难. 为了降低这一困难, 应尽可能减小纤芯内外的 $\epsilon_1 - \epsilon_2$，也就是取弱导波近似的极限，这样 $a \sim 10\lambda$ 是可以较轻易地实现的.

我们这里虽然仅讨论了光纤中 $m = 0$ 或 $m = 1$ 对应的本征方程，但是一般的情形也可以类似讨论，只不过要获得本征值的信息必须数值地求解本征方程 (4.126). 类似于平面介质波导的情形中的图 4.7，求出的本征值 U 也可以画在 U-V 图上. 这些模式中只有 HE_{11} 模式是没有截止频率的，其次低的是 TM_{01} 和 TE_{01} 模式. 弱导波近似指的是纤芯和包层的介电常数差别很小，即 n_1 和 n_2 差别很小的情形. 在弱导波近似下关于圆形介质波导中各个模式更详细的讨论可见参考书 [22] 中的 §4.8.

相关的阅读

本章主要处理的是平面电磁波在各种介质中传播所遇到的物理问题. 我们的讨论主要针对的是均匀、线性、各向同性的介质，对于电磁波在非均匀介质中的传播则没有涉及，另外，对于电磁波在均匀、各向异性介质（例如各种晶体）中的传播问题也没有讨论. 做出这个省略的主要原因是晶体中的电磁波传播不可避免地与晶体的对称结构有密切的关联. 由于多数同学上电动力学课程时并没有系统地学习过固体物理的知识，我觉得书中还是不要涉及比较好. 对此有兴趣的读者可以阅读参考书 [12] 中比较详尽的讨论. 我们对于波导的讨论是比较简略的[21]. 波导在技术方面的应用是十分广泛的（同轴电缆、以太网、光纤等等），有兴趣的读者可以参考相关方面的书籍.

习　　题

1. 表面等离极化激元. 这是一类沿着金属和电介质表面传播的电磁波. 本题中将简单考虑这种波的性质. 考虑类似于图 4.1 那样的两种均匀介质的交界面，只是其中 $z<0$ 的空间充满金属 (介质标号 1)，而 $z>0$ 的空间充满电介质 (介质标号 2). 两者的介电性质分别由 ϵ_1 和 ϵ_2 描写. 我们首先假设它们基本上都是实数 [对金属中欧姆损耗的讨论将在 (3) 中进行]. 为了简化讨论，我们假定两种介质都是非磁性的，从而其磁导率可以视为与真空一样. 我们讨论在两种介质中波矢分别为 $\boldsymbol{k}^{(1)}=(k_1,0,-k_3^{(1)})$ 和 $\boldsymbol{k}^{(2)}=(k_1,0,k_3^{(2)})$ 的电磁波，其中的各个分量原则上可以是复数. 将两种介质中的波的电场强度分别记为 $\boldsymbol{E}^{(1)}=(E_1^{(1)},E_2^{(1)},E_3^{(1)})$ 和 $\boldsymbol{E}^{(2)}=(E_1^{(2)},E_2^{(2)},E_3^{(2)})$，我们试图寻找形如下式的传播模式：

$$\begin{aligned}
&E_1^{(1)}=E_0\mathrm{e}^{\mathrm{i}k_1x-\mathrm{i}k_3^{(1)}z-\mathrm{i}\omega t},\quad E_3^{(1)}=+E_0\frac{k_1}{k_3^{(1)}}\mathrm{e}^{\mathrm{i}k_1x-\mathrm{i}k_3^{(1)}z-\mathrm{i}\omega t},\quad z<0,\\
&E_1^{(2)}=E_0\mathrm{e}^{\mathrm{i}k_1x+\mathrm{i}k_3^{(2)}z-\mathrm{i}\omega t},\quad E_3^{(2)}=-E_0\frac{k_1}{k_3^{(2)}}\mathrm{e}^{\mathrm{i}k_1x+\mathrm{i}k_3^{(2)}z-\mathrm{i}\omega t},\quad z>0.
\end{aligned}\tag{4.131}$$

这种在表面传播的电磁波模式称为表面等离极化激元 (surface plasmon polariton, SPP). 注意，(4.131) 式中如果 $k_3^{(1,2)}$ 是纯虚的而 k_1 是实的，那么这个电磁波模式

[21] 是的，虽然你们可能已经觉得很烦琐了，但仍然是相当简略的.

可以沿着界面无损耗地传播. 这是近年来在纳米光子学 (nanophotonics) 中十分热门的技术. 本题以及下题中我们来探讨它的一些基本特性.

(1) 验证上述模式在两种介质中都满足麦克斯韦方程组，并由此给出两种介质中相应的磁场强度 $\boldsymbol{H}^{(1)}$ 和 $\boldsymbol{H}^{(2)}$ 的表达式，说明这是一个 TM 波的传播模式.

(2) 计算两种介质中的能流密度 (的时间平均值). 如果要求两种介质表面具有沿 x 方向传播的无损耗的电磁波，介质的介电常数需要满足什么条件?

(3) 现在我们假定金属的介电常数有一个很小的虚部，给出上述 SPP 模式的传播在 x 方向的衰减长度.

2. *金属薄膜中的表面等离极化激元.* 承 1 题，我们知道在理想状态下，表面等离极化激元可沿着金属和介质的表面无损耗地传播，其电场的构形在垂直于界面的方向上是隐失波的形式，见 (4.131) 式，因此波强穿透金属的深度一般不大. 现在考虑夹在两种介质中间的一层金属薄膜，那么原则上在其与上下两介质的两个表面可传播两种不同的模式的表面等离极化激元. 如果金属薄膜的厚度与这两种模式的穿透深度可以比拟 (甚至于小于其穿透深度)，那么两个界面处的电磁波模式就会发生耦合 (或者说混合). 试讨论此时 SPP 的传播模式问题.

3. *各向异性介质中电磁波的传播.* 本题中我们讨论无损耗但各向异性介质中电磁波的传播问题，包括了各向异性单晶中的电磁波传播问题. 考虑一种介电常数为 $\epsilon_0\epsilon_{ij}$ 的非磁性介质 (从而磁导率 $\mu = \mu_0$). 介质的相对介电常数 ϵ_{ij} 的三个本征值为 $\epsilon^{(i)}$，$i = 1, 2, 3$. 本题将讨论其中传播的平面电磁波的行为. 说明对于一个给定的波矢 $\boldsymbol{k} = k_0\boldsymbol{n}$，其中 $k_0 = \omega/c$，存在两种不同相速度的电磁波模式 (双折射现象). 注意，这里 $\boldsymbol{n}$ 并不是单位矢量，即一般来说 $\boldsymbol{n}^2 = n^2 \neq 1$, 其大小 n 实际上反映了相应模式的折射率. 对电位移矢量 $\boldsymbol{D}$ 而言，这两种模式分别对应于一个椭球 (称为菲涅耳椭球) 的与波矢 $\boldsymbol{k}$ 垂直的截面上的两个主轴方向. 相应地，对电场 $\boldsymbol{E}$ 而言，两种模式则对应于另外的一个椭球 [称为指示椭球 (index ellipsoid)] 的垂直于能流 $\boldsymbol{S}$ 的截面上的两个方向. 请进一步讨论电磁波的能流、偏振等信息.

4. *电磁场的角动量和偏振的关系.* 本题中我们探讨真空中电磁场的偏振与其角动量之间的关系. 考虑真空中时空局域的电磁场分布 $(\boldsymbol{E}, \boldsymbol{B})$，按照第一章的 (1.66) 式，这个分布的角动量可以写为

$$\boldsymbol{L} = \frac{1}{\mu_0 c^2}\int \mathrm{d}^3\boldsymbol{x}[\boldsymbol{x} \times (\boldsymbol{E} \times \boldsymbol{B})]. \tag{4.132}$$

(1) 现在我们引入矢势 $\boldsymbol{A}$ (从而 $\boldsymbol{B} = \nabla \times \boldsymbol{A}$)，那么上面的电磁场的角动量可以写为

$$\boldsymbol{L} = \frac{1}{\mu_0 c^2}\int \mathrm{d}^3\boldsymbol{x}\left[\boldsymbol{E} \times \boldsymbol{A} + E_j(\boldsymbol{x} \times \nabla)A_j\right]. \tag{4.133}$$

(4.133) 式中的第二项往往称为电磁场的“轨道角动量”，主要是因为它包含一个类似于量子力学中的角动量算符 $\hat{\boldsymbol{L}}_{\mathrm{orbital}}=-\mathrm{i}(\boldsymbol{x}\times\nabla)$ 的因子. 相应地，第一项则称为自旋角动量 $\boldsymbol{L}_{\mathrm{spin}}$.

(2) 现在假设 $\boldsymbol{A}$ 具有傅里叶展开

$$\boldsymbol{A}(\boldsymbol{x},t)=\int\frac{\mathrm{d}^3\boldsymbol{k}}{(2\pi)^3}\left[\epsilon_\lambda(\boldsymbol{k})a_\lambda(\boldsymbol{k})\mathrm{e}^{\mathrm{i}\boldsymbol{k}\cdot\boldsymbol{x}-\mathrm{i}\omega t}+\epsilon_\lambda^*(\boldsymbol{k})a_\lambda^*(\boldsymbol{k})\mathrm{e}^{-\mathrm{i}\boldsymbol{k}\cdot\boldsymbol{x}+\mathrm{i}\omega t}\right].\quad(4.134)$$

这里的偏振矢量我们将取为 (4.9) 式中的 $\boldsymbol{e}_\pm$，其中 $\boldsymbol{e}_1$ 和 $\boldsymbol{e}_2$ 分别是垂直于波矢 $\boldsymbol{k}$ 的两个实单位矢量，且 $\boldsymbol{e}_1\times\boldsymbol{e}_2=\hat{\boldsymbol{k}}$，$\hat{\boldsymbol{k}}$ 是波矢 $\boldsymbol{k}$ 方向的单位矢量. 请证明 (1) 中的第一项自旋部分的时间平均值可以写为

$$\boldsymbol{L}_{\mathrm{spin}}=\frac{2}{\mu_0 c}\int\frac{\mathrm{d}^3\boldsymbol{k}}{(2\pi)^3}\boldsymbol{k}\left[|a_+(\boldsymbol{k})|^2-|a_-(\boldsymbol{k})|^2\right].\quad(4.135)$$

请利用第一章的 (1.53) 式，同时计算相应的电磁场能量的时间平均值并用 $a_\pm(\boldsymbol{k})$ 来表达.

5. *菲涅耳公式的另外形式.* 本题中你可以假定两种介质都是非磁性的，即它们的相对磁导率都是 1. 利用反射定律与折射的斯涅耳定律 (4.20)，将界面处电场的反射和透射系数 [即 (4.25) 和 (4.26) 式] 表达为入射角和折射角的函数. 对于两种不同的偏振模式，由于最终的反射系数形式的不同，它们又分别称为菲涅耳正弦和正切公式.

6. *均匀磁场中电磁波的传播.* 考虑存在一个均匀静磁场 $\boldsymbol{B}_0=B_0\boldsymbol{b}$ (其中 B_0 为其大小，$\boldsymbol{b}$ 为其方向上的单位矢量) 的等离子体中电磁波的传播问题. 仿照第 20 节中经典振子模型的讨论，假定其中的电子是完全电离的，并且仅感受到电磁波的电场和静磁场 $\boldsymbol{B}_0$ 的电磁力的作用. 给出等离子体中介质的电极化率张量 χ_{ij} 的一般表达式

$$\chi_{ij}(\omega)=-\frac{\omega_{\mathrm{p}}^2}{\omega^2(\omega^2-\omega_{\mathrm{B}}^2)}\left[\omega^2\delta_{ij}-\omega_{\mathrm{B}}^2b_ib_j-\mathrm{i}\omega\omega_{\mathrm{B}}\epsilon_{ijk}b_k\right],\quad(4.136)$$

其中 ω_{p} 和 $\omega_{\mathrm{B}}=eB_0/m$ 分别是等离子体频率 [(4.54) 式] 和回转频率. (4.136) 式说明加静磁场的等离子体实际上是一个各向异性的介质. 它的 $\epsilon_{ij}=\epsilon_0(\delta_{ij}+\chi_{ij})$ 的三个本征值是怎样的? 进一步仿照本章的习题 3 中的步骤，讨论其中电磁波传播的旋光、双折射等特性.

7. *波包的传播与不确定关系.* 根据 (4.61)，(4.57) 和 (4.56) 式验证 (4.62) 式.

8. *波导中的横向和纵向电磁场的关系.* 根据 (4.83), (4.84) 和 (4.85) 式验证 (4.87) 式.

9. *金属波导单位长度的损耗.* 通过在金属波导壁的耗尽层中电磁场满足的 (4.39) 式，验证 (4.110) 式.

第五章 电磁波的辐射和散射

本章提要

- 电磁势波动方程的推迟解 (23)
- 谐振电荷和电流分布的电磁辐射 (24)
- 电偶极辐射、磁偶极辐射和电四极辐射 (25)
- 辐射场的多极场展开 (26)
- 电磁波的散射 (27)

电磁波在各种介质中传播时遇到的物理问题我们已经在第四章中讨论过，本章则将着重分析电磁波是如何产生和辐射的. 经典电动力学中电磁波的辐射都可以归因为带电粒子变速运动导致的辐射，但从具体机制上又大致可分为两类：一类是由宏观天线中电流的周期振荡产生的，典型的例子是电视、手机等通信信号的发射；另一类是由微观带电粒子做变速运动而产生的. 这类辐射大量出现在快速粒子穿过物质时或者人造的各种加速器中. 本章将主要讨论第一类电磁波的辐射问题. 第二类电磁波辐射的性质将在后面（第八章）讨论，因为这类辐射所涉及的微观粒子往往是相对论性的，所以必须在了解了狭义相对论和相对论性电动力学以后再进行讨论.

本章还会讨论电磁波的散射这一十分重要的物理现象. 上一章主要是讨论电磁波在没有任何“障碍”的空间中的传播问题. 如果电磁波在传播中遇到障碍物，那么其传播就需要进行重新考虑. 一般来说，电磁波的电磁场会与障碍物发生某种形式的相互作用，然后障碍物会反过来影响原先电磁波的传播. 通常人们将电磁波绕过障碍物传播的现象称为衍射，而如果是障碍物受到电磁波的影响然后自身发射电磁波则称为散射. 由于衍射涉及电磁波与各类物质，特别是晶体的相互作用，因此本章不会涉及，有兴趣的读者可以参考光学和固体物理方面的著作，如参考书 [1, 18].

23 电磁势波动方程的推迟解

我们的出发点是第一章第 3 节中得到的电磁势所满足的波动方程 [(1.17) 式]

$$\nabla^2\Psi - \frac{1}{c^2}\frac{\partial^2\Psi}{\partial t^2} = -4\pi f(\boldsymbol{x},t), \tag{5.1}$$

其中 $\Psi(\boldsymbol{x},t)$ 代表标势或者矢势的分量，而 $f(\boldsymbol{x},t)$ 则对应于已知的电荷分布或者电流分布. 因此如果已经知道了电荷和电流分布，求解上面的波动方程就可以确定空间中任意时刻的电磁势.

为了求解波动方程 (5.1)，我们可以将所有函数对时间进行傅里叶变换，相应的傅里叶分量满足非齐次的三维亥姆霍兹方程

$$(\nabla^2 + k^2)\tilde{\Psi}(\boldsymbol{x},\omega) = -4\pi\tilde{f}(\boldsymbol{x},\omega), \tag{5.2}$$

其中 $k^2 \equiv \omega^2/c^2$，$\tilde{\Psi}$ 和 $\tilde{f}$ 表示场 $\Psi(\boldsymbol{x},t)$ 和源 $f(\boldsymbol{x},t)$ 的傅里叶变换：

$$\tilde{\Psi}(\boldsymbol{x},\omega) = \frac{1}{2\pi}\int_{-\infty}^{+\infty} \mathrm{d}t\Psi(\boldsymbol{x},t)\mathrm{e}^{\mathrm{i}\omega t}, \quad \tilde{f}(\boldsymbol{x},\omega) = \frac{1}{2\pi}\int_{-\infty}^{+\infty} \mathrm{d}t f(\boldsymbol{x},t)\mathrm{e}^{\mathrm{i}\omega t}. \tag{5.3}$$

为了解这个非齐次亥姆霍兹方程，我们首先应当设法求解相应的格林函数：

$$(\nabla^2 + k^2)G_{\boldsymbol{k}}(\boldsymbol{x},\boldsymbol{x}') = -4\pi\delta^3(\boldsymbol{x}-\boldsymbol{x}'). \tag{5.4}$$

如果令 $\boldsymbol{R} = \boldsymbol{x} - \boldsymbol{x}'$，那么格林函数只依赖于 $\boldsymbol{R}$. 亥姆霍兹方程 (5.4) 的格林函数为[①]

$$G_{\boldsymbol{k}}^{(\pm)}(\boldsymbol{R}) = \frac{\mathrm{e}^{\pm \mathrm{i}kR}}{R}, \tag{5.5}$$

它们分别称为推迟 (上标 + 号) 格林函数和超前 (上标 − 号) 格林函数.

上面得到的亥姆霍兹方程的格林函数 (5.5) 与波动方程 (5.1) 的格林函数之间有直接的联系. 波动方程 (5.1) 的含时格林函数 $G^{(\pm)}(\boldsymbol{x},t;\boldsymbol{x}',t')$ 满足方程

$$\left(\nabla_{\boldsymbol{x}}^2 - \frac{1}{c^2}\frac{\partial^2}{\partial t^2}\right)G^{(\pm)}(\boldsymbol{x},t;\boldsymbol{x}',t') = -4\pi\delta^3(\boldsymbol{x}-\boldsymbol{x}')\delta(t-t'). \tag{5.6}$$

[①] 满足方程 (5.4) 的最一般的格林函数可以写成 $AG_{\boldsymbol{k}}^{(+)} + BG_{\boldsymbol{k}}^{(-)} + g$，其中 $A + B = 1$，而 g 是齐次亥姆霍兹方程的解.

显然，波动方程的格林函数将仅依赖于时空坐标的差：$G^{(\pm)}(\boldsymbol{x},t;\boldsymbol{x}',t') = G^{(\pm)}(R,\tau)$，其中 $R = |\boldsymbol{R}| = |\boldsymbol{x}-\boldsymbol{x}'|$，$\tau = t-t'$. 利用亥姆霍兹方程的格林函数 (5.5)，波动方程 (5.1) 的含时格林函数可以写成

$$G^{(\pm)}(R,\tau) = \frac{1}{2\pi}\int_{-\infty}^{+\infty} \mathrm{d}\omega \frac{\mathrm{e}^{\pm \mathrm{i}kR}}{R}\mathrm{e}^{-\mathrm{i}\omega\tau}. \tag{5.7}$$

这说明波动方程的格林函数的傅里叶分量恰好就对应于亥姆霍兹方程的格林函数. 如果介质是不色散的真空，$k=\omega/c$，那么 (5.7) 式中的积分就给出 δ 函数：

$$G^{(\pm)}(R,\tau) = \frac{\delta\left(\tau \mp \dfrac{R}{c}\right)}{R} = \frac{\delta\left(t - \left[t' \pm \dfrac{|\boldsymbol{x}-\boldsymbol{x}'|}{c}\right]\right)}{|\boldsymbol{x}-\boldsymbol{x}'|}, \tag{5.8}$$

其中 ± 分别代表推迟格林函数 (观测时间 $t >$ 源时间 t') 和超前格林函数 (观测时间 $t <$ 源时间 t'). 这个公式的物理意义十分明显，只有推迟格林函数才是符合物理因果律的解，因为它表示在任意一点 $\boldsymbol{x}$ 处在 t 时刻所感受到的场是由距离它 R 的点 $\boldsymbol{x}'$ 处在 R/c 时间之前发出的信号传播过来的.

利用波动方程的格林函数 (5.8)，可以写出与推迟格林函数对应的磁矢势

$$\boldsymbol{A}(\boldsymbol{x},t) = \frac{\mu_0}{4\pi}\int \mathrm{d}^3\boldsymbol{x}'\mathrm{d}t' G^{+}(R,\tau)\boldsymbol{J}(\boldsymbol{x}',t') = \frac{\mu_0}{4\pi}\int \mathrm{d}^3\boldsymbol{x}' \frac{\boldsymbol{J}(\boldsymbol{x}',t-|\boldsymbol{x}-\boldsymbol{x}'|/c)}{|\boldsymbol{x}-\boldsymbol{x}'|}. \tag{5.9}$$

对于一个随时间变化的电荷分布，我们可以给出标势的一个类似公式. (5.9) 式中的推迟磁矢势就是本章讨论振荡电流分布所产生的电磁波的基本出发点.

需要指出的是，有了任意电荷和电流分布所产生的势，原则上也可以直接计算其相应的电磁场. 甚至如果愿意，我们可以直接计算一个任意运动电荷在空间所产生的电磁场. 尽管这将是本书第八章中的主要内容，但是利用这里的推迟势公式 (5.9) 也可以讨论这类问题. 这方面的一些尝试我们将其留作习题，供有兴趣的读者探讨.

24　谐振电荷和电流分布的电磁辐射

这一节讨论谐振的电荷和电流分布所产生的电磁辐射. 由于任意时间依赖的函数总是可以进行傅里叶变换，所以我们这一节中的讨论也是一般含时变化的源产生电磁波的基础. 本节中我们假设②

$$\rho(\boldsymbol{x},t) = \rho(\boldsymbol{x})\mathrm{e}^{-\mathrm{i}\omega t}, \quad \boldsymbol{J}(\boldsymbol{x},t) = \boldsymbol{J}(\boldsymbol{x})\mathrm{e}^{-\mathrm{i}\omega t}. \tag{5.10}$$

②本章中我们将延续前一章的约定：真实的物理量总是等于相对应的复的物理量的实部.

当然，$\rho(\boldsymbol{x})$ 和 $\boldsymbol{J}(\boldsymbol{x})$ 不是任意的，它们必须满足电荷守恒的连续性方程的约束：

$$\mathrm{i}\omega\rho(\boldsymbol{x}) = \nabla \cdot \boldsymbol{J}(\boldsymbol{x}). \tag{5.11}$$

谐振性的源产生的电磁势也是谐振的. 由于电磁势满足洛伦茨规范 (1.13)，所以我们只需要求出磁矢势 $\boldsymbol{A}$，标势 Φ 自然也就得到了.

按照 (5.9) 式，我们只需要将谐振的矢势 $\boldsymbol{A}(\boldsymbol{x})\mathrm{e}^{-\mathrm{i}\omega t}$ 的复振幅写出：

$$\boldsymbol{A}(\boldsymbol{x}) = \frac{\mu_0}{4\pi}\int \mathrm{d}^3\boldsymbol{x}'\,\boldsymbol{J}(\boldsymbol{x}')\frac{\mathrm{e}^{\mathrm{i}k|\boldsymbol{x}-\boldsymbol{x}'|}}{|\boldsymbol{x}-\boldsymbol{x}'|}, \tag{5.12}$$

其中 $k = \omega/c$. 这就是一个局域谐振电流分布在空间任意一点所产生的矢势的公式.

在讨论电磁波的辐射时，一般存在三个相关的长度：第一个是集中在原点附近的电磁波的辐射源的尺度 d；第二个是我们接收（或者说测量）电磁波的点与原点（源所在处某点）之间的距离 $r = |\boldsymbol{x}|$；第三个是所辐射的电磁波的波长 λ. 按照上述三个尺度之间的相对关系，我们可将全空间分为下列三个区域③：

(1) 近场区（静态区）：满足 $d \ll r \ll \lambda$.

(2) 中间区（感应区）：满足 $d \ll r \sim \lambda$.

(3) 远场区（辐射区）：满足 $d \ll \lambda \ll r$.

我们下面会发现，在不同的区域中电磁场也会具有不同的性状. 一般来说，在近场区电磁场基本上是静态的，而在远场区则是典型的辐射场（球面波）形式. 这也是本章着重关注的区域.

对中间区或远场区，我们将辐射源与接收点之间的距离做泰勒展开 (辐射源与接收点间位置关系的直观示意图见图 5.1)：

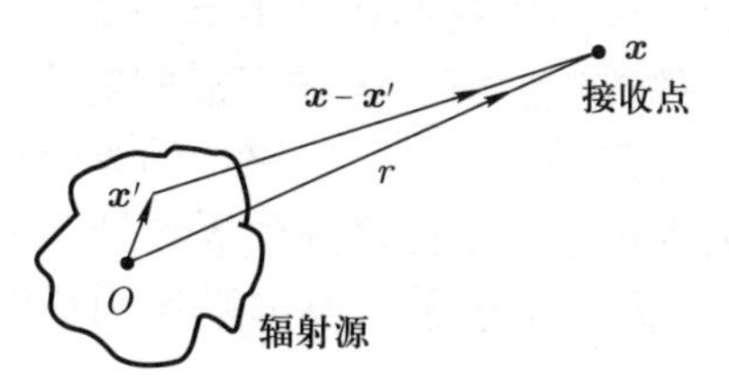

图 5.1 辐射源与接收点

$$|\boldsymbol{x}-\boldsymbol{x}'| \approx r - \boldsymbol{n}\cdot\boldsymbol{x}',$$

③我们假设任何电磁波的接收者都不必与辐射源“亲密”接触，因此总是假定观测点到源的距离远大于辐射源的尺度，即 $r \gg d$.

其中 $\boldsymbol{n}=\boldsymbol{x}/|\boldsymbol{x}|$ 为 $\boldsymbol{x}$ 方向的单位矢量. 保留到最低阶，(5.12) 式中的分母可以仅取展开式中的第一项，也就是只保留 $1/r$ 的因子. 这时我们得到的矢势为

$$\boldsymbol{A}(\boldsymbol{x})=\frac{\mu_0 \mathrm{e}^{\mathrm{i}kr}}{4\pi r}\int \mathrm{d}^3\boldsymbol{x}'\ \boldsymbol{J}(\boldsymbol{x}')\mathrm{e}^{-\mathrm{i}k\boldsymbol{n}\cdot\boldsymbol{x}'}. \tag{5.13}$$

我们看到，在 $r\to\infty$ 的极限下（从而一定处于远场区），这样的矢势所代表的是一个典型的球面波，这个球面波的振幅一般来说是依赖于取向的（各向异性的）. 求出了在远处的矢势，相应的电磁场可以从下列两式得到：

$$\boldsymbol{H}=\frac{1}{\mu_0}\nabla\times\boldsymbol{A},\quad \boldsymbol{E}=\frac{\mathrm{i}Z_0}{k}\nabla\times\boldsymbol{H}, \tag{5.14}$$

其中 $Z_0=\sqrt{\mu_0/\epsilon_0}$ 代表真空的波阻抗. 显然，在远处任意一点的电磁场一定垂直于从原点指向该点的位置矢量，而且也具有球面波的形式.

如果辐射源所发射的电磁波的波长 λ 比辐射源典型的尺度 d 也要大很多，我们可以进一步利用下面的展开：

$$\frac{\mathrm{e}^{\mathrm{i}k|\boldsymbol{x}-\boldsymbol{x}'|}}{|\boldsymbol{x}-\boldsymbol{x}'|}=\frac{\mathrm{e}^{\mathrm{i}kr}}{r}\left(1+\frac{\boldsymbol{n}\cdot\boldsymbol{x}'}{r}+\cdots\right)\left[1-\mathrm{i}k(\boldsymbol{n}\cdot\boldsymbol{x}')+\cdots\right], \tag{5.15}$$

其中首项贡献 $\mathrm{e}^{\mathrm{i}kr}/r$，后面的第一个括号内的各项来自 $1/|\boldsymbol{x}-\boldsymbol{x}'|$ 的展开，第二个括号内的各项来自相因子 $\mathrm{e}^{\mathrm{i}k|\boldsymbol{x}-\boldsymbol{x}'|}$ 的展开，这称为长波近似. 将这个展开式代入矢势的表达式 (5.12)，它领头的几项分别对应于电偶极辐射、磁偶极辐射和电四极辐射. 这三类辐射的物理性质我们将在下节中更详细地讨论. 长波近似对于很多实际的应用都是很好的描述，例如无线广播的电磁波（短波的典型波长为几十米，发射源的尺度一般小于这个尺度）、原子的光辐射（尽管这本质上是个量子问题）等等. 但是大家所熟悉的手机之间的无线通信所使用的电磁波的波长比较短（$1\sim 10$ cm 量级），因此对于手机发射塔使用长波近似一般来说是不太合适的.

25　电偶极辐射、磁偶极辐射和电四极辐射

本节将利用上节长波近似下的展开式 (5.15)，分别讨论电偶极辐射、磁偶极辐射和电四极辐射的辐射场分布和辐射功率角分布等性质.

25.1 电偶极辐射

如果我们仅保留展开式 (5.15) 中的首项，得到的矢势为

$$\boldsymbol{A}(\boldsymbol{x}) = \frac{\mu_0 \mathrm{e}^{\mathrm{i}kr}}{4\pi r}\int \mathrm{d}^3\boldsymbol{x}'\ \boldsymbol{J}(\boldsymbol{x}'). \tag{5.16}$$

(5.16) 式中的积分可以利用我们讨论静磁学时（第 14 节）的方法来化简：

$$\int \mathrm{d}^3\boldsymbol{x}'\ \boldsymbol{J}(\boldsymbol{x}') = -\int \mathrm{d}^3\boldsymbol{x}'\ \boldsymbol{x}'(\nabla'\cdot\boldsymbol{J}) = -\mathrm{i}\omega\int \mathrm{d}^3\boldsymbol{x}'\ \boldsymbol{x}'\rho(\boldsymbol{x}'), \tag{5.17}$$

其中第二步来自电荷守恒的连续性方程. 注意到该辐射源的电偶极矩[4]

$$\boldsymbol{p} = \int \mathrm{d}^3\boldsymbol{x}'\ \boldsymbol{x}'\rho(\boldsymbol{x}'), \tag{5.18}$$

将 (5.17) 和 (5.18) 式代入 (5.16) 式，长波近似下的磁矢势为

$$\boldsymbol{A}(\boldsymbol{x}) = -\frac{\mathrm{i}\mu_0\omega}{4\pi}\boldsymbol{p}\frac{\mathrm{e}^{\mathrm{i}kr}}{r}. \tag{5.19}$$

要求出长波近似下的电磁场，我们可以利用以下矢量分析的公式：

$$\begin{aligned}
\nabla\times[\psi\boldsymbol{A}] &= \nabla\psi\times\boldsymbol{A}+\psi\nabla\times\boldsymbol{A},\\
\nabla\times(\boldsymbol{A}\times\boldsymbol{B}) &= \boldsymbol{A}(\nabla\cdot\boldsymbol{B})-\boldsymbol{B}(\nabla\cdot\boldsymbol{A})+(\boldsymbol{B}\cdot\nabla)\boldsymbol{A}-(\boldsymbol{A}\cdot\nabla)\boldsymbol{B},\\
\nabla\cdot[\boldsymbol{n}f(r)] &= \frac{2f}{r}+f'(r),\\
(\boldsymbol{A}\cdot\nabla)[\boldsymbol{n}f(r)] &= \frac{f(r)}{r}[\boldsymbol{A}-\boldsymbol{n}(\boldsymbol{n}\cdot\boldsymbol{A})]+f'(r)\boldsymbol{n}(\boldsymbol{n}\cdot\boldsymbol{A}).
\end{aligned} \tag{5.20}$$

通过 (5.19) 式、(5.20) 式和麦克斯韦方程组获得的电偶极辐射的电磁场为[5]

$$\begin{aligned}
\boldsymbol{H} &= \frac{ck^2}{4\pi}(\boldsymbol{n}\times\boldsymbol{p})\frac{\mathrm{e}^{\mathrm{i}kr}}{r}\left(1-\frac{1}{\mathrm{i}kr}\right),\\
\boldsymbol{E} &= \frac{1}{4\pi\epsilon_0}\left\{k^2(\boldsymbol{n}\times\boldsymbol{p})\times\boldsymbol{n}\frac{\mathrm{e}^{\mathrm{i}kr}}{r}+[3\boldsymbol{n}(\boldsymbol{n}\cdot\boldsymbol{p})-\boldsymbol{p}]\left(\frac{1}{r^3}-\frac{\mathrm{i}k}{r^2}\right)\mathrm{e}^{\mathrm{i}kr}\right\}.
\end{aligned} \tag{5.21}$$

---

[4] 确切地说，辐射源的电偶极矩也是随时间谐振的，(5.18) 式的 $\boldsymbol{p}$ 实际上是谐振源的复电偶极矩的振幅.

[5] 这里我们选择写出磁场 $\boldsymbol{H}$ 而不是 $\boldsymbol{B}$，这样公式中就不会总出现 μ_0 的因子了.

这个公式所代表的电磁场称为电偶极辐射场，相应的辐射称为电偶极辐射. 需要注意的是，电偶极辐射场中的磁场总是与径向 $\boldsymbol{n}=\boldsymbol{x}/|\boldsymbol{x}|$ 垂直的，但是电场在近场区可以有平行于 $\boldsymbol{n}$ 的分量. 事实上，在近场区的长波近似 $(kr \ll 1)$ 下，电场 $\boldsymbol{E}$ 趋于一个静态的偶极场. 在无穷远的地方 $(kr \gg 1)$，无论电场还是磁场都体现出典型的辐射场的特性，即它们都与径向 $\boldsymbol{n}$ 垂直，而且其振幅也是典型的球面波的形式：

$$\boldsymbol{H}=\frac{ck^2}{4\pi}(\boldsymbol{n}\times\boldsymbol{p})\frac{\mathrm{e}^{\mathrm{i}kr}}{r}, \qquad \boldsymbol{E}=Z_0\boldsymbol{H}\times\boldsymbol{n}, \tag{5.22}$$

其中 $Z_0=\sqrt{\mu_0/\epsilon_0}$ 为真空的波阻抗.

一个重要的物理量是辐射功率的角度分布. 在某个指定方向 $\boldsymbol{n}$ 的立体角 $\mathrm{d}\Omega_{\boldsymbol{n}}$ 中的辐射功率可以通过 $r\to\infty$ 处的复坡印亭矢量的实部获得：

$$\frac{\mathrm{d}P}{\mathrm{d}\Omega_{\boldsymbol{n}}}=\frac{1}{2}\mathrm{Re}\left[r^2\boldsymbol{n}\cdot(\boldsymbol{E}\times\boldsymbol{H}^*)\right]_{r\to\infty}. \tag{5.23}$$

对于电偶极辐射，我们得到

$$\frac{\mathrm{d}P}{\mathrm{d}\Omega_{\boldsymbol{n}}}=\frac{c^2Z_0}{32\pi^2}k^4\left|(\boldsymbol{n}\times\boldsymbol{p})\times\boldsymbol{n}\right|^2=\frac{c^2Z_0}{32\pi^2}k^4|\boldsymbol{p}|^2\sin^2\theta, \tag{5.24}$$

其中第二个等号成立的条件是假定复电偶极矩 $\boldsymbol{p}$ 的不同分量之间没有相位差，而 θ 是 $\boldsymbol{n}$ 与 $\boldsymbol{p}$ 之间的夹角. 电偶极辐射的总辐射功率可以通过将 (5.24) 式对于角度积分得到：

$$P=\frac{c^2Z_0k^4}{12\pi}|\boldsymbol{p}|^2. \tag{5.25}$$

我们看到电偶极辐射的特性是：辐射功率与辐射频率的 4 次方成正比，其角分布与观测点处的位置矢量与电偶极矩夹角的正弦的平方成正比.

25.2　磁偶极辐射

如果我们考虑展开式 (5.15) 中除了首项的下一项，也就是说分别取 $1/|\boldsymbol{x}-\boldsymbol{x}'|$ 和 $\mathrm{e}^{\mathrm{i}k|\boldsymbol{x}-\boldsymbol{x}'|}$ 中的次级项，将得到

$$\boldsymbol{A}(\boldsymbol{x})=\frac{\mu_0\mathrm{e}^{\mathrm{i}kr}}{4\pi r}\left(\frac{1}{r}-\mathrm{i}k\right)\int\mathrm{d}^3\boldsymbol{x}'\,(\boldsymbol{n}\cdot\boldsymbol{x}')\boldsymbol{J}(\boldsymbol{x}'). \tag{5.26}$$

(5.26) 式的被积函数可以分为关于 $\boldsymbol{J}$ 和 $\boldsymbol{x}'$ 对称和反对称的两个部分，即

$$(n_jx'_j)J_i=\frac{1}{2}n_j(x'_jJ_i+J_jx'_i)+\frac{1}{2}n_j(x'_jJ_i-J_jx'_i). \tag{5.27}$$

(5.27) 式中的反对称的部分（等号右方的第二项）对空间积分以后显然可以用体系的磁矩 $\boldsymbol{m}$ 来表达 [参见第三章中体系磁矩的定义式 (3.27)]. 具体来说磁矩

$$\boldsymbol{m} = \frac{1}{2}\int \mathrm{d}^3\boldsymbol{x}' \left[\boldsymbol{x}' \times \boldsymbol{J}(\boldsymbol{x}')\right], \tag{5.28}$$

其中 $\boldsymbol{J}(\boldsymbol{x}')$ 表示电流密度 $\boldsymbol{J}(\boldsymbol{x}',t) = \boldsymbol{J}(\boldsymbol{x}')\mathrm{e}^{-\mathrm{i}\omega t}$ 的复振幅. 所以，如果仅考虑反对称部分的贡献，我们可以将矢势写成

$$\boldsymbol{A}(\boldsymbol{x}) = \frac{\mathrm{i}k\mu_0}{4\pi}(\boldsymbol{n}\times\boldsymbol{m})\frac{\mathrm{e}^{\mathrm{i}kr}}{r}\left(1 - \frac{1}{\mathrm{i}kr}\right). \tag{5.29}$$

这个矢势的表达式与电偶极辐射的磁场 $\boldsymbol{H}$ 的表达式 (5.21) 十分类似，所以这时的磁场应当与电偶极辐射时的电场十分类似. 我们得到磁偶极辐射的电场和磁场为

$$\begin{aligned}\boldsymbol{E} &= -\frac{Z_0}{4\pi}k^2(\boldsymbol{n}\times\boldsymbol{m})\frac{\mathrm{e}^{\mathrm{i}kr}}{r}\left(1-\frac{1}{\mathrm{i}kr}\right),\\ \boldsymbol{H} &= \frac{1}{4\pi}\left\{k^2(\boldsymbol{n}\times\boldsymbol{m})\times\boldsymbol{n}\frac{\mathrm{e}^{\mathrm{i}kr}}{r} + [3\boldsymbol{n}(\boldsymbol{n}\cdot\boldsymbol{m}) - \boldsymbol{m}]\left(\frac{1}{r^3} - \frac{\mathrm{i}k}{r^2}\right)\mathrm{e}^{\mathrm{i}kr}\right\},\end{aligned} \tag{5.30}$$

相应的电磁辐射称为磁偶极辐射. 我们看到磁偶极辐射的公式与电偶极辐射的公式基本一样，只不过两种辐射的偏振行为是不同的. 形式上讲，两种辐射的公式可以通过如下的替换相互转换：$\boldsymbol{p} \to \boldsymbol{m}/c$，$\boldsymbol{E} \to Z_0\boldsymbol{H}$，$Z_0\boldsymbol{H} \to -\boldsymbol{E}$.

由于公式上的类似性，磁偶极辐射的辐射功率的角分布也与电偶极辐射完全类似：

$$\frac{\mathrm{d}P}{\mathrm{d}\Omega} = \frac{Z_0k^4}{32\pi^2}\left|(\boldsymbol{n}\times\boldsymbol{m})\times\boldsymbol{n}\right|^2 = \frac{Z_0k^4}{32\pi^2}|\boldsymbol{m}|^2\sin^2\theta, \tag{5.31}$$

其中第二个等号成立的条件是磁偶极矩分量间没有相位差，而 θ 是 $\boldsymbol{n} = \boldsymbol{x}/|\boldsymbol{x}|$ 与 $\boldsymbol{m}$ 之间的夹角. 磁偶极辐射的总辐射功率

$$P = \frac{Z_0k^4}{12\pi}|\boldsymbol{m}|^2. \tag{5.32}$$

25.3 电四极辐射

下面我们来讨论前面公式 (5.27) 中的对称化的一项. 利用分部积分可以将其化为

$$\frac{1}{2}\int \mathrm{d}^3\boldsymbol{x}' \left[(\boldsymbol{n}\cdot\boldsymbol{x}')\boldsymbol{J} + (\boldsymbol{n}\cdot\boldsymbol{J})\boldsymbol{x}'\right] = -\frac{\mathrm{i}\omega}{2}\int \mathrm{d}^3\boldsymbol{x}'\ \boldsymbol{x}'(\boldsymbol{n}\cdot\boldsymbol{x}')\rho(\boldsymbol{x}'), \tag{5.33}$$

其中我们还利用了电荷守恒的连续性方程 $\nabla\cdot\boldsymbol{J}=\mathrm{i}\omega\rho$.

于是，(5.27) 式中的对称部分对于磁矢势的贡献为

$$\boldsymbol{A}(\boldsymbol{x})=-\frac{\mu_0 ck^2}{8\pi}\frac{\mathrm{e}^{\mathrm{i}kr}}{r}\left(1-\frac{1}{\mathrm{i}kr}\right)\int\mathrm{d}^3\boldsymbol{x}'\,\boldsymbol{x}'(\boldsymbol{n}\cdot\boldsymbol{x}')\rho(\boldsymbol{x}'). \tag{5.34}$$

得到了矢势原则上就可以得到任意一点的电磁场，只不过具体的公式有些烦琐. 如果我们仅考虑远场区的电磁场，那么得到的公式是比较简单的：

$$\boldsymbol{B}=\mathrm{i}k\boldsymbol{n}\times\boldsymbol{A},\qquad \boldsymbol{E}=\mathrm{i}kZ_0(\boldsymbol{n}\times\boldsymbol{A})\times\boldsymbol{n}/\mu_0. \tag{5.35}$$

满足这些性质的辐射场称为电四极辐射场，相应的辐射称为电四极辐射. 这种名称的由来是 (5.35) 式中的电磁场可以用辐射源的电四极矩表达成 ⑥

$$\boldsymbol{H}=-\frac{\mathrm{i}ck^3}{24\pi}\frac{\mathrm{e}^{\mathrm{i}kr}}{r}\boldsymbol{n}\times(\boldsymbol{D}\cdot\boldsymbol{n}), \tag{5.36}$$

其中 $\boldsymbol{D}$ 是辐射源的电四极矩张量，其表达式为 [见 (2.86) 式]

$$D_{ij}=\int\mathrm{d}^3\boldsymbol{x}'\left[3x'_ix'_j-(\boldsymbol{x}'\cdot\boldsymbol{x}')\delta_{ij}\right]\rho(\boldsymbol{x}'). \tag{5.37}$$

电四极辐射的辐射功率角分布可以写成

$$\frac{\mathrm{d}P}{\mathrm{d}\Omega_{\boldsymbol{n}}}=\frac{c^2Z_0k^6}{1152\pi^2}|[\boldsymbol{n}\times(\boldsymbol{D}\cdot\boldsymbol{n})]\times\boldsymbol{n}|^2. \tag{5.38}$$

我们看到电四极辐射的角分布是比较复杂的. 要得到总功率，就必须将 (5.38) 式中的模方展开然后对于角度积分. 对于角度的积分需要一些技巧. 经过一些运算我们得到⑦

$$P=\frac{c^2Z_0k^6}{1440\pi}D_{ij}D^*_{ij}. \tag{5.39}$$

电四极辐射的特点是它的辐射功率与辐射频率的 6 次方成正比.

对于宏观辐射体系而言，如果仅考虑远场区的辐射能流的话，那么电偶极辐射是领头阶的贡献，而磁偶极辐射和电四极辐射的强度大致相当，与电偶极辐射比，它们的场会被因子 (d/r) 或 (d/λ) 所压低，这个规则与前面讨论的展开

⑥注意在下列几个公式中，我们用 $\boldsymbol{D}$ 来表示辐射源的电四极矩张量，应当不至于和电位移矢量混淆. 由于 $\boldsymbol{D}$ 是一个张量，所以 $\boldsymbol{D}\cdot\boldsymbol{n}$ 仍然是一个矢量. 具体地说，它的分量为 $(\boldsymbol{D}\cdot\boldsymbol{n})_i=D_{ij}n_j$.

⑦这个公式中重复的下标表示对其求和.

式 (5.15) 是一致的. 但是，当我们将辐射功率运用到微观的客体 (比如原子) 的时候，这些微观客体的电偶极矩、磁偶极矩和电四极矩的起源往往是量子的，会呈现出不同于经典的行为. 例如，微观的原子的磁偶极辐射或电四极辐射并不一定就比其电偶极辐射更小，这时需要更具体的分析.

26 辐射场的多极场展开

上一节中我们处理多极展开的方式就是简单地将 $\mathrm{e}^{\mathrm{i}k|\boldsymbol{x}-\boldsymbol{x}'|}/|\boldsymbol{x}-\boldsymbol{x}'|$ 进行泰勒展开. 这种处理方法对于低阶的多极辐射是可以接受的，但是对于高阶的修正就比较困难了. 系统的处理方法是利用球面波来进行展开，这就导致所谓的多极场展开. 这一节中我们将简要介绍这种方法. 这里的讨论与我们在第二章第 11 节中对于静电多极展开的讨论十分类似. 在静电学中，我们需要展开的函数是拉普拉斯方程的格林函数 $1/|\boldsymbol{x}-\boldsymbol{x}'|$. 虽然这个函数也可以利用普通的泰勒展开进行处理，但是更为严格的处理方法是利用加法公式 (2.38) 从而得到严格的静电多极展开式. 现在我们需要展开的函数是亥姆霍兹方程的格林函数 $\mathrm{e}^{\mathrm{i}k|\boldsymbol{x}-\boldsymbol{x}'|}/|\boldsymbol{x}-\boldsymbol{x}'|$，因此我们需要一个推广的加法公式. 另外，辐射问题需要处理的是矢量场而不像静电问题中的标量场（静电势），因此这个展开也不可避免地更为复杂，这样才能够将矢量多极场的偏振信息表征出来.

26.1 亥姆霍兹方程的格林函数

我们首先讨论亥姆霍兹方程的格林函数按照球面波的展开. 无边界空间的亥姆霍兹方程的格林函数满足

$$(\nabla^2+k^2)G(\boldsymbol{x},\boldsymbol{x}')=-\delta^3(\boldsymbol{x}-\boldsymbol{x}'). \tag{5.40}$$

它的推迟格林函数解为

$$G(\boldsymbol{x},\boldsymbol{x}')=\frac{\mathrm{e}^{\mathrm{i}k|\boldsymbol{x}-\boldsymbol{x}'|}}{4\pi|\boldsymbol{x}-\boldsymbol{x}'|}. \tag{5.41}$$

推迟格林函数可以按照球坐标系中的完备集 $\mathrm{h}_l^{(1)}(kr)\mathrm{Y}_{lm}(\boldsymbol{n})$, $\mathrm{h}_l^{(2)}(kr)\mathrm{Y}_{lm}(\boldsymbol{n})$ 来展开：

$$\frac{\mathrm{e}^{\mathrm{i}k|\boldsymbol{x}-\boldsymbol{x}'|}}{4\pi|\boldsymbol{x}-\boldsymbol{x}'|}=\mathrm{i}k\sum_{l,m}\mathrm{j}_l(kr_<)\mathrm{h}_l^{(1)}(kr_>)\mathrm{Y}^*_{lm}(\boldsymbol{n}')\mathrm{Y}_{lm}(\boldsymbol{n}), \tag{5.42}$$

其中 $\mathrm{j}_l = (\mathrm{h}_l^{(1)} + \mathrm{h}_l^{(2)})/2$，$\mathrm{h}_l^{(1)}$ 为相应的球贝塞尔函数[8]，$\mathrm{Y}_{lm}(\boldsymbol{n})$ 为球谐函数，$r_<$，$r_>$ 分别表示 $|\boldsymbol{x}|$ 和 $|\boldsymbol{x}'|$ 中较小和较大的一个. 这个表达式可以看成第 9.3 小节中加法定理 (2.38) 的推广，因此这个公式又称为球面波的加法定理.

为了下面讨论的方便，我们引入轨道角动量算符 $\hat{\boldsymbol{L}}$ 如下：

$$\hat{\boldsymbol{L}} = (-\mathrm{i})(\boldsymbol{x} \times \nabla). \tag{5.43}$$

我们在算符的上面加了一个“ˆ”是为了提醒读者它是一个微分算符，不是通常的物理量[9]. 矢量算符 $\hat{\boldsymbol{L}}$ 满足一系列十分重要的性质. 首先，它实际上仅作用于球坐标中的角度部分，对于径向部分没有影响. 这个性质可以描写为

$$\boldsymbol{x} \cdot \hat{\boldsymbol{L}} = 0. \tag{5.44}$$

另外，这个矢量算符的三个分量中的任意两个都不能交换次序，或者说不可对易. 事实上，$\hat{\boldsymbol{L}}$ 的各分量满足下列基本对易关系：

$$[\hat{L}_i, \hat{L}_j] = \mathrm{i}\epsilon_{ijk}\hat{L}_k \quad \Longleftrightarrow \quad \hat{\boldsymbol{L}} \times \hat{\boldsymbol{L}} = \mathrm{i}\hat{\boldsymbol{L}}. \tag{5.45}$$

但是，如果我们构建角动量算符的平方（算符）$\hat{\boldsymbol{L}}^2 = \hat{\boldsymbol{L}} \cdot \hat{\boldsymbol{L}}$，那么能够证明它可以与任意一个角动量分量对易：

$$[\hat{\boldsymbol{L}}^2, \hat{L}_i] = 0, \qquad i = 1, 2, 3. \tag{5.46}$$

事实上，这个算符就是我们在第 9.3 小节中引进的角动量平方算符 [即 (2.31) 式]，算符 $\hat{\boldsymbol{L}}^2$ 的本征函数就是球谐函数：

$$\hat{\boldsymbol{L}}^2 \mathrm{Y}_{lm}(\boldsymbol{n}) = l(l+1)\mathrm{Y}_{lm}(\boldsymbol{n}). \tag{5.47}$$

利用角动量平方算符，我们可以将球坐标系中的拉普拉斯算符写为

$$\nabla^2 = \frac{1}{r}\frac{\partial^2}{\partial r^2} r - \frac{\hat{\boldsymbol{L}}^2}{r^2}. \tag{5.48}$$

这些基本数学性质我们在下面讨论多极场展开时会用到.

---

[8]对于球贝塞尔函数不熟悉的读者，请阅读附录 C 或参考书 [20] 中相应的章节.

[9]在量子力学中所有的物理量都演变为算符，因此这里引进的轨道角动量算符实际上就是量子力学中的轨道角动量 (以 $\hbar$ 为单位). 对于学习过量子力学的读者来说，算符的这些性质应当是十分基本的.

26.2 多极场的定义与多极场展开

考虑无源的、自由空间中的麦克斯韦方程组. 如果我们假定所有场对于时间的依赖都是谐变的，有 $\mathrm{e}^{-\mathrm{i}\omega t}$ 因子，那么很容易发现电磁场满足亥姆霍兹方程：

$$\begin{aligned}(\nabla^2 + k^2)\boldsymbol{H} = 0, \quad \nabla \cdot \boldsymbol{H} = 0,\\ \boldsymbol{E} = \frac{\mathrm{i}Z_0}{k}\nabla \times \boldsymbol{H},\end{aligned} \tag{5.49}$$

其中 $k = \omega/c$ 为波数，$Z_0 = \sqrt{\mu_0/\epsilon_0}$ 为真空中的波阻抗. 当然，如果愿意我们也可以交换电场和磁场的位置得到

$$\begin{aligned}(\nabla^2 + k^2)\boldsymbol{E} = 0, \quad \nabla \cdot \boldsymbol{E} = 0,\\ \boldsymbol{H} = -\frac{\mathrm{i}}{Z_0 k}\nabla \times \boldsymbol{E}.\end{aligned} \tag{5.50}$$

由于电磁场的任意分量都满足亥姆霍兹方程，因此它们一定可以用完备集展开为

$$\Psi(\boldsymbol{x}) = \sum_{l,m}\left[A_{lm}\mathrm{h}_l^{(1)}(kr) + B_{lm}\mathrm{h}_l^{(2)}(kr)\right]\mathrm{Y}_{lm}(\boldsymbol{n}), \tag{5.51}$$

其中 Ψ 表示电磁场的任意一个分量，A_{lm}，B_{lm} 是待定的系数. 需要注意的一点是，电磁场还分别满足散度为零的条件，因此，我们必须将电场（或者磁场）的三个分量合适地匹配起来. 现在注意到 $\nabla^2(\boldsymbol{x}\cdot\boldsymbol{E}) = \boldsymbol{x}\cdot\nabla^2\boldsymbol{E} + 2\nabla\cdot\boldsymbol{E}$，以及对于磁场的类似表达式，我们发现

$$(\nabla^2 + k^2)(\boldsymbol{x}\cdot\boldsymbol{E}) = 0, \quad (\nabla^2 + k^2)(\boldsymbol{x}\cdot\boldsymbol{H}) = 0. \tag{5.52}$$

也就是说，$\boldsymbol{x}\cdot\boldsymbol{E}$，$\boldsymbol{x}\cdot\boldsymbol{H}$ 都满足标量的亥姆霍兹方程.

我们现在定义一个 (l,m) 阶的磁多极场 $\boldsymbol{E}_{lm}^{(\mathrm{M})}(\boldsymbol{x}), \boldsymbol{H}_{lm}^{(\mathrm{M})}(\boldsymbol{x})$，它们满足

$$\begin{aligned}\boldsymbol{x}\cdot\boldsymbol{H}_{lm}^{(\mathrm{M})}(\boldsymbol{x}) = \frac{l(l+1)}{k}\mathrm{g}_l(kr)\mathrm{Y}_{lm}(\boldsymbol{n}),\\ \boldsymbol{x}\cdot\boldsymbol{E}_{lm}^{(\mathrm{M})}(\boldsymbol{x}) = 0,\end{aligned} \tag{5.53}$$

其中 $\mathrm{g}_l(kr)$ 是球贝塞尔函数的线性叠加 [参数 $A_l^{(1)}, A_l^{(2)}$ 与 (5.51) 式中的 A_{lm} 并无关联]：

$$\mathrm{g}_l(kr) = A_l^{(1)}\mathrm{h}_l^{(1)}(kr) + A_l^{(2)}\mathrm{h}_l^{(2)}(kr). \tag{5.54}$$

我们看到，一个磁多极场的电场部分 $\boldsymbol{E}_{lm}^{(\mathrm{M})}(\boldsymbol{x})$ 不包含径向分量，仅包含横向分量. 利用 (5.50) 式中的第二个方程可以得到

$$Z_0 k\boldsymbol{x}\cdot\boldsymbol{H} = (-\mathrm{i})\boldsymbol{x}\cdot(\nabla\times\boldsymbol{E}) = (-\mathrm{i})(\boldsymbol{x}\times\nabla)\cdot\boldsymbol{E} = \hat{\boldsymbol{L}}\cdot\boldsymbol{E}. \tag{5.55}$$

于是根据 (5.53) 式，磁多极场的电场满足

$$\hat{\boldsymbol{L}}\cdot\boldsymbol{E}_{lm}^{(\mathrm{M})}(\boldsymbol{x}) = l(l+1)Z_0\mathrm{g}_l(kr)\mathrm{Y}_{lm}(\boldsymbol{n}). \tag{5.56}$$

根据 (5.56) 式和 (5.50) 式中的第二个方程，磁多极场的电场和磁场分别可以写成

$$\begin{aligned}\boldsymbol{E}_{lm}^{(\mathrm{M})}(\boldsymbol{x}) &= Z_0\mathrm{g}_l(kr)\hat{\boldsymbol{L}}\mathrm{Y}_{lm}(\boldsymbol{n}),\\ \boldsymbol{H}_{lm}^{(\mathrm{M})}(\boldsymbol{x}) &= -\frac{\mathrm{i}}{kZ_0}\nabla\times\boldsymbol{E}_{lm}^{(\mathrm{M})}.\end{aligned} \tag{5.57}$$

这样就完成了磁多极场的定义.

完全类似地，我们可以定义 (l,m) 阶的电多极场 $\boldsymbol{E}_{lm}^{(\mathrm{E})}(\boldsymbol{x}),\boldsymbol{H}_{lm}^{(\mathrm{E})}(\boldsymbol{x})$:

$$\begin{aligned}\boldsymbol{H}_{lm}^{(\mathrm{E})}(\boldsymbol{x}) &= \mathrm{f}_l(kr)\hat{\boldsymbol{L}}\mathrm{Y}_{lm}(\boldsymbol{n}),\\ \boldsymbol{E}_{lm}^{(\mathrm{E})}(\boldsymbol{x}) &= \frac{\mathrm{i}Z_0}{k}\nabla\times\boldsymbol{H}_{lm}^{(\mathrm{E})},\end{aligned} \tag{5.58}$$

其中径向函数 $\mathrm{f}_l(kr)$ 类似于 $\mathrm{g}_l(kr)$，也是 l 阶球贝塞尔函数的某种线性叠加 [(5.54) 式].

由于多极场的定义中总是涉及 $\hat{\boldsymbol{L}}\mathrm{Y}_{lm}(\boldsymbol{n})$，因此我们定义一个简化的符号

$$\boldsymbol{X}_{lm}(\boldsymbol{n}) = \frac{1}{\sqrt{l(l+1)}}\hat{\boldsymbol{L}}\mathrm{Y}_{lm}(\boldsymbol{n}). \tag{5.59}$$

可以证明它满足如下的正交归一关系:

$$\begin{aligned}&\int \boldsymbol{X}_{l'm'}^*(\boldsymbol{n})\cdot\boldsymbol{X}_{lm}(\boldsymbol{n})\mathrm{d}\Omega_{\boldsymbol{n}} = \delta_{ll'}\delta_{mm'},\\ &\int \boldsymbol{X}_{l'm'}^*(\boldsymbol{n})\cdot(\boldsymbol{x}\times\boldsymbol{X}_{lm}(\boldsymbol{n}))\mathrm{d}\Omega_{\boldsymbol{n}} = 0.\end{aligned} \tag{5.60}$$

上面定义的电多极场 [(5.58) 式] 和磁多极场 [(5.57) 式] 一道，构成了无源空间的麦克斯韦方程组 [也就是矢量场的亥姆霍兹方程 (5.49) 和 (5.50)] 的解的一

组完备函数基. 因此，任何无源空间满足麦克斯韦方程组的电磁场都可以按照电磁多极场来展开：

$$
\begin{aligned}
\boldsymbol{H} &= \sum_{l,m}\left[a_{\mathrm{E}}(l,m)\mathrm{f}_l(kr)\boldsymbol{X}_{lm} - \frac{\mathrm{i}}{k}a_{\mathrm{M}}(l,m)\nabla\times\mathrm{g}_l(kr)\boldsymbol{X}_{lm}\right], \\
\boldsymbol{E} &= Z_0\sum_{l,m}\left[\frac{\mathrm{i}}{k}a_{\mathrm{E}}(l,m)\nabla\times\mathrm{f}_l(kr)\boldsymbol{X}_{lm} + a_{\mathrm{M}}(l,m)\mathrm{g}_l(kr)\boldsymbol{X}_{lm}\right].
\end{aligned} \tag{5.61}
$$

这个展开式称为辐射场的多极场展开. 展开式中的系数 $a_{\mathrm{E}}(l,m)$ 和 $a_{\mathrm{M}}(l,m)$ 分别称为电多极场系数和磁多极场系数， 它们标志了电磁场中包含的某一阶电多极场和磁多极场成分的多少，具体数值可以由下式给出：

$$
a_{\mathrm{M}}(l,m)\mathrm{g}_l(kr) = \frac{k}{\sqrt{l(l+1)}}\int \mathrm{Y}^*_{lm}(\boldsymbol{x}\cdot\boldsymbol{H})\mathrm{d}\Omega, \tag{5.62}
$$

$$
Z_0 a_{\mathrm{E}}(l,m)\mathrm{f}_l(kr) = -\frac{k}{\sqrt{l(l+1)}}\int \mathrm{Y}^*_{lm}(\boldsymbol{x}\cdot\boldsymbol{E})\mathrm{d}\Omega. \tag{5.63}
$$

如果产生辐射的源的分布已知，可以想象它们能够由源的分布来求出. 我们这里不打算列出这些公式，有兴趣的读者可以阅读参考书 [9] 中的相关章节.

26.3 多极辐射的功率

这一小节中我们简要讨论一下不同阶的多极场所辐射的功率. 考虑远离辐射源的辐射区域，以及 $\mathrm{h}_l^{(1)}(kr) \approx \mathrm{e}^{\mathrm{i}kr}/(kr)$ 的渐近行为 $(kr \gg 1)$，辐射场 (5.61) 可以写成

$$
\begin{aligned}
\boldsymbol{H} &\to \frac{\mathrm{e}^{\mathrm{i}kr}}{kr}\sum_{l,m}(-\mathrm{i})^{l+1}\left[a_{\mathrm{E}}(l,m)\boldsymbol{X}_{lm} + a_{\mathrm{M}}(l,m)\boldsymbol{n}\times\boldsymbol{X}_{lm}\right], \\
\boldsymbol{E} &\to Z_0\boldsymbol{H}\times\boldsymbol{n}.
\end{aligned} \tag{5.64}
$$

于是，我们可以计算出辐射功率的角分布为 [(5.23) 式]

$$
\frac{\mathrm{d}P}{\mathrm{d}\Omega_{\boldsymbol{n}}} = \frac{Z_0}{2k^2}\left|\sum_{l,m}(-\mathrm{i})^{l+1}\left[a_{\mathrm{E}}(l,m)\boldsymbol{X}_{lm}\times\boldsymbol{n} + a_{\mathrm{M}}(l,m)\boldsymbol{X}_{lm}\right]\right|^2. \tag{5.65}
$$

(5.65) 式显示出了电多极场与磁多极场的特点：各阶的辐射功率的角分布是相同的，不同的是其偏振行为. 如果某个辐射源仅包含单一的 (l,m) 阶的多极场，那

么功率分布为

$$\frac{\mathrm{d}P(l,m)}{\mathrm{d}\Omega_{\boldsymbol{n}}}=\frac{Z_0}{2k^2}|a(l,m)|^2|\boldsymbol{X}_{lm}|^2. \tag{5.66}$$

利用 $\boldsymbol{X}_{lm}$ 的定义 [(5.59) 以及 (5.43) 式] 可以将它的模方明显地用球谐函数表达出来：

$$\begin{aligned}\frac{\mathrm{d}P(l,m)}{\mathrm{d}\Omega_{\boldsymbol{n}}}=\frac{Z_0|a(l,m)|^2}{2k^2l(l+1)}&\left[\frac{(l-m)(l+m+1)}{2}|\mathrm{Y}_{l,m+1}|^2\right.\\&\left.+\frac{(l+m)(l-m+1)}{2}|\mathrm{Y}_{l,m-1}|^2+m^2|\mathrm{Y}_{lm}|^2\right].\end{aligned} \tag{5.67}$$

如果感兴趣的是总辐射功率，将 (5.65) 式对立体角积分并利用 $\boldsymbol{X}_{lm}$ 的正交归一关系 [(5.60) 式]，我们发现总辐射功率就是电和磁多极场辐射功率的和：

$$P=\frac{Z_0}{2k^2}\sum_{l,m}\left[|a_{\mathrm{E}}(l,m)|^2+|a_{\mathrm{M}}(l,m)|^2\right]. \tag{5.68}$$

多极场辐射的一个应用是在宇宙学关于微波背景辐射的测量中. 按照目前的宇宙学模型，宇宙源于很久以前的一次大爆炸. 这个大爆炸的遗迹就是在宇宙空间存留下来的微波背景辐射. 这是一个相当符合普朗克 (Planck) 谱的黑体辐射，相应的温度约为 2.7 K. 实验表明微波背景辐射在空间上基本上是各向同性的，其各向异性大约只有 $10^{-6}\sim10^{-5}$ 的量级. 对微波背景辐射各向异性的测量有助于理解宇宙早期的行为，因此在宇宙学上是十分重要的. 刚刚结束运行的 WMAP 实验实际上就是通过测量微波背景辐射的辐射功率按照多极场展开的分布来探索宇宙早期的一些重要物理性质.

27　电磁波的散射

我们在上一章中讨论了电磁波在均匀介质中的传播问题. 从微观上讲，任何介质都存在某种不均匀性. 具体地说，构成它的微观粒子的热运动必然导致涨落现象. 这些涨落在很多情形下可能是可以忽略的，但是对于某些特殊情况，这些微观涨落可以对其中传播的电磁波造成宏观可观测的影响. 电磁波的散射就是其中一个例子.

我们将仅讨论电磁波散射的最简单的例子. 考虑在电磁波传播的区域存在某些微小粒子，它们可以是气体分子，也可以是具有宏观尺度的颗粒（例如空气中的浮尘等），这些颗粒统称为散射体. 如果其尺度远大于电磁波的波长，散射体对于电磁波的影响基本上可以利用几何光学近似来处理. 但是，如果散射体的尺度远小于电磁波的波长或与之相当，那么电磁波的波动性就会十分显著. 本节将主要讨论这种情形.

27.1　散射问题的一般描述

对于入射到散射体上面的电磁波来说，如果其尺度远远小于波长，那么散射体所感受到的电磁场可以认为是空间均匀的、随时间谐振的电磁场. 这些散射体会对这些外加的电磁场产生响应，感生出相应的（同时也是随时间谐振的）电偶极矩、磁偶极矩、电四极矩等等. 这样一来散射体本身就成为电磁波的谐振辐射源，它们会向周围发射电磁波. 在远离散射体的空间中的任意一点，电磁场实际上是原先在空间传播的电磁波所产生的电磁场与这些散射体所辐射的电磁波的电磁场的线性叠加（这种叠加可以是相干的叠加）. 为了明确起见，我们总是假定入射的电磁波为具有特定偏振 $\boldsymbol{e}_0$ 且沿 $\boldsymbol{n}_0$ 方向传播的平面波：

$$\boldsymbol{E}_{\text{inc}} = \boldsymbol{e}_0 E_0 \mathrm{e}^{\mathrm{i}k\boldsymbol{n}_0\cdot\boldsymbol{x}}, \quad \boldsymbol{H}_{\text{inc}} = \frac{1}{Z_0}\boldsymbol{n}_0 \times \boldsymbol{E}_{\text{inc}}, \tag{5.69}$$

其中 $k=\omega/c$ 为入射电磁波的波数，$Z_0=\sqrt{\mu_0/\epsilon_0}$ 为真空的波阻抗. 空间中任意一点的电磁场可以写为入射波 $(\boldsymbol{E}_{\text{inc}},\boldsymbol{H}_{\text{inc}})$ 与散射波 $(\boldsymbol{E}_{\text{sc}},\boldsymbol{H}_{\text{sc}})$ 的叠加：

$$\boldsymbol{E} = \boldsymbol{E}_{\text{inc}} + \boldsymbol{E}_{\text{sc}}, \quad \boldsymbol{H} = \boldsymbol{H}_{\text{inc}} + \boldsymbol{H}_{\text{sc}}. \tag{5.70}$$

对于局域于原点附近的散射体，其散射波在远离散射体的空间都是向外的球面波.

散射问题中一个重要的物理量就是所谓的散射截面. 如果入射波的方向是 $\boldsymbol{n}_0$，其偏振方向为给定的 $\boldsymbol{e}_0$ 的入射能流密度为 $S_0=\left|\boldsymbol{e}_0^*\cdot\boldsymbol{E}_{\text{inc}}\right|^2/(2Z_0)$，那么单位入射能流所产生的散射波在方向 $\boldsymbol{n}$ 的立体角 $\mathrm{d}\Omega_{\boldsymbol{n}}$ 中并且具有指定偏振方向 $\boldsymbol{e}$ 的辐射波功率称为相应散射体的微分散射截面：

$$\frac{\mathrm{d}\sigma}{\mathrm{d}\Omega}(\boldsymbol{n},\boldsymbol{e};\boldsymbol{n}_0,\boldsymbol{e}_0) = \left.\frac{r^2\dfrac{1}{2Z_0}\left|\boldsymbol{e}^*\cdot\boldsymbol{E}_{\text{sc}}\right|^2}{\dfrac{1}{2Z_0}\left|\boldsymbol{e}_0^*\cdot\boldsymbol{E}_{\text{inc}}\right|^2}\right|_{r\to\infty}. \tag{5.71}$$

显然，它的确具有“面积”的量纲（所以称为截面）. 在空间某个方向以及某个特定偏振的微分散射截面的大小体现了散射体将入射电磁波散射到该指定方向角和偏振的概率大小. 某个指定方向角和偏振的微分截面越大，说明向该方向角和偏振方向的散射越强烈. 将微分散射截面 [(5.71) 式] 对立体角积分，就得到散射体的总散射截面.

27.2 偶极散射

作为一个例子，我们考虑空间一个半径为 a 的介质小球，其介电常数为 ϵ，磁导率为 μ. 现在我们将这个介质小球放在有电磁波传播的区域中. 我们将假设空间的入射电磁波是一个单频平面电磁波，而且它的波长远远大于小球的半径，即 $ka \ll 1$，其中 $k=\omega/c$ 是电磁波的波数大小. 在这个长波极限下，电介质小球所感受到的电磁场可以认为是一个空间均匀电磁场，于是，利用在静电学、静磁学两章中的讨论 [参见第二章中例 2.2 中的 (2.41) 式以及相应的静磁学的结果]，我们可以知道在电磁场中介质小球所感生的电偶极矩和磁偶极矩分别为

$$\boldsymbol{p}=4\pi\left(\frac{\epsilon-\epsilon_0}{\epsilon+2\epsilon_0}\right)a^3\boldsymbol{E}_{\text{inc}},\quad \boldsymbol{m}=4\pi\left(\frac{\mu-\mu_0}{\mu+2\mu_0}\right)a^3\boldsymbol{H}_{\text{inc}},\tag{5.72}$$

其中 $\boldsymbol{E}_{\text{inc}}$ 和 $\boldsymbol{H}_{\text{inc}}$ 是入射电磁波的复振幅. 散射体处感生出如 (5.72) 式所描述的电偶极矩和磁偶极矩，这些感生的偶极矩就会向空间发射电偶极辐射或磁偶极辐射. 由于我们假设电磁波的波长比散射体的尺度大得多，因此更高阶的辐射是可以忽略的. 也就是说，在远离散射体的地方，散射波的电磁场 [(5.22) 和 (5.30) 式] 为

$$\boldsymbol{E}_{\text{sc}}=\frac{1}{4\pi\epsilon_0}k^2\frac{\mathrm{e}^{\mathrm{i}kr}}{r}\left[(\boldsymbol{n}\times\boldsymbol{p})\times\boldsymbol{n}-\boldsymbol{n}\times\boldsymbol{m}/c\right],\quad \boldsymbol{H}_{\text{sc}}=\boldsymbol{n}\times\boldsymbol{E}_{\text{sc}}/Z_0.\tag{5.73}$$

对于介质小球的电磁偶极散射，微分散射截面 [(5.71) 式] 可以写成

$$\frac{\mathrm{d}\sigma}{\mathrm{d}\Omega}(\boldsymbol{n},\boldsymbol{e};\boldsymbol{n}_0,\boldsymbol{e}_0)=\frac{k^4}{(4\pi\epsilon_0E_0)^2}\left|\boldsymbol{e}^*\cdot\boldsymbol{p}+(\boldsymbol{n}\times\boldsymbol{e}^*)\cdot\boldsymbol{m}/c\right|^2,\tag{5.74}$$

其中利用了 $\boldsymbol{e}\perp\boldsymbol{n}$ 的特性. 将感生的电偶极矩和磁偶极矩 [(5.72) 式] 代入 (5.74) 式，得到

$$\frac{\mathrm{d}\sigma}{\mathrm{d}\Omega}(\boldsymbol{n},\boldsymbol{e};\boldsymbol{n}_0,\boldsymbol{e}_0)=k^4a^6\left|\left(\frac{\epsilon_{\mathrm{r}}-1}{\epsilon_{\mathrm{r}}+2}\right)(\boldsymbol{e}^*\cdot\boldsymbol{e}_0)+\left(\frac{\mu_{\mathrm{r}}-1}{\mu_{\mathrm{r}}+2}\right)(\boldsymbol{n}\times\boldsymbol{e}^*)\cdot(\boldsymbol{n}_0\times\boldsymbol{e}_0)\right|^2.\tag{5.75}$$

(5.75) 式体现了长波散射和偶极散射的特性：微分散射截面正比于频率的 4 次方，同时散射波的偏振方向也具有完全确定的特性. 下面举两个例子来说明偶极散射的特点.

例 5.1 非磁性介质球. 作为上面得到的偶极散射的微分截面的一个例子，我们考察一个半径为 a 的非磁性介质球的偶极散射截面. 这相当于令 (5.75) 式中的 $\mu_{\mathrm{r}}=1$.

解 我们假定入射波的波矢方向 $\boldsymbol{n}_0$ 沿 $+z$ 方向，散射波的波矢方向 $\boldsymbol{n}$ 与 $\boldsymbol{n}_0$ 的夹角为 θ. 矢量 $\boldsymbol{n}_0$，$\boldsymbol{n}$ 确定的平面通常称为这个散射过程的散射平面. 为了方便我们将散射平面取为 x-z 平面. 入射波一般是非极化的，散射波可以分为平行于散射平面和垂直于散射平面两种极化行为. 在对入射波的偏振进行平均以后，我们可以写出这两种散射波极化状态的微分散射截面：

$$\frac{\mathrm{d}\sigma_{\parallel}}{\mathrm{d}\Omega}=\frac{k^4a^6}{2}\left|\frac{\epsilon_{\mathrm{r}}-1}{\epsilon_{\mathrm{r}}+2}\right|^2\cos^2\theta,\quad \frac{\mathrm{d}\sigma_{\perp}}{\mathrm{d}\Omega}=\frac{k^4a^6}{2}\left|\frac{\epsilon_{\mathrm{r}}-1}{\epsilon_{\mathrm{r}}+2}\right|^2. \tag{5.76}$$

一般我们会定义散射波的偏振度

$$\varPi(\theta)=\frac{\dfrac{\mathrm{d}\sigma_{\perp}}{\mathrm{d}\Omega}-\dfrac{\mathrm{d}\sigma_{\parallel}}{\mathrm{d}\Omega}}{\dfrac{\mathrm{d}\sigma_{\perp}}{\mathrm{d}\Omega}+\dfrac{\mathrm{d}\sigma_{\parallel}}{\mathrm{d}\Omega}}. \tag{5.77}$$

按照这个定义，电介质球的偶极散射的偏振度为

$$\varPi(\theta)=\frac{\sin^2\theta}{1+\cos^2\theta}. \tag{5.78}$$

也就是说，在 $\theta=\pi/2$ 的方向，散射波是完全极化的（沿垂直于散射平面 x-z 的方向），而在 $\theta=0$ 和 π 的方向，散射波是完全非极化的.

如果我们不关心散射波的极化情形，可以将两种极化的截面 [(5.76) 式] 相加而得到总的微分散射截面

$$\frac{\mathrm{d}\sigma}{\mathrm{d}\Omega}=k^4a^6\left|\frac{\epsilon_{\mathrm{r}}-1}{\epsilon_{\mathrm{r}}+2}\right|^2\left(\frac{1+\cos^2\theta}{2}\right). \tag{5.79}$$

这个截面在 $\theta=\pi/2$ 的方向取极小值而在 $\theta=0,\pi$ 的方向取极大值. 对 (5.79) 式做立体角积分，可以得到总散射截面

$$\sigma=\frac{8\pi}{3}k^4a^6\left|\frac{\epsilon_{\mathrm{r}}-1}{\epsilon_{\mathrm{r}}+2}\right|^2. \tag{5.80}$$

例 5.2 理想导体球的偶极散射. 作为偶极散射的第二个例子，我们考察一个半径为 a 的理想导体球的偶极散射截面. 这相当于令式 (5.75) 中的 $\epsilon_{\mathrm{r}}=\infty$，$\mu_{\mathrm{r}}=0$.

解 选取与上例同样的坐标系，平行和垂直于散射面的两种偏振的微分截面 [(5.75) 式] 为

$$\frac{\mathrm{d}\sigma_{\parallel}}{\mathrm{d}\Omega}=\frac{k^4a^6}{2}\left(\cos\theta-\frac{1}{2}\right)^2,\quad \frac{\mathrm{d}\sigma_{\perp}}{\mathrm{d}\Omega}=\frac{k^4a^6}{2}\left(1-\frac{1}{2}\cos\theta\right)^2, \tag{5.81}$$

相应的偏振度 [(5.77) 式] 为

$$\Pi(\theta) = \frac{3\sin^2\theta}{5(1+\cos^2\theta) - 8\cos\theta}. \tag{5.82}$$

将 (5.81) 式中两个偏振方向的值相加，非极化的微分截面为

$$\frac{\mathrm{d}\sigma}{\mathrm{d}\Omega} = k^4 a^6 \left[\frac{5}{8}(1+\cos^2\theta) - \cos\theta\right]. \tag{5.83}$$

长波极限下的电磁波散射特性可以用来解释我们看到的蓝天，这首先是瑞利勋爵 (Lord Rayleigh) 注意到的[10]，因此又称为瑞利散射. 太阳光的频谱是一个连续谱，照射到地球的大气层中就会受到气体分子的散射. 对于可见光波段来说，电磁波的波长远大于气体分子的尺度，因此我们前面讨论的长波偶极散射的理论可以很好地运用到阳光的散射问题中来. 偶极散射截面的公式告诉我们，频率较高的光将比较多地被散射掉，这就是为什么我们白天看到的晴天呈蓝色 (假设污染不严重). 如果是在一个没有大气的星球 (例如月球) 上，当你抬头仰望天空的时候，即使是在白天，你看到的也将是黑暗，除非你正好直视太阳. 同样是由于大气分子散射的原因，日出和日落的时候太阳看起来显得更红. 如果你有幸在环绕地球的卫星上看日出和日落，那么它也会显得比地面上更红一些，因为这时太阳光穿过大气层的距离更长，从而蓝光的成分会被更多地散射.

不仅天空的颜色可以很好地用瑞利散射来解释，天空漫散射的自然光的偏振行为也可以很好地用介质球的偶极散射来解释. 如果我们拿一片偏振片去观察天空的漫散射光，会发现它多数情形下是偏振的. 按照 (5.76) 式，散射光的偏振度在 $\theta = \pi/2$ 时最大，这一点的确可以在观察漫散射光的过程中验证. 我们发现如果沿着垂直于太阳光线的方向观察天空的漫散射光，它一般具有最大的偏振度.

27.3 散射问题的多极场展开

按照前面的讨论，散射问题中入射的电磁波是平面波，但是散射波一般是球面波 (假设散射体的三维尺度都比较小). 对于球面波来说，第 26 节讨论的一般辐射场的多极场展开是十分便利的工具. 散射问题与前面讨论的简单辐射问题不同的是，散射体作为辐射源的特性不是已知的，而是依赖于入射的平面电磁波. 为了建立这种联系，我们需要知道如何将入射的平面波用球面波来展开.

[10]我们这里只是给了蓝天一个简化的解释. 完整的诠释应当考虑空气分子的随机涨落并结合统计物理的方法，有兴趣的读者可以阅读参考书 [9].

如果考虑的入射波仅是标量的平面波，这个展开式相对简单：

$$\mathrm{e}^{\mathrm{i}\boldsymbol{k}\cdot\boldsymbol{x}}=\sum_{l=0}^{\infty}\mathrm{i}^l(2l+1)\mathrm{j}_l(kr)\mathrm{P}_l(\cos\gamma)=4\pi\sum_{l,m}\mathrm{i}^l\mathrm{j}_l(kr)\mathrm{Y}^*_{lm}(\hat{\boldsymbol{n}})\mathrm{Y}_{lm}(\hat{\boldsymbol{k}}),\tag{5.84}$$

其中 γ 是波矢 $\boldsymbol{k}$ 与 $\boldsymbol{x}$ 之间的夹角，$\hat{\boldsymbol{k}}$，$\boldsymbol{n}$ 则分别表示波矢 $\boldsymbol{k}$，$\boldsymbol{x}$ 方向的单位矢量. (5.84) 式在研究量子力学散射问题时也会经常被用到.

在经典电磁波散射中我们需要的是更为复杂的矢量平面波的展开. 入射的单位强度的左旋和右旋圆偏振平面波 (针对 $\boldsymbol{E}$) 为

$$\boldsymbol{E}(\boldsymbol{x})=(\boldsymbol{e}_1\pm\mathrm{i}\boldsymbol{e}_2)\mathrm{e}^{\mathrm{i}kz},\quad c\boldsymbol{B}(\boldsymbol{x})=\boldsymbol{e}_3\times\boldsymbol{E}=\mp\mathrm{i}\boldsymbol{E},\tag{5.85}$$

其中平面波的波矢 $\boldsymbol{k}$ 方向选为 $+z$ 方向，并且 (5.85) 式中的上面和下面的符号分别对应于左旋和右旋圆偏振. 之所以这样选取是因为我们前面曾经提到过，左旋和右旋偏振的电磁波恰好对应于光子的角动量的两个本征态. 为了方便，选取入射平面波的振幅为 1. 展开这样具有确定偏振的矢量平面波需要第 26.2 小节引入的多极场 $\boldsymbol{X}_{lm}$. 由于平面波在全空间都是有界的，因此入射波 [(5.85) 式] 的展开式中一定仅包含 $\mathrm{j}_l(kr)\boldsymbol{X}_{lm}$ 和 $\nabla\times\mathrm{j}_l(kr)\boldsymbol{X}_{lm}$. 为了确定展开的系数，需要利用 $\boldsymbol{X}_{lm}$ 的下列性质：

$$\begin{aligned}&\int[\mathrm{f}_l(r)\boldsymbol{X}_{l'm'}]^*\cdot[\mathrm{g}_l(r)\boldsymbol{X}_{lm}]\,\mathrm{d}\Omega=\mathrm{f}_l(r)\mathrm{g}_l(r)\delta_{ll'}\delta_{mm'},\\&\int[\mathrm{f}_l(r)\boldsymbol{X}_{l'm'}]^*\cdot[\nabla\times\mathrm{g}_l(r)\boldsymbol{X}_{lm}]\,\mathrm{d}\Omega=0,\\&\frac{1}{k^2}\int[\nabla\times\mathrm{f}_l(r)\boldsymbol{X}_{l'm'}]^*\cdot[\nabla\times\mathrm{g}_l(r)\boldsymbol{X}_{lm}]\,\mathrm{d}\Omega\\&\qquad=\delta_{ll'}\delta_{mm'}\left(\mathrm{f}_l^*\mathrm{g}_l+\frac{1}{(kr)^2}\frac{\partial}{\partial r}\left[r\mathrm{f}_l^*\frac{\partial}{\partial r}(r\mathrm{g}_l)\right]\right),\end{aligned}\tag{5.86}$$

其中 $\mathrm{f}_l(r)$ 和 $\mathrm{g}_l(r)$ 都是第 l 阶任意球贝塞尔方程的解 [即 $\mathrm{j}_l(kr)$ 和 $\mathrm{n}_l(kr)$ 的线性组合]. 上面的第一个关系基于 $\boldsymbol{X}_{lm}$ 的正交归一关系 [(5.60) 式] 可以直接得到，第二和第三个关系可以利用梯度算符的下列表达式证明之：

$$\nabla=\frac{\boldsymbol{x}}{r}\frac{\partial}{\partial r}-\frac{\mathrm{i}}{r^2}\boldsymbol{x}\times\boldsymbol{L}.\tag{5.87}$$

总之，利用性质 (5.86) 可以得到入射平面波 [(5.85) 式] 按照多极场展开的结果：

$$\begin{aligned}\boldsymbol{E}(\boldsymbol{x})&=\sum_{l=0}^{\infty}\mathrm{i}^l\sqrt{4\pi(2l+1)}\left[\mathrm{j}_l(kr)\boldsymbol{X}_{l,\pm1}\pm\frac{1}{k}\nabla\times\mathrm{j}_l(kr)\boldsymbol{X}_{l,\pm1}\right],\\c\boldsymbol{B}(\boldsymbol{x})&=\sum_{l=0}^{\infty}\mathrm{i}^l\sqrt{4\pi(2l+1)}\left[\frac{-\mathrm{i}}{k}\nabla\times\mathrm{j}_l(kr)\boldsymbol{X}_{l,\pm1}\mp\mathrm{i}\mathrm{j}_l(kr)\boldsymbol{X}_{l,\pm1}\right].\end{aligned}\tag{5.88}$$

(5.88) 式中上下两个符号的选取分别对应于入射平面波 (5.85) 中的左旋和右旋圆偏振方向[11]. (5.88) 式称为矢量平面波的多极场展开，又称为矢量平面波的分波展开.

对于散射波，我们期待类似于 (5.88) 式的展开式也存在，只不过其中的球贝塞尔函数会换成 $\mathrm{h}_l^{(1)}(kr)$. 因此我们可以写出散射波的矢量场：

$$
\begin{aligned}
\boldsymbol{E}_{\mathrm{sc}}(\boldsymbol{x}) &= \sum_{l=0}^{\infty} \mathrm{i}^l \sqrt{\pi(2l+1)} \left[\alpha_{\pm}(l) \mathrm{h}_l^{(1)}(kr) \boldsymbol{X}_{l,\pm 1} \pm \frac{\beta_{\pm}(l)}{k} \nabla \times \mathrm{h}_l^{(1)}(kr) \boldsymbol{X}_{l,\pm 1} \right], \\
c\boldsymbol{B}_{\mathrm{sc}}(\boldsymbol{x}) &= \sum_{l=0}^{\infty} \mathrm{i}^l \sqrt{\pi(2l+1)} \left[\frac{\alpha_{\pm}(l)}{\mathrm{i}k} \nabla \times \mathrm{h}_l^{(1)}(kr) \boldsymbol{X}_{l,\pm 1} \mp \mathrm{i}\beta_{\pm}(l) \mathrm{h}_l^{(1)}(kr) \boldsymbol{X}_{l,\pm 1} \right].
\end{aligned} \tag{5.89}
$$

这就是散射波的最为一般的多极场展开，又称为散射波的分波展开， 其中的系数 $\alpha_{\pm}(l)$，$\beta_{\pm}(l)$ 必须由入射波和散射波在散射体的边界上面的具体边界条件来确定.

在讨论具体的散射问题之前，我们首先注意到，一旦有了入射波和散射波的多极场展开的系数，原则上就可以计算电磁波被散射过程中的散射功率和吸收功率了. 散射功率是仅由散射波所造成的、向外球面波所辐射的功率，而吸收功率则是由全部的（包括入射和散射）向内的球面波所贡献的功率. 我们假定散射体是一个半径为 a 的小球，那么总的散射功率和总的吸收功率分别为

$$
P_{\mathrm{sc}} = -\frac{a^2}{2\mu_0} \int \boldsymbol{E}_{\mathrm{sc}} \cdot (\boldsymbol{n} \times \boldsymbol{B}_{\mathrm{sc}}^*) \mathrm{d}\Omega_{\boldsymbol{n}}, \tag{5.90}
$$

$$
P_{\mathrm{abs}} = \frac{a^2}{2\mu_0} \int \boldsymbol{E} \cdot (\boldsymbol{n} \times \boldsymbol{B}^*) \mathrm{d}\Omega_{\boldsymbol{n}}. \tag{5.91}
$$

将前面散射场的多极场展开 [(5.89) 式] 代入并且利用多极场的基本性质，我们可以完成对于立体角的积分，从而得到相应的散射截面（即散射功率除以入射波的

---

[11] 这个结果可以这样来理解. 首先展开系数仅仅包含 $\mathrm{j}_l(kr)$ 是由于平面波在原点的有限性. 其次，当利用正交归一关系 (5.86) 确定其前面的系数时，我们有 $a_{\pm}(l,m) \propto \int \mathrm{d}\Omega \boldsymbol{X}_{lm}^* \cdot \boldsymbol{E}$. 而入射圆偏振波 $\boldsymbol{E}$ 的形式使得这个积分正比于 $\int (\hat{L}_{\mp} \mathrm{Y}_{lm})^* \mathrm{e}^{\mathrm{i}kz} \mathrm{d}\Omega$. 于是将 $\mathrm{e}^{\mathrm{i}kz}$ 的展开式 (5.84) 代入，我们发现 $m = \pm 1$.

能流）:

$$\sigma_{\rm sc}=\frac{\pi}{2k^2}\sum_l(2l+1)\left[|\alpha(l)|^2+|\beta(l)|^2\right], \tag{5.92}$$

$$\sigma_{\rm abs}=\frac{\pi}{2k^2}\sum_l(2l+1)\left[2-|\alpha(l)+1|^2-|\beta(l)+1|^2\right], \tag{5.93}$$

$$\sigma_{\rm t}\equiv\sigma_{\rm sc}+\sigma_{\rm abs}=-\frac{\pi}{k^2}\sum_l(2l+1){\rm Re}\left[\alpha(l)+\beta(l)\right]. \tag{5.94}$$

学习过量子力学的读者应当觉得这些式子似曾相识. 事实上，它与量子力学散射问题中分波法的公式完全相同.

我们也可以根据多极场展开 [(5.89) 式] 写出到某个空间立体角的微分散射截面:

$$\frac{{\rm d}\sigma_{\rm sc}}{{\rm d}\Omega}=\frac{\pi}{2k^2}\left|\sum_l\sqrt{2l+1}\left[\alpha_\pm(l)\boldsymbol{X}_{l,\pm1}\pm{\rm i}\beta_\pm(l)\boldsymbol{n}\times\boldsymbol{X}_{l,\pm1}\right]\right|^2, \tag{5.95}$$

其中上下符号分别对应于入射平面波的左右旋圆偏振 $(\boldsymbol{e}_1\pm{\rm i}\boldsymbol{e}_2)$. (5.95) 式说明，对于圆偏振入射的平面波，它的散射波一般来说是椭圆偏振的. 只在对于所有的 l 都有 $\alpha_\pm(l)=\beta_\pm(l)$ 的特殊情形下，散射波才是圆偏振的.

有了上述平面波和散射波的多极场展开式，现在我们来讨论一个半径为 a 的球体对电磁波的散射问题. 这个问题看起来简单，实际上是一个相当复杂的问题. 具体来说，这个散射称为米氏散射 (Mie scattering)，是德国物理学家米首先探讨的 (1908 年). 如果我们仅满足于长波极限下的主要贡献，那么仅考虑偶极散射就已经足够了. 在长波极限下的偶极散射近似解我们已经在第 27.2 小节讨论过了. 如果需要求解更高阶的贡献，就需要 (5.89) 式中的多极场展开了.

上面的讨论虽然写出了散射的截面 [(5.95) 式]，但是它们都表达为若干个多极场展开参数 $\alpha_\pm(l)$，$\beta_\pm(l)$ 的函数. 我们必须利用 $r=a$ 处的边界条件将散射体外部的场与散射体内部的电磁场匹配起来，才可以完全确定参数 $\alpha_\pm(l)$，$\beta_\pm(l)$，并进而确定所有的散射截面. 显然，在边界 $r=a$ 处的边界条件依赖于球体内部的电磁场，这又依赖于构成球体的物质的电磁性质. 为了简单，我们将不去具体地求解球体内部的麦克斯韦方程组，而是假定 $r=a$ 处的边界条件可以用所谓的表面阻抗来描写:

$$\boldsymbol{E}_{\rm tan}=Z_{\rm s}\boldsymbol{n}\times\boldsymbol{B}/\mu_0. \tag{5.96}$$

这里的 $\boldsymbol{E}_{\rm tan}$ 表示电场的切向分量，参数 $Z_{\rm s}$ 称为该球体的表面阻抗. 我们进一步假定所考虑的球体的表面阻抗为常数. 虽然看起来十分怪异，但是这个边界条件实际上包含了理想导体 ($Z_{\rm s}=0$) 等多种极限情形. 总之，利用前面关于入射平面波的多极场展开式 (5.88) 以及散射波的多极场展开式 (5.89)，对入射波和散射波的和在 $r=a$ 处运用边界条件 (5.96)，散射波多极场展开中的系数 $\alpha_{\pm}(l)$ 和 $\beta_{\pm}(l)$ 可以完全确定下来：

$$
\begin{aligned}
\alpha_{\pm}(l) &= -1-\frac{\mathrm{h}_l^{(2)}-\mathrm{i}\dfrac{Z_{\rm s}}{Z_0}\dfrac{1}{x}\dfrac{\mathrm{d}}{\mathrm{d}x}(x\mathrm{h}_l^{(2)})}{\mathrm{h}_l^{(1)}-\mathrm{i}\dfrac{Z_{\rm s}}{Z_0}\dfrac{1}{x}\dfrac{\mathrm{d}}{\mathrm{d}x}(x\mathrm{h}_l^{(1)})},\\
\beta_{\pm}(l) &= -1-\frac{\mathrm{h}_l^{(2)}-\mathrm{i}\dfrac{Z_0}{Z_{\rm s}}\dfrac{1}{x}\dfrac{\mathrm{d}}{\mathrm{d}x}(x\mathrm{h}_l^{(2)})}{\mathrm{h}_l^{(1)}-\mathrm{i}\dfrac{Z_0}{Z_{\rm s}}\dfrac{1}{x}\dfrac{\mathrm{d}}{\mathrm{d}x}(x\mathrm{h}_l^{(1)})},
\end{aligned}
\tag{5.97}
$$

其中所有的球贝塞尔函数 $\mathrm{h}_l^{(1)}(x)$, $\mathrm{h}_l^{(2)}(x)$ 及其导数都是在 $x=ka$ 处计算的. 现在注意到 (5.97) 式中一个有意思的结构：如果 $Z_{\rm s}=0$，或者 $Z_{\rm s}=\infty$，或者 $Z_{\rm s}$ 是纯虚数，那么 $\alpha_{\pm}(l)+1$ 和 $\beta_{\pm}(l)+1$ 一定是一个模为 1 的相因子，即

$$
\alpha_{\pm}(l)=\mathrm{e}^{2\mathrm{i}\delta_l}-1,\quad \beta_{\pm}(l)=\mathrm{e}^{2\mathrm{i}\delta_l'}-1,
\tag{5.98}
$$

其中 δ_l 和 δ_l' 称为散射相移. 具体到理想导体球的散射情形 ($Z_{\rm s}=0$)，我们甚至可以得到导体球的散射相移的明显表达式：

$$
\tan\delta_l=\frac{\mathrm{j}_l(ka)}{\mathrm{n}_l(ka)},\qquad \tan\delta_l'=\left[\frac{\dfrac{\mathrm{d}}{\mathrm{d}x}(x\mathrm{j}_l(x))}{\dfrac{\mathrm{d}}{\mathrm{d}x}(x\mathrm{n}_l(x))}\right]_{x=ka}.
\tag{5.99}
$$

如果我们仅对长波极限 (即 $ka\ll 1$) 感兴趣，那么可以利用球贝塞尔函数在小宗量时的展开得到更为具体的散射截面的公式. 容易证明，半径为 a 的小球的微分散射截面 (5.95) 中最重要的是 $l=1$ 的项，l 的数值每增加 1，相应的项会比前一项压低一个 $(ka)^2$ 的因子. 事实上，利用 $l=1$ 时 $\boldsymbol{X}_{1,\pm1}$ 的明显表达式，我们发现 (5.95) 式中第一项 $l=1$ 贡献的微分散射截面与第 27.2 小节中 (5.75) 式的偶极散射截面完全相同. 只不过利用多极场的理论，原则上可以得到更高阶的贡献，只要我们有足够的耐心. 事实上，将 (5.97) 式中的 $\alpha_{\pm}(l)$, $\beta_{\pm}(l)$ 以及 $\boldsymbol{X}_{lm}$ 的具体形式 (5.59) 代入 (5.95) 式之中，就可以获得相应的微分散射截面的级数表达式. 当然，将其进一步对角度积分就可以获得总散射截面.

相关的阅读

本章主要讨论的是宏观谐振的电荷和电流分布所辐射的电磁波的基本性质.我们仅讨论了这种辐射中最低的几阶的贡献：电偶极辐射、磁偶极辐射和电四极辐射. 另外，正如我们在本章开始所说的，微观粒子的电磁波辐射将放在本书第八章中进行讨论. 我们对于电磁波散射的讨论是十分简略的，这实际上是一个十分复杂的问题，有兴趣的读者可以阅读参考书 [9] 和参考书 [14] 中的详细讨论.我们的讨论忽略了另外一个十分重要的课题：电磁波的干涉和衍射. 这方面的理论和应用在光学中有着十分广泛的讨论. 对于这方面需要深入了解的读者可以阅读经典著作参考书 [1].

习　　题

1. 亥姆霍兹方程和波动方程的格林函数.

   (1) 验证亥姆霍兹方程 (5.4) 的格林函数具有 (5.5) 式中的形式；

   (2) 验证波动方程 (5.1) 的格林函数为 (5.7) 式.

2. 推迟的场的叶菲缅科 (Jefimenko) 公式. 本章第 23 节中讨论了随时间变化的、集中于原点附近的源 $\rho(\boldsymbol{x}',t)$ 和 $\boldsymbol{J}(\boldsymbol{x}',t)$ 在时空任意点 $(\boldsymbol{x},t)$ 所产生的势的形式 [(5.9) 式以及 $\Phi(\boldsymbol{x},t)$ 的类似的公式]. 原则上从它们出发就可以推导出电磁场 $\boldsymbol{E}$ 或 $\boldsymbol{B}$ 的形式. 另一做法是从电磁场本身所满足的非齐次波动方程出发进行推导.

   (1) 证明电磁场满足非齐次波动方程

$$
\begin{aligned}
\left[\nabla^2-\frac{1}{c^2}\frac{\partial^2}{\partial t^2}\right]\boldsymbol{E}(\boldsymbol{x},t)&=-\frac{1}{\epsilon_0}\left[-\nabla\rho-\frac{1}{c^2}\frac{\partial \boldsymbol{J}}{\partial t}\right],\\
\left[\nabla^2-\frac{1}{c^2}\frac{\partial^2}{\partial t^2}\right]\boldsymbol{B}(\boldsymbol{x},t)&=-\mu_0\nabla\times\boldsymbol{J}.
\end{aligned}
\tag{5.100}
$$

   (2) 利用波动方程的格林函数给出电场和磁场的推迟表达式

$$
\begin{aligned}
\boldsymbol{E}(\boldsymbol{x},t)&=\frac{1}{4\pi\epsilon_0}\int \mathrm{d}^3\boldsymbol{x}'\frac{1}{R}\left[-\nabla'\rho-\frac{1}{c^2}\frac{\partial \boldsymbol{J}}{\partial t'}\right]_{\mathrm{ret}},\\
\boldsymbol{B}(\boldsymbol{x},t)&=\frac{\mu_0}{4\pi}\int \mathrm{d}^3\boldsymbol{x}'\frac{1}{R}\left[\nabla'\times\boldsymbol{J}\right]_{\mathrm{ret}},
\end{aligned}
\tag{5.101}
$$

其中 $R \equiv |\boldsymbol{x}-\boldsymbol{x}'|$ 表示源点和观测点之间的距离，下标 ret 表示对括号内的物理量取其推迟的值. 也就是说，t 和 t' 满足所谓的光锥条件

$$t' = t - R/c. \tag{5.102}$$

(3) 这里特别需要注意的是，由于推迟条件中包含坐标，因此对一个任意的时空函数 $f(\boldsymbol{x}',t')$ 来说，求导和取推迟并不可交换，即 $\nabla'[f]_{\rm ret} \neq [\nabla' f]_{\rm ret}$. 例如，对于电荷密度函数，利用定义

$$[\rho(\boldsymbol{x}',t')]_{\rm ret} = \rho(\boldsymbol{x}',t-|\boldsymbol{x}'-\boldsymbol{x}|/c), \tag{5.103}$$

对 (5.103) 式两边取 $\nabla' = \partial/\partial\boldsymbol{x}'$，证明

$$[\nabla'\rho]_{\rm ret} = \nabla'[\rho]_{\rm ret} - \left[\frac{\partial\rho}{\partial t'}\right]_{\rm ret}\nabla'(t-R/c) = \nabla'[\rho]_{\rm ret} - \frac{\hat{\boldsymbol{R}}}{c}\left[\frac{\partial\rho}{\partial t'}\right]_{\rm ret}, \tag{5.104}$$

其中 $\boldsymbol{R} = \boldsymbol{x}-\boldsymbol{x}'$，$\hat{\boldsymbol{R}} = \boldsymbol{R}/R$. 类似地，也请证明

$$[\nabla'\times\boldsymbol{J}]_{\rm ret} = \nabla'\times[\boldsymbol{J}]_{\rm ret} + \left[\frac{\partial\boldsymbol{J}}{\partial t'}\right]_{\rm ret}\times\frac{\hat{\boldsymbol{R}}}{c}. \tag{5.105}$$

(4) 将 (3) 中的各个公式代入 (2) 中的电磁场的表达式并进行适当的分部积分，试证明下面关于电磁场的叶非缅科公式：

$$\begin{aligned}&\boldsymbol{E}(\boldsymbol{x},t)\\&=\frac{1}{4\pi\epsilon_0}\int \mathrm{d}^3\boldsymbol{x}\left(\frac{\hat{\boldsymbol{R}}}{R}[\rho(\boldsymbol{x}',t')]_{\rm ret}+\frac{\hat{\boldsymbol{R}}}{cR}\left[\frac{\partial\rho(\boldsymbol{x}',t')}{\partial t'}\right]_{\rm ret}-\frac{1}{c^2R}\left[\frac{\partial\boldsymbol{J}(\boldsymbol{x}',t')}{\partial t'}\right]_{\rm ret}\right),\end{aligned} \tag{5.106}$$

$$\boldsymbol{B}(\boldsymbol{x},t) = \frac{\mu_0}{4\pi}\int \mathrm{d}^3\boldsymbol{x}\left([\boldsymbol{J}(\boldsymbol{x}',t')]_{\rm ret}\times\frac{\hat{\boldsymbol{R}}}{R} + \left[\frac{\partial\boldsymbol{J}(\boldsymbol{x}',t')}{\partial t'}\right]_{\rm ret}\times\frac{\hat{\boldsymbol{R}}}{cR}\right).$$

显然，如果所有源的时间导数都等于零，上述叶非缅科公式自动回到静电学和静磁学中相应的关于场的库仑定律和毕奥–萨伐尔定律.

3. 运动点电荷产生的场的赫维赛德–费曼公式. 已知一个运动的点电荷 e 的电荷和电流密度可以表达为

$$\begin{aligned}\rho(\boldsymbol{x}',t') &= e\delta^3[\boldsymbol{x}'-\boldsymbol{r}_0(t')],\\ \boldsymbol{J}(\boldsymbol{x}',t') &= \rho\boldsymbol{v}(t') = e\boldsymbol{v}(t')\delta^3[\boldsymbol{x}'-\boldsymbol{r}_0(t')],\end{aligned} \tag{5.107}$$

其中 $\boldsymbol{r}_0(t')$ 是带电粒子运动的轨迹方程，$\boldsymbol{v}(t') = \mathrm{d}\boldsymbol{r}_0(t')/\mathrm{d}t'$ 为其速度. 将这个表达式代入叶非缅科公式 (5.106) 并积分，就可以获得所谓的赫维赛德–费曼的场的表达式.

(1) 在积分过程中，由于我们需要设定源点 $\boldsymbol{x}' = \boldsymbol{r}_0(t')$，此时有

$$\boldsymbol{R} = \boldsymbol{x} - \boldsymbol{r}_0(t'), \qquad t' \equiv t_{\rm ret} = t - R(t')/c. \tag{5.108}$$

由于 $\boldsymbol{R}$ 之中包含 $\boldsymbol{x}'$，因此三维的 δ 函数的积分需要变为

$$\int \mathrm{d}^3\boldsymbol{x}'\delta^3[\boldsymbol{x}' - \boldsymbol{r}_0(t_{\rm ret})] = \frac{1}{\kappa}, \tag{5.109}$$

其中的 $\kappa = 1 - \boldsymbol{v}\cdot\hat{\boldsymbol{R}}/c$ 称为推迟因子 (它也需要在推迟的时间 $t_{\rm ret}$ 进行计算).

(2) 利用 (1) 中的结果 (5.109) 和叶菲缅科公式 (5.106) 给出一个运动点电荷产生的电磁场的公式：

$$\begin{aligned}\boldsymbol{E} &= \frac{e}{4\pi\epsilon_0}\left(\left[\frac{\hat{\boldsymbol{R}}}{\kappa R^2}\right]_{\rm ret} + \frac{\partial}{c\partial t}\left[\frac{\hat{\boldsymbol{R}}}{\kappa \boldsymbol{R}}\right]_{\rm ret} - \frac{\partial}{c^2\partial t}\left[\frac{\boldsymbol{v}}{\kappa R}\right]_{\rm ret}\right),\\ \boldsymbol{B} &= \frac{e\mu_0}{4\pi}\left(\left[\frac{\boldsymbol{v}\times\hat{\boldsymbol{R}}}{\kappa R^2}\right]_{\rm ret} + \frac{\partial}{c\partial t}\left[\frac{\boldsymbol{v}\times\hat{\boldsymbol{R}}}{\kappa R}\right]_{\rm ret}\right),\end{aligned} \tag{5.110}$$

其中 $\kappa = 1 - \boldsymbol{v}\cdot\hat{\boldsymbol{R}}/c$ 为推迟因子. 这就是所谓的赫维赛德和费曼得到的运动点电荷所产生的电磁场的赫维赛德–费曼公式.

4. 推导长波近似下的电偶极辐射电磁场. 由 (5.19) 式，根据 (1.9) 式和矢量分析的公式 (5.20)，以及麦克斯韦方程组，验证 (5.21) 式中长波近似下的电偶极辐射电磁场.

5. 第 (l, m) 阶多极场展开的功率.

(1) 将轨道角动量算符 (5.43) 分别写成 $\hat{L}_+$ 和 $\hat{L}_-$ 算符，并给出升降算符作用于球谐函数 Y_{lm} 的结果；

(2) 利用 X 函数的定义式 (5.59) 以及 (1) 中轨道角动量算符作用于球谐函数 Y_{lm} 的特性，根据 (5.66) 式推出 (5.67) 式.

6. 多极场展开的总功率. 利用 $\boldsymbol{X}_{lm}$ 的正交归一关系 [(5.60) 式]，将 (5.65) 式对立体角积分，导出电和磁多极场展开的总功率 (5.68).

第六章 狭义相对论

本 章 提 要

狭义相对论是爱因斯坦在 1905 年的天才发现. 当时许多的实验迹象和理论工作表明，旧的时空观越来越不适应物理学的一些新的发现，其中最为突出的表现就是旧的时空观与麦克斯韦电磁理论的矛盾. 这种矛盾最后集中在一种十分神秘的物质形态——以太的性质上. 对以太性质的探讨最终导致爱因斯坦创立了狭义相对论.

需要澄清的一点是，狭义相对论是关于时空观的理论. 原则上讲，时空观和参照系理论的影响远远超出了经典电动力学的范畴. 正是由于这个原因，我们会在各种课程的学习中遇到狭义相对论，例如力学、分析力学，还有相对论性量子场论等. 但是，由于狭义相对论与经典电动力学的密切历史渊源，使得在任何电动力学教程中不可能不包含狭义相对论的内容. 这一章中，我们简要地讨论一下狭义相对论时空观的基本内容以及物理量的变换规律，这将为下一章讨论的相对论性电动力学奠定基础.

28　狭义相对论的基本假设及其验证

28.1　狭义相对论的基本假设与早期实验

在经典物理中一个重要的概念就是参照系. 一个参照系就是一个时空的标度，或者说是时空的坐标系. 一切物理现象的时间和空间都可以在某个参照系中来定量地加以描述. 在狭义相对论中，这些在某个参照系中一定时间和空间点发生的物理现象通常称为事件. 显然，参照系是与其中发生的物理现象无关的. 一个物理现象可以在一个参照系中来考察，也完全可以在另一个参照系中来考察. 这种不同参照系之间的转换称为参照系之间的变换. 在各种不同的参照系中，有一类特殊的参照系，我们称它们为惯性参照系，或者简称为惯性系. 要给惯性系一个可操作的定义确实不是一件十分容易的事情. 简略地说，惯性系的定义是：如果一个不受外力的经典物体，在该参照系中满足牛顿第一定律，即保持匀速直线运动，那么就称这个参照系为惯性参照系. 如果一个参照系是惯性参照系，那么相对于该惯性系做匀速直线运动的参照系当然也是一个惯性系.

一个相当古老而又重要的哲学问题就是：不同的惯性系在物理上是等价的吗？如果有两个人，分别在两个相对做匀速直线运动的惯性系中做实验来确立他们各自的物理定律，最后会得到相同的物理定律吗？具体来说，如果两个人都去研究电磁现象，最终总结出来的规律都一定是麦克斯韦方程组吗？对于这个问题的回答，一直就有两种不同的哲学观点. 一种观点认为，有某一个惯性系是特别的，比如地心说认为地球是宇宙的中心，与地球固定在一起的参照系（也就是地球在其中静止的参照系）是一个特别的参照系. 另一种与之相对的观点则不承认特殊惯性系的存在. 这种观点集中地体现在伽利略的相对性原理中. 相对性原理认为所有的惯性系在物理上都是等价的，在不同惯性系中的物理规律都是相同的. 相对性原理正是爱因斯坦狭义相对论的两个重要假设中的一个. 爱因斯坦的理论称为相对论，就因为它是建立在相对性原理基础上的. 我们再次强调，相对性原理是否成立是不能够从理论上证明的，在人们认识和掌握电磁波之前，这甚至是无法从实验上验证的. 因此，我们更愿意称它为一个哲学问题，所以，在物理理论中它必定以原理的形式出现. 它究竟是不是正确，只有通过直接或间接的实验来检验. 撇开实验检验，如果从个人的哲学体验来讲，我宁愿接受相对性原理. 设想一下，如果相对性原理不对，那么就会在不同的参照系中存在无穷多种不同的麦克斯韦方程组，那电动力学永远也学不完了.

相对性原理并不是爱因斯坦首先提出的，最先提出它的是物理学家伽利略. 为了提倡日心说，他提出了伽利略相对性原理. 后来，相对性原理又被马赫

(Mach) 大大地加以发扬了. 伽利略的时空观与爱因斯坦的时空观的重大区别在于狭义相对论的第二条基本假设，这就是光速不变原理. 考虑某个惯性参照系中的两个质点，它们位于两个不同的空间点，如果这两个质点之间发生物理的相互作用，一个重要的问题就是，它们之间的相互作用究竟是可以瞬时到达还是需要一定传播时间才能到达. 也就是说，在惯性系中物理的相互作用最大可能的传递速度究竟是无穷大（瞬时相互作用）还是有限大. 这种物理相互作用的传播在相对论中又称为信号的传播. 在伽利略时空观中，时间仍然具有某种绝对性，也就是说，不同惯性系之间的时间是共同的. 这意味着信号的传播可以是瞬时的，即信号的最大可能传递速度是无穷大. 爱因斯坦狭义相对论时空观则认为物理相互作用的最大可能速度是有限的. 按照相对性原理，这个最大可能的速度在不同的惯性系中一定是相同的，因为不同惯性系是等价的. 爱因斯坦的狭义相对论的第二个基本假设就是：所有惯性系中信号的最大可能传播速度是真空中的光速 c. 这又称为光速不变原理. 相对性原理加上光速不变原理构成了爱因斯坦狭义相对论的两条基本假设①.

从纯粹逻辑上讲，即使认为惯性系中信号最大传播速度是有限大，也不能就断言它正好等于真空中的光速，它可以是不小于真空中光速的任何有限的值. 爱因斯坦之所以在狭义相对论的第二条假设中认定光速不变原理，可能是受了当时著名的测量地球相对以太漂移速度的迈克耳孙 (Michelson)–莫雷 (Morley) 实验的影响②.

迈克耳孙–莫雷实验③的目的是要探测地球相对于绝对以太的漂移速度. 所谓以太，实际上是人们在绝对时空观中设想出来的，存在于任何地方，并且可以传递相互作用的特殊介质. 古希腊的柏拉图 (Plato) 曾把五种正多面体对应于四

---

①这里我们可以顺便提一下一段历史公案. 有些学者认为狭义相对论的主要贡献者不是爱因斯坦，而是庞加莱 (Poincaré) 和洛伦兹. 的确，法国数学家庞加莱实际上曾经先于爱因斯坦提出了相对性原理 (1899 年) 和光速不变原理 (1904 年). 事实上，在 1904 年美国圣路易斯的一次报告中，庞加莱十分明确地同时提出了这两个原理. 当时，荷兰物理学家洛伦兹已经得到了不同参照系坐标之间的变换，即狭义相对论中的洛伦兹变换的数学形式 (1903 年). 但是应当指出，他们都没有充分地从物理学的时空观来考虑这种新的理论架构. 爱因斯坦恰恰做到了这一点 (1905 年). 正是在他的那篇著名的文章中，爱因斯坦从两个基本的原理出发，清晰地阐述了狭义相对论的新时空观，并且逐步获得了多数物理学家的重视和支持.

②虽然爱因斯坦曾经明确否认迈克耳孙–莫雷实验在创立狭义相对论时的作用，但他也曾经强调过它的重要性，以至于现在这已经成为一个谜.

③两位作者文章的电子扫描版见 http://www.aip.org/history/gap/PDF/michelson.pdf.

元素和以太. 笛卡儿首先赋予以太传递相互作用的角色. 信奉绝对时空观的人们认为，所谓一个绝对静止的惯性系就是以太在其中静止的惯性系. 由于地球一年之中会环绕太阳运行一周，它的平均环绕速度大约是 30 km/s，因此，不管太阳相对于以太是否静止，地球相对于以太的速度在一年之中总会在有的时刻大于 30 km/s. 迈克耳孙–莫雷实验是一个精心设计的实验，它利用光的干涉条纹的移动来试图测量地球相对于一个绝对静止惯性系（以太）的速度. 这个实验的结果是十分令人震惊的. 在实验的精度之内，没有测到任何地球相对于以太的速度. 换句话说，如果以太果真存在，似乎任何时刻地球在其中都是静止的.

从电动力学的理论框架来考虑，人们在 19 世纪末已经认识到，伽利略时空观与麦克斯韦方程组是不相容的. 也就是说，如果在一个惯性系中麦克斯韦方程组成立，利用伽利略时空变换 $x' = x - vt$ 换到另外一个惯性系，麦克斯韦方程组原有的形式就不再成立了④. 这显然是在理论上令人无法接受的结论. 爱因斯坦是相信相对性原理的马赫主义的坚定支持者. 迈克耳孙–莫雷实验的否定结果以及其他实验的结果，加上麦克斯韦方程组与伽利略时空观的矛盾，以及洛伦兹和庞加莱的工作，最终促使爱因斯坦相信：必须有一种崭新的时空观来替代伽利略时空观. 他发现只要引入相对性原理和光速不变原理就可以对这些实验给出十分清晰的解释，同时，麦克斯韦方程组也会成为所有惯性系中都普遍成立的基本规律⑤. 事实上，我们即将证明，只需要这两个基本原理，加上时空均匀、各向同性的假设，就可以得到所有狭义相对论和相对论性电动力学的结果.

28.2 狭义相对论的近代实验验证

迈克耳孙–莫雷实验是相对论发展早期十分著名的实验，它启迪了狭义相对论的诞生. 狭义相对论自诞生到现在，从来就不缺少挑战者，众多的人物 (这中间既包括严肃的物理学家，也包括不严肃的业余爱好者) 不断试图用理论、实验（多数是理想实验）来推翻狭义相对论. 因此，我们有必要在这里介绍一些狭义相对论的比较近代的实验证据. 这类证据实际上有很多，例如关于时间膨胀的实验、关于空间各向同性的实验、关于光速不变的实验等等. 我们这里将仅涉及运动光源的光速测量实验. 按照狭义相对论的第二个基本假设，真空中的光速是不依赖于光源的运动速度的，因此这一点可以看成对狭义相对论基本假设的直接实

---

④这一点是荷兰物理学家洛伦兹首先意识到的 (1899 年).

⑤与爱因斯坦的狭义相对论不同，里茨 (Ritz) 理论选择了保留传统的伽利略–牛顿时空观但是更改麦克斯韦方程组中两个有源的方程. 里茨理论是所谓发射理论（emission theory）中最为流行的一种.

验验证[⑥]. 另一方面，这一类实验也是历史上最有争议性的.

早期的动源光速的测量实验实际上都存在一个致命的问题，这就是所谓的光学灭绝（optical extinction）问题. 简单来说就是，当待测的运动光源（假设在真空中）发光，光总是最终进入我们探测器所在的介质. 按照电磁波传播理论中的“灭绝定理” [又称为埃瓦尔德 (Ewald)–奥辛 (Oseen) 灭绝定理][⑦]，当电磁波进入介质时，介质会被极化并且会诱导产生新的电磁场，新的电磁场中的一部分正好与原先真空中入射的电磁波完全相消（将其灭绝），另一部分则对应于按照所在介质中相速度传播的电磁波. 换句话说，在介质中的探测器所探测到的电磁波（光）实际上并不直接来源于运动的光源，而是来源于介质表面所感生的电磁波. 由于探测器本身相对于介质是静止的，因此实际上探测器所测到的是静止的（而不是运动的）介质中的光速. 当然，这种灭绝机制不是在介质表面瞬时完成的，而是需要持续一段距离，这段距离称为介质的灭绝距离. 依赖于介质的性质和光源所发出电磁波的能量，这个灭绝距离可以很大，也可以很小. 只要探测器距离介质表面（灭绝机制起作用的区域）的距离大于灭绝距离，那么它探测到的实际上只是静止的介质表面按照灭绝机制所感生出来的电磁波，该电磁波仅依赖于静止的介质的性质而与光源运动与否完全无关. 我们以为测到了运动光源发出的电磁波，而实际上我们仅接收到了探测器所在的介质所发射的电磁波. 这就是福克斯 (Fox) 对于早期动源光速测量实验的批评[⑧].

考虑到上述光学灭绝的因素，1964 年，阿尔瓦格 (Alvager) 等人在欧洲核子中心 (CERN) 进行了一项著名的实验[⑨]. 他们利用飞行时间（time of flight, TOF）方法测量了接近光速（大约为 $0.99975c$）的 π^0 介子衰变时所辐射的光子的速度. 如果我们假定辐射的光子的速度可以写为 $c' = c + kv$，其中 c 是真空中的光速，v 是源的速度 (也就是 π^0 介子的速度)，他们得到的实验的结果是 $k = (0 \pm 1.3) \times 10^{-4}$. 这个实验中光学灭绝的效应不重要，因为简单的估计给出其灭绝距离至少是几百米，而测量的位置远小于灭绝距离. 另一个更为近代的实

[⑥]狭义相对论的基本假设有两点：相对性原理和光速不变原理. 如果我们仅坚持第一条，而不假设第二条，或者将第二条改为满足传统的伽利略–牛顿的速度相加原则，就得到所谓的发射理论. 因此，对于动源光速的测量可以看成对狭义相对论和发射理论孰对孰错的判定.

[⑦]这个翻译比较怪. 也许应当翻译成淬灭定理，或者破灭定理. 光学中可能翻译为消光定理. 需要指出的是，定理本身以及它的提出者们都与峨嵋派没有任何关系.

[⑧]Fox J G. Am. J. Phys., 1962, 30: 297; Am. J. Phys., 1965, 33: 1; J. Opt. Soc., 1967, 57: 967.

[⑨]Alvager T, Bailey J M, Farley F J M, Kjellman J, and Wallin I. Phys. Lett., 1964, 12: 260; Arkiv f. Fys., 1965, 31: 145.

验是利用自由电子激光装置 FLASH. 这套在高真空中的装置利用自由电子激光器给出的限制是 $k \lesssim 10^{-7}$. 除了上述地面实验之外，一些遥远星体（例如脉冲双星）的辐射也可以对 k 的数值给出比较严格的限制. 我们看到，这些近代更为精确的实验不仅没有证伪狭义相对论，而且使得狭义相对论变得更加令人信服了.

最后顺便提一下，历史上也存在“号称”与狭义相对论矛盾的实验结果. 其中一个比较典型的例子是著名的米勒 (Miller) 实验（与迈克耳孙-莫雷实验十分类似的实验）. 米勒在进行了多年 (1925—1929 年) 的精心实验后，在 1933 年发表了他的实验结果[10]. 他声称测出了非零的地球相对于以太的漂移速度. 这当然与狭义相对论是不相符的. 米勒得到这样的结果的主要原因是他没有对实验数据进行科学的误差分析. 这个程序虽然在今天的物理学实验中是常规的，但是在米勒那个年代还没有被普遍采用. 利用米勒在距今将近一百年前采集的大量原始数据，21 世纪初，罗伯茨 (Roberts) 对其进行了系统的误差分析，得到的结论是：在误差范围之内，米勒的原始数据与地球漂移速度的零结果其实是兼容的[11]. 因此，我们可以自信而且自豪地说：至少到目前为止，在世界范围内还没有发现任何可信的推翻狭义相对论的实验证据.

29 洛伦兹变换

现在我们试图来建立符合第 28 节中爱因斯坦的两个基本假设——相对性原理和光速不变原理的时空变换规则. 由于时空的均匀性，我们期待不同惯性系之间的变换是一个线性变换. 考虑在某个惯性参照系 K 中的两个时空点 $(t_1, \boldsymbol{x}_1)$ 和 $(t_2, \boldsymbol{x}_2)$. 假设在第一个时空点 $(t_1, \boldsymbol{x}_1)$ 发射了一个光信号，在第二个时空点 $(t_2, \boldsymbol{x}_2)$ 被接收到. 这时，我们称这两个事件 (也就是第一个时空点发射和第二个时空点接收的两个事件) 是由光信号联系的. 我们构造两个时空点之间的不变间隔的平方如下：

$$\Delta s^2 \equiv c^2(t_2 - t_1)^2 - (\boldsymbol{x}_2 - \boldsymbol{x}_1)^2 = c^2\Delta t^2 - \Delta \boldsymbol{x}^2 = 0. \tag{6.1}$$

(6.1) 式的第一个恒等号是任意两个事件的不变间隔平方的定义，而对于两个光信号联系的事件，其不变间隔平方一定等于零.

现在考虑另外一个惯性系 K'，它相对于第一个惯性系以速度 $\boldsymbol{v}'$ 匀速运动. 如果在惯性系 K' 中来考察这两个事件，它们发生的时空点就变为 $(t'_1, \boldsymbol{x}'_1)$ 和 $(t'_2, \boldsymbol{x}'_2)$. 两个事件的不变间隔平方变为 $\Delta s'^2 = c^2\Delta t'^2 - \Delta \boldsymbol{x}'^2$. 按照光速不变原

[10] Miller D C. Rev. Mod. Phys., 1933, 5: 203.

[11] 参见 arXiv:physics/0608238.

理，这个不变间隔平方一定也为零. 于是我们看到，在两个惯性系之间变换时，它们中的不变间隔平方一定有

$$\Delta s^2 = A(|\boldsymbol{v}'|)\,\Delta s'^2, \tag{6.2}$$

其中变换系数 $A(|\boldsymbol{v}'|)$ 只可能与两个惯性系之间的相对速度的大小有关，而与时空坐标无关. 这一点是时空均匀性和各向同性的要求.

但是，如果惯性系 K' 相对于惯性系 K 以速度 $\boldsymbol{v}'$ 运动，那么对于惯性系 K' 中的观察者来说，惯性系 K 就以速度 $-\boldsymbol{v}'$ 相对于惯性系 K' 运动. 所以我们又有

$$\Delta s'^2 = A(|-\boldsymbol{v}'|)\,\Delta s^2 = A(|\boldsymbol{v}'|)\,\Delta s^2 = A(|\boldsymbol{v}'|)^2\,\Delta s'^2, \tag{6.3}$$

其中最后一个等式利用了 (6.2) 式. (6.3) 式要成立，唯一的可能是函数 $A(|\boldsymbol{v}'|)$ 是一个纯粹常数，而且满足 $A^2 = 1$. 当相对速度 $v = 0$ 时肯定要求 $A = 1$，而变换的连续性要求任意 $A = 1$. 于是我们得到一个重要结论，不同惯性系坐标变换时，任意两个事件之间，或者说四维时空中任意两个时空点之间的不变间隔平方不变：

$$\Delta s^2 = \Delta s'^2. \tag{6.4}$$

与三维欧氏空间中的转动不改变一个三维空间任意两个点之间的距离相类似，如果我们也称不同惯性系之间的四维时空变换为一种四维的转动的话，这种“转动”不改变四维时空中 (6.1) 式中的两个点之间的不变间隔 [(6.4) 式证实不变间隔名副其实]. 这个四维时空称为闵可夫斯基 (Minkowski) 时空，简称闵氏时空，或闵氏空间[12]. 闵氏空间与三维欧氏空间的区别是空间中两个点之间的“距离”，也就是前面定义的不变间隔 Δs 不一定总是实数. 具体地说，如果两点之间不变间隔的平方 Δs^2 是正数，这时我们称两个时空点的间隔是类时的，如果两点之间 Δs^2 是负数，这时称两个时空点的间隔是类空的，如果两点之间 Δs^2 是零，这时称两个时空点的间隔是类光的.

闵氏时空中的任意一点可以按照它与原点之间的不变间隔 Δs 分为类空、类时和类光三种可能. 所有类光的点在四维闵氏时空中构成了所谓的光锥. 光锥自然地将四维时空分为类时和类空两类区域（参见图 6.1）. 在图 6.1 中灰色区域代表类空区域，白色区域则代表类时区域，两者的交界面就是光锥. 我们假设一个粒子在 $t = 0$ 时位于坐标原点，那么这个粒子的演化轨迹在四维时空中就描述

[12]将三维的空间与时间一起来构成一个四维流形的概念首先是闵可夫斯基在 1908 年的一篇文章中提出的. 在这篇文章中他并没有用逆变和协变矢量和度规的方式，而是引入了纯虚的时间坐标.

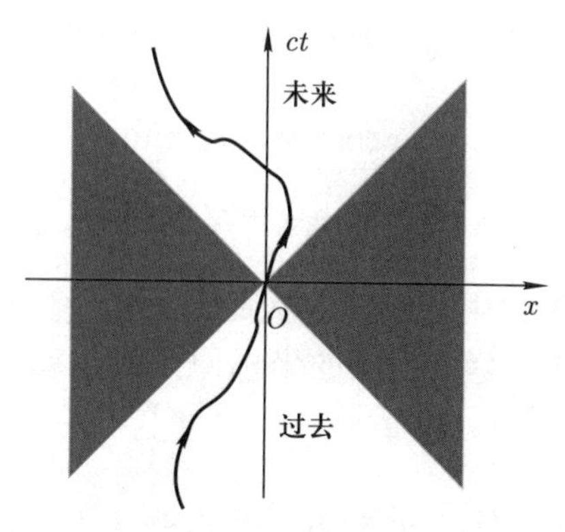

图 6.1 闵氏时空中的光锥. 光锥的分界面由所有与原点的不变间隔为类光的点构成. 一个粒子在 $t=0$ 时处于原点. 它的时空轨迹称为世界线，一定穿过原点并且完全位于类时区域内

出一条曲线，称为这个粒子的世界线. 如果这个粒子是光子，那么它在 $t>0$ 时的轨迹就正好位于类光的点构成的光锥面上. 如果这个粒子是一个速度小于光速的粒子，那么粒子的世界线一定穿过原点并且位于 $t>0$ 的类时区域内，这个区域可以称为这个粒子的“未来”. 类似地，粒子一定也来自 $t<0$ 的类时区域，这个区域称为这个粒子的“过去”. 任何粒子的世界线不会落入 $\Delta s^2<0$ 的类空区域中，因为粒子运动的速度不可能大于光速.

在不同惯性系之间维持其不变间隔不变的线性坐标变换统一称为洛伦兹变换. 它可以看成闵氏空间中的一个“转动”. 一个普遍的“转动”总可以看成六种相互独立的转动的合成. 这六种独立的转动分别对应于 x-y，x-z，y-z，x-t，y-t 和 z-t 平面内的“转动”. 前三种转动只涉及空间坐标之间的变换，就是纯粹的三维空间的转动，后三种则涉及一个空间坐标与一个时间坐标之间的变换. 从物理上看，涉及时间的三个“转动”称为推促 (boost)，它反映了 K' 系的原点在 K 系中的运动方向，由速度 $\boldsymbol{v}$ 刻画，另外三个只涉及空间的纯转动则刻画了 K' 系的三个坐标架相对于 K 系的三个坐标架之间的相对取向，由一个三维转动来刻画[13]. 由于问题的对称性，我们首先来考察一下在 x-t 平面内的转动. 为此，我们考虑一个惯性系 K，以及另一个以匀速 v 相对于 K 沿正 x 方向运动的惯性系 K'. 在 $t=0$ 时刻两个惯性系的时空原点重合. 这时，任意一个时空点 (t,x,y,z) 与原点之间的不变间隔的平方可以写成

$$s^2=ct^2-x^2-y^2-z^2. \tag{6.5}$$

[13]例如可以使用三个欧拉角.

由于我们仅考虑 x-t 平面的转动，因此能够保持上式不变的一般转动可以写成

$$\begin{aligned} x' &= x\cosh\psi + ct\sinh\psi, \\ ct' &= x\sinh\psi + ct\cosh\psi, \end{aligned} \tag{6.6}$$

而 $y' = y$, $z' = z$. (6.6) 式中的双曲函数的角度 ψ 将只与两个惯性系间的相对速度 v 有关. 在 K 系中考察 K' 系的坐标原点的运动可知 $\tanh\psi = -v/c$，于是 (6.6) 式变为

$$x' = \gamma(x - \beta ct), \quad y' = y, \quad z' = z, \quad ct' = \gamma(ct - \beta x). \tag{6.7}$$

这就是大家熟知的与一个特定方向的推促相对应的洛伦兹变换 (1904 年)[14]，其中使用了相对论中通用的记号 $\beta = v/c$ 和 $\gamma = \cosh\psi = 1/\sqrt{1 - v^2/c^2}$.

如果惯性系 K' 相对于惯性系 K 的速度方向是任意的，那么 (6.7) 式的推广是显而易见的. 具体地说，如果惯性系 K' 相对于惯性系 K 的速度为 $\boldsymbol{v}$，那么空间坐标中与 $\boldsymbol{v}$ 垂直的分量应当在变换下不变，而平行的分量应当与时间混合，具体的变换为

$$ct' = \gamma\left(ct - \boldsymbol{\beta}\cdot\boldsymbol{x}\right), \quad \boldsymbol{x}' = \boldsymbol{x} + \frac{\gamma - 1}{\boldsymbol{\beta}^2}(\boldsymbol{\beta}\cdot\boldsymbol{x})\boldsymbol{\beta} - \gamma\boldsymbol{\beta}ct. \tag{6.8}$$

由于时间与空间的混合，狭义相对论中的洛伦兹变换会带来与我们日常经验相悖的一些结论，比如长度收缩 (或者称为洛伦兹收缩)[15]、时钟变慢 (又称为时间膨胀) 等等[16]. 狭义相对论时空的这些性质在普通物理中都有过比较详细的介绍，这里只想指出，所有这些看似矛盾的结论往往是狭义相对论中同时相对性造成的. 洛伦兹变换 (6.7) 告诉我们，在一个惯性系中同时、同地发生的两个事件，在任何惯性系中仍然保持同时、同地发生，但是，在一个惯性系中同时但不同地发生的两个事件，在另外一个惯性系中考察将是不同时也不同地发生的. 另外，所谓尺缩或钟慢效应完全是一种运动学的测量效应，构成尺子或钟表的物质本身并没有发生任何物理上的变化.

最后，让我们简要说明一下因果性的概念. 所谓因果性是指事件发生的时间顺序，在前面发生的事件有可能成为后面发生的事件的原因，而反过来则是不可能的. 狭义相对论是严格遵循因果性的理论，而且，它对于因果性的要求比伽利略时空观中的要求还要更为“苛刻”一些. 具体地说，如果两个事件发生在不同

[14] 其实早两年，洛伦兹得到了一个近似的洛伦兹变换，它只准确到 v/c 的量级.

[15] 或者应当称为洛伦兹–菲茨杰拉德 (FitzGerald) 收缩.

[16] 首先注意到这一点的应当是拉莫尔 (Larmor, 1900 年).

地点，在伽利略时空观中，前面发生的事件完全可能成为后面发生的事件的原因，因为伽利略时空中相互作用能够以无穷大的速度传播，但是在狭义相对论中，由于存在最大可能的信号传播速度 c，一个前面发生的事件，它可能成为另一个事件的原因还必须满足 $c^2\Delta t^2 - \Delta \boldsymbol{x}^2 > 0$，也就是说，这两个事件的不变间隔必须是类时的，才可能有因果联系. 如果用光锥图 6.1 来看，一个在 $t = 0$ 时发生在原点的事件只可能成为它的“未来”的类时区域中的事件的原因. 由于不变间隔在洛伦兹变换下是不变的，因此，一个参照系中两个事件之间的因果关系不会因为转换参照系而发生变化.

30 洛伦兹标量与四矢量

这一节我们讨论闵氏空间中最为基本的两种物理量：洛伦兹标量和四矢量. 在任意洛伦兹变换下都不变的量称为洛伦兹标量. 我们在前一节已经看到，闵氏空间中任意两点（或者说两个事件）之间的不变间隔的平方 Δs^2 就是一个洛伦兹标量. 另外一个非常重要的洛伦兹标量是闵氏空间中的四维体积元 d^4x：

$$\mathrm{d}^4x' = \mathrm{d}^4x. \tag{6.9}$$

这一点是由于洛伦兹变换的线性矩阵的行列式是 1. 除了在洛伦兹变换下不变的标量以外，另外一种具有简单变换性质的物理量就是洛伦兹四矢量.

与通常的三维欧氏空间不同，我们在闵氏空间中将区别两种不同的洛伦兹四矢量，它们的变换性质稍有不同[17]. 可以将闵氏空间中的时空坐标这样的物理量用一个四维空间的坐标矢量来标记：

$$x^0 = ct, \quad x^1 = x, \quad x^2 = y, \quad x^3 = z. \tag{6.10}$$

我们将使用 x^μ 来统一标记 (x^0, x^1, x^2, x^3)，其中 $\mu = 0, 1, 2, 3$. 分量符号是上标的 (如 x^μ) 称为逆变四矢量，在不至于引起混淆的情形下也称之为逆变矢量. 如果不用四个分量来表达，而是用时间分量与空间的三维矢量分量分开表达，逆变四矢量可以写成

$$x^\mu = (x^0, \boldsymbol{x}). \tag{6.11}$$

[17] 从原则上讲，在狭义相对论中也可以在所有四矢量的零（时间）分量中引入纯虚数单位 i. 这样一来可以不必区分协变四矢量和逆变四矢量，也可以不必引入度规张量 $\eta_{\mu\nu}$. 不过，虽然对于狭义相对论来说这也许比较方便，但对于广义相对论来说，引入度规是不可避免的. 所以为了衔接狭义相对论和其他相关课程中的符号，我们采用了引入度规和两种四矢量的讲述方法.

与逆变四矢量不同，我们称空间部分反号的四矢量为协变四矢量：

$$x_\mu = (x^0, -\boldsymbol{x}), \tag{6.12}$$

即我们使用 $x_\mu = (x^0, -x^1, -x^2, -x^3)$ 来统一标记协变四矢量，也就是说分量符号是下标的 (如 x_μ) 称为协变四矢量. 逆变四矢量与协变四矢量就是闵氏空间中两种不同的洛伦兹四矢量，它们的时间分量相同，空间分量则相差一个负号.

从形式上讲，一个协变四矢量与其相应的逆变四矢量可以通过升高或降低其指标相互转换[18]：

$$x_\mu = \eta_{\mu\nu} x^\nu, \qquad x^\mu = \eta^{\mu\nu} x_\nu, \tag{6.13}$$

其中 $\eta_{\mu\nu}$ 称为闵氏空间的度规张量，而 $\eta^{\mu\nu}$ 为度规张量的逆，也就是说它们满足

$$\eta_{\mu\beta}\eta^{\beta\nu} = \delta^\mu_\nu, \tag{6.14}$$

其中 δ^μ_ν 为克罗内克 (Kronecher) 符号，它在两个指标相同时为 1，不同时恒为零. 在狭义相对论的闵氏时空中，度规张量 $\eta_{\mu\nu}$ 和它的逆 $\eta^{\mu\nu}$ 的每一个分量其实都相等，也就是说 $\eta_{\mu\nu}$ 自己就是自己的逆. 它们的表达式为[19]

$$\eta_{00} = \eta^{00} = 1, \qquad \eta_{ii} = \eta^{ii} = -1, \qquad i = 1, 2, 3. \tag{6.15}$$

$\eta_{\mu\nu}$ 的其余分量（非对角分量）皆为零. 在 (6.13) 式中，我们将度规张量 $\eta_{\mu\nu}$ 中的一个协变指标与逆变四矢量 x^ν 的逆变指标取为相同并且求和（爱因斯坦求和规则），这样的操作称为指标的缩并. 在引入了协变矢量和逆变矢量后我们约定：所有指标缩并一定在一个协变指标（下标）和一个逆变指标（上标）间进行. 利用度规张量、逆变四矢量 $\mathrm{d}x^\mu$ 以及相应的协变四矢量 $\mathrm{d}x_\mu$，闵氏空间中的两个无限接近的点之间的不变间隔平方 $\mathrm{d}s^2$ 可以写成下列等价形式中的任何一种：

$$\mathrm{d}s^2 = \mathrm{d}x^\mu \mathrm{d}x_\mu = \eta_{\mu\nu}\mathrm{d}x^\mu \mathrm{d}x^\nu = \eta^{\mu\nu}\mathrm{d}x_\mu \mathrm{d}x_\nu. \tag{6.16}$$

显然，不变间隔平方 $\mathrm{d}s^2$ 在任意洛伦兹变换下都是不变的.

我们知道坐标逆变四矢量 x^μ 在不同参照系之间是按照洛伦兹变换来变化的. 我们可以将一个一般的洛伦兹变换写成

$$x'^\mu = \Lambda^\mu{}_\nu x^\nu, \tag{6.17}$$

---

[18] 这里我们运用爱因斯坦求和规则，即对于重复的指标求和.

[19] 闵氏时空中的度规的定义并不统一，基本上分为两大类：一类是我们这里采用的定义；另一类则正好与我们的相差一个负号. 曾几何时，我们这里度规的定义又被称为“西岸度规”（west coast metric），而另一类被称为“东岸度规”（east coast metric）. 当然这种称谓不可太认真.

其中 $\Lambda^{\mu}{}_{\nu}$ 是洛伦兹变换的矩阵. 我们前面得到的洛伦兹变换公式 (6.7) 和 (6.8) 只是洛伦兹变换的特殊形式，不难具体写出相应的洛伦兹变换 $\Lambda^{\mu}{}_{\nu}$ 的各个分量.

如果在任意的洛伦兹变换 $\Lambda^{\mu}{}_{\nu}$ 下，物理量 A^{μ} 按照与四维坐标 x^{μ} 相同的形式变换：

$$A'^{\mu} = \Lambda^{\mu}{}_{\nu} A^{\nu}, \tag{6.18}$$

那么物理量 A^{μ} 就称为逆变四矢量. 利用度规张量降低指标，我们可以得到其相应的协变四矢量 A_{μ}. 将任意一个协变四矢量 A_{μ} 与任意一个逆变四矢量 B^{μ} 相乘并且缩并它们的指标，我们就得到一个洛伦兹标量，它被称为两个四矢量的内积（我们会用不加任何上下标的符号来表示整个四矢量，例如公式中的 A 和 B）：

$$A \cdot B = A^{\mu} B_{\mu} = A_{\mu} B^{\mu}. \tag{6.19}$$

我们前面提到的不变间隔的平方 (6.16) 就是坐标间隔四矢量 $\mathrm{d}x$ 与它自己的内积. 事实上，任意两个矢量的内积都是洛伦兹变换下的不变量. 如果用逆变指标和协变指标的语言来说，只要我们将一个逆变指标和一个协变指标缩并，假定我们定义的物理量中再没有其他指标，缩并后就得到一个洛伦兹标量.

另一个在电动力学中重要的四矢量是电磁波的波矢四矢量. 我们首先注意到一个电磁波的相位 $\phi = \omega t - \boldsymbol{k} \cdot \boldsymbol{x}$ 在不同参照系下是不变的，即它是一个洛伦兹标量. 把相位写成四矢量内积的形式，可以看到波矢四矢量一定构成一个逆变四矢量：

$$\phi = k \cdot x = k^{\mu} x_{\mu}, \qquad k^{\mu} = (\omega/c, \boldsymbol{k}), \tag{6.20}$$

我们称 k^{μ} 为电磁波的四波矢.

电磁波的频率与波矢构成四矢量意味着 k^{μ} 在洛伦兹变换下按照与时空坐标 x^{μ} 类似的方式变换. 所以，电磁波的频率在坐标变换下会发生变化，这个现象就是光的多普勒效应[20]. 利用光在真空中的色散关系 $|\boldsymbol{k}| = k^0 = \omega/c$，再结合洛伦兹变换，我们发现在两个相对速度为 $\boldsymbol{v} = \boldsymbol{\beta} c$ 的惯性参照系 K 和 K' 之间，频率变换的行为是

$$\omega' = \gamma \omega (1 - \beta \cos\theta), \tag{6.21}$$

其中 θ 是 $\boldsymbol{k}$ 与 $\boldsymbol{\beta}$ 的夹角. 举例来说，如果 $\boldsymbol{k}$ 与 $\boldsymbol{\beta}$ 平行，那么我们就得到纵向相对论多普勒效应的公式 [纵向多普勒效应的经典对应是 $\omega' = \omega(1-\beta)$]

$$\omega' = \gamma \omega (1 - \beta) = \omega \sqrt{\frac{1-\beta}{1+\beta}}. \tag{6.22}$$

---

[20] 利用狭义相对论的理论框架来讨论多普勒效应归功于爱因斯坦.

如果 $\boldsymbol{k}$ 与 $\boldsymbol{\beta}$ 垂直，我们就得到所谓横向多普勒效应

$$\omega' = \gamma\omega = \frac{\omega}{\sqrt{1-\beta^2}}. \tag{6.23}$$

需要指出的是，横向多普勒效应是一个纯粹的相对论效应，它没有非相对论的对应.

考虑闵氏空间中的标量函数（标量场）$f(x)$（此处 x 代表时空坐标四矢量），我们可以定义一个四矢量梯度算符 ∂_μ. 四维梯度算符作用于标量函数的规则是

$$\partial_\mu f(x) \equiv \frac{\partial f(x)}{\partial x^\mu}. \tag{6.24}$$

利用偏微商的锁链法则不难证明，这个算符作用于一个标量场以后产生一个协变四矢量，这就是为什么我们将四维梯度算符的指标写在算符的右下角. 当然，利用度规张量 $\eta^{\mu\nu}$ 也可以得到具有一个上标的四维梯度算符

$$\partial^\mu = \eta^{\mu\nu}\partial_\nu. \tag{6.25}$$

将具有协变指标和逆变指标的两个四维梯度缩并，就得到了一个标量算符，它就是 (1.17) 式的波动方程等号左边的达朗贝尔 (d'Alembert) 算符（差一个负号）:

$$-\Box = \partial^\mu\partial_\mu = \frac{1}{c^2}\frac{\partial^2}{\partial t^2} - \nabla^2. \tag{6.26}$$

利用多个四矢量指标我们可以构造闵氏空间中具有任意指标（协变指标或逆变指标）的四维张量，在不至于混淆的情形下我们就简称其为张量. 在洛伦兹变换下，一个张量的每一个指标都分别按照协变或逆变指标来变换. 一个张量中指标的个数称为这个张量的阶，所以标量就是零阶张量，四矢量就是一阶张量[21].

最后我们指出，在闵氏空间中，标量、矢量、二阶张量、更高阶张量等各阶张量是唯一的在洛伦兹变换下具有确定变换性质的数学对象，因此，如果一个物理理论要符合狭义相对论的要求，那么表述它的数学方程一定是用（正确的）张量形式写出的[22]，只有这样该方程所描述的物理规律才可能在不同参照系中普遍成立[23]，而这一点恰恰是相对性原理的要求. 如果一个方程满足上述条件，我

[21] 有关四矢量和闵氏空间张量的数学定义和性质，读者还可以参考附录 A.

[22] 这里所说的正确是指方程中的各个项的指标应当均衡，例如：缩并的指标一定是协变、逆变成对出现，相加的两项必须具有相同的协变和逆变指标数等.

[23] 请注意，这只是个必要条件. 满足了协变性这个必要条件之后，一个方程要成立也许还需要满足其他的物理条件，但是如果协变性的条件得不到满足，这个方程不可能是正确的.

们就称这个方程在洛伦兹变换下是协变的. 如果一个物理理论中的所有方程都是协变的，我们就称这个物理理论是协变的，或者说它具有协变性. 狭义相对论要求，所有的物理规律一定都是协变的. 在下一章中我们将着重论述电磁理论（也就是麦克斯韦方程组）是一个协变的理论.

31 洛伦兹变换的数学性质

前面我们提到，一个一般的洛伦兹变换可以分解为六种不同转动 x-y, y-z, z-x, x-t, y-t, z-t 的合成，现在我们就来稍微仔细地研究洛伦兹变换的一些数学性质.

一个极为特殊的洛伦兹变换就是根本不变. 这时的时空变换称为单位变换，它的矩阵表示可以写成

$$\Lambda^{\mu}{}_{\nu} = \delta^{\mu}_{\nu}. \tag{6.27}$$

我们已经知道，一个一般的洛伦兹变换的唯一要求就是它不改变任意两个四矢量的内积. 利用洛伦兹变换矩阵 $\Lambda^{\mu}{}_{\nu}$，这个条件可以写成

$$\eta_{\mu\nu}\Lambda^{\mu}{}_{\alpha}\Lambda^{\nu}{}_{\beta} = \eta_{\alpha\beta}. \tag{6.28}$$

如果用矩阵形式写出 (6.28) 式并且两边取行列式，我们发现变换矩阵 Λ 的行列式为 ±1. 因此，洛伦兹变换 $\Lambda^{\mu}{}_{\nu}$ 分为不相连通的两支，其变换矩阵的行列式分别等于 $+1$ 和 -1. 行列式等于 $+1$ 的一支与单位变换是连续连通的.

所有的洛伦兹变换（包括单位变换）的集合在数学上构成一个称为群的结构，我们称之为洛伦兹群. 每一个洛伦兹变换是洛伦兹群中的一个元素. 由于洛伦兹变换的数目可以有 (连续不可数的) 无穷多，所以洛伦兹群中的元素个数也有无穷多[24]，这样的群称为无限群. 每一个洛伦兹变换实际上可以用六个实参数来刻画，它们可以理解为闵氏空间中六对独立的平面中的“转动”角度. 洛伦兹群的每个群元素解析地依赖于这六个参数，这样的群称为李群. 与单位变换连通的一支中变换矩阵 $\Lambda^{\mu}{}_{\nu}$ 可写为[25]

$$\Lambda = \exp\left(\mathrm{i}\theta_i S_i - \omega_i K_i\right), \tag{6.29}$$

---

[24] 群元素虽然是无穷多，但每个元素都由 (6.29) 式描述，只是其中的参数有无穷多选择.

[25] 这里三矢量 $\boldsymbol{\theta}$, $\boldsymbol{\omega}$ 以及三矢量矩阵 $\boldsymbol{S}$, $\boldsymbol{K}$ 就代表三矢量本身，对于它们我们并没有遵从前面关于指标升降和缩并的约定. 它们的指标虽然是下标，但是并不存在各自的带上标的对应物. 当然，重复的指标仍然是求和 (从 1 到 3) 的.

其中参数 θ_i 和 ω_i $(i=1,2,3)$ 分别是 x-y, y-z, z-x, x-t, y-t, z-t 面内的六个“转动”角度. 六个矩阵 S_i 和 K_i 称为相应的生成元，其中三个 S_i 生成了三维空间的普通转动，三个 K_i 则生成了沿三个不同空间坐标轴的推促. 生成元的具体矩阵形式可以表达为

$$
\begin{aligned}
\mathrm{i}S_{1,2,3} &= \begin{pmatrix} 0 & 0 & 0 & 0 \\ 0 & 0 & 0 & 0 \\ 0 & 0 & 0 & -1 \\ 0 & 0 & +1 & 0 \end{pmatrix}, \begin{pmatrix} 0 & 0 & 0 & 0 \\ 0 & 0 & 0 & +1 \\ 0 & 0 & 0 & 0 \\ 0 & -1 & 0 & 0 \end{pmatrix}, \begin{pmatrix} 0 & 0 & 0 & 0 \\ 0 & 0 & -1 & 0 \\ 0 & +1 & 0 & 0 \\ 0 & 0 & 0 & 0 \end{pmatrix}, \\
K_{1,2,3} &= \begin{pmatrix} 0 & 1 & 0 & 0 \\ 1 & 0 & 0 & 0 \\ 0 & 0 & 0 & 0 \\ 0 & 0 & 0 & 0 \end{pmatrix}, \begin{pmatrix} 0 & 0 & 1 & 0 \\ 0 & 0 & 0 & 0 \\ 1 & 0 & 0 & 0 \\ 0 & 0 & 0 & 0 \end{pmatrix}, \begin{pmatrix} 0 & 0 & 0 & 1 \\ 0 & 0 & 0 & 0 \\ 0 & 0 & 0 & 0 \\ 1 & 0 & 0 & 0 \end{pmatrix},
\end{aligned}
\tag{6.30}
$$

洛伦兹群的这六个生成元之间满足下列基本对易关系：

$$
[S_i, S_j] = \mathrm{i}\epsilon_{ijk}S_k, \quad [S_i, K_j] = \mathrm{i}\epsilon_{ijk}K_k, \quad [K_i, K_j] = \mathrm{i}\epsilon_{ijk}S_k. \tag{6.31}
$$

从数学上讲，上述生成元之间的对易关系就已经完全刻画了行列式为 $+1$ 的单位元素附近的洛伦兹群（这称为相应李群的李代数）的性质. 在本书中，我们将不再继续深入讨论洛伦兹群的数学性质，这些洛伦兹群的数学性质将会在其他课程，例如李群、李代数、量子场论等课程中继续研究.

如果一个洛伦兹变换仅涉及推促，那么它的变换矩阵是可以直接写出来的. 对照 (6.8) 式我们不难写出洛伦兹变换 $\Lambda^{\mu}{}_{\nu}$ 的矩阵表达式：

$$
\Lambda(\boldsymbol{\beta}) = \begin{pmatrix} \gamma & -\gamma\beta_1 & -\gamma\beta_2 & -\gamma\beta_3 \\ -\gamma\beta_1 & 1+(\gamma-1)\dfrac{\beta_1^2}{\beta^2} & (\gamma-1)\dfrac{\beta_1\beta_2}{\beta^2} & (\gamma-1)\dfrac{\beta_1\beta_3}{\beta^2} \\ -\gamma\beta_2 & (\gamma-1)\dfrac{\beta_1\beta_2}{\beta^2} & 1+(\gamma-1)\dfrac{\beta_2^2}{\beta^2} & (\gamma-1)\dfrac{\beta_2\beta_3}{\beta^2} \\ -\gamma\beta_3 & (\gamma-1)\dfrac{\beta_1\beta_3}{\beta^2} & (\gamma-1)\dfrac{\beta_2\beta_3}{\beta^2} & 1+(\gamma-1)\dfrac{\beta_3^2}{\beta^2} \end{pmatrix}, \tag{6.32}
$$

其中 β_i 是 $\boldsymbol{\beta}$ 在三维空间中的三个分量. 相应的时空坐标变换可以由 $x' = \Lambda(\boldsymbol{\beta})x$ 得到，这里 x 和 x' 分别代表两个参照系 K 和 K' 中的逆变时空坐标四矢量.

相关的阅读

本章主要处理的是狭义相对论时空观的基本问题. 对于狭义相对论的基本假设的实验验证，我们并没有过多地展开讨论，有兴趣的读者可以在网上查到十分丰富的内容. 唯一需要提醒的是：网上关于相对论的信息良莠不齐，大家需要小心甄别. 对于基本的相对论效应（例如长度收缩、时钟变慢、多普勒效应等）我们没有太细致地讨论. 如果读者对此有需要，可以参考普通物理力学或电磁学和光学中的一些讨论. 本章着重介绍了协变和逆变四矢量的概念，这些概念对以后的讨论将是十分重要的.

习　题

1. 任意推促下的洛伦兹变换. 验证任意的推促下洛伦兹变换的一般表达式 (6.8).
2. 四维梯度算符的变换规则. 利用坐标的变换规则 $(x')^\mu = \Lambda^\mu{}_\nu x^\nu$ 以及偏微分的锁链法则，验证微分算符 $\partial'_\mu = \partial/\partial(x')^\mu$ 的确是一个具有下标的四矢量算符. 类似地，如果分母上的标记改为下标，则算符本身就变为一个具有上标的四矢量算符. 这就验证了“对上标的偏微分具有下标，对下标的偏微分具有上标”的规则.
3. 自旋 (磁矩) 的相对论推广. 微观粒子的自旋本质上是一个相对论效应. 一般而言，粒子的磁矩与其自旋成正比，因此本题也可以视为对微观粒子磁矩的研究. 如果我们试图定义一个自旋的四矢量 $S^\mu = (S^0, \boldsymbol{S})$，它在粒子的静止系中仅包含空间分量，没有时间分量 (即 $S^0 = 0$).

   (1) 试证明这样推广得到的自旋四矢量与四速度 $u_\mu = \mathrm{d}x_\mu/\mathrm{d}s$ 的四矢量内积为零.

   (2) 利用 (1) 的结论和任意推促下的洛伦兹变换 (6.8)，给出一个速度为 $c\boldsymbol{\beta}$ 的磁矩的自旋四矢量的明显表达式.

   (3) 如果我们定义一个与 S^μ 对偶的自旋 (或磁矩) 的二阶反对称张量

   $$\tilde{S}^{\alpha\beta} = \frac{1}{2}\epsilon^{\alpha\beta\mu\nu}u_\mu S_\nu, \tag{6.33}$$

   这样的二阶张量将包含六个独立分量，其中的三个对应于自旋，另外的三个对应于什么?

(4) 以上讨论的是磁矩的相对论性推广. 如果用类似的方法来推广电偶极矩结果如何呢?

4. 单纯推促情形下洛伦兹变换的明确表达式. 第 31 节的 (6.30) 式给出了洛伦兹群的生成元的明确表达式. 试验证以下性质:

(1) 请给出生成元的平方的具体矩阵表达式: $(S_1)^2$, $(S_2)^2$, $(S_3)^2$ 以及 $(K_1)^2$, $(K_2)^2$, $(K_3)^2$. 说明它们都是对角矩阵.

(2) 对于沿 x 轴的单纯推促而言, 请证明 $(K_1)^3 = K_1$. 利用这个性质, 写出沿 x 方向的推促 $\boldsymbol{\omega} = \omega \boldsymbol{e}_1$ 的矩阵 $\Lambda = \mathrm{e}^{-\omega K_1}$. 将其与熟知的 (6.7) 式比较, 确定参数 ω 与 β 之间的关系.

(3) 通过直接的矩阵计算证明, 对于任意方向的一个单位三矢量 $\hat{\boldsymbol{\omega}}$ 而言, 有 $(\hat{\boldsymbol{\omega}} \cdot \boldsymbol{K})^3 = \hat{\boldsymbol{\omega}} \cdot \boldsymbol{K}$ (从而上问实际上是本问的一个特例). 进而对于一个任意方向的单纯推促, 验证其表达式为

$$\Lambda(\boldsymbol{\beta}) = \exp\left[-\tanh^{-1}(\beta)(\hat{\boldsymbol{\beta}} \cdot \boldsymbol{K})\right], \tag{6.34}$$

并验证这个结果与 (6.32) 和 (6.8) 式一致.

5. 托马斯 (Thomas) 进动. 第 31 节的 (6.31) 式的最后一个式子告诉我们, 两个相继的不同方向的推促是不可交换的, 交换次序的效果相差一个转动. 这个转动实际上就是历史上著名的托马斯进动. 这是个纯粹的运动学效应. 对于一个绕原子核运动的电子而言, 它的磁矩 $\boldsymbol{\mu}$ 与自旋 $\boldsymbol{s}$ 之间的关系为

$$\boldsymbol{\mu} = \frac{eg}{2mc}\boldsymbol{s}, \tag{6.35}$$

其中的 $g \approx 2$ 是电子的 g 因子 (注意, 这里 $e = -|e| < 0$ 是电子的电荷). 电子自旋 (角动量) 在磁场中的运动方程可以写为

$$\frac{\mathrm{d}\boldsymbol{s}}{\mathrm{d}t} = \boldsymbol{\mu} \times \boldsymbol{B}', \tag{6.36}$$

其中 $\boldsymbol{B}'$ 是电子在其瞬时静止的参照系中所感受到的磁场. 对于非相对论性运动的电子而言,

$$\boldsymbol{B}' \approx \boldsymbol{B} - \boldsymbol{\beta} \times \boldsymbol{E}. \tag{6.37}$$

这里 $\boldsymbol{E}$ 和 $\boldsymbol{B}$ 是实验室系中的电磁场. 这对应于电子的能量为

$$U' = -\boldsymbol{\mu} \cdot (\boldsymbol{B} - \boldsymbol{\beta} \times \boldsymbol{E}), \tag{6.38}$$

结合电子的运动方程

$$e\boldsymbol{E} = -\frac{\boldsymbol{r}}{r}\frac{\mathrm{d}V(r)}{\mathrm{d}r}, \tag{6.39}$$

其中 $V(r)$ 是原子中的电子所感受到的势能 (对氢原子就是简单的库仑势)，我们就可以获得包含了自旋–轨道耦合的电子能量的表达式

$$U' = -\frac{eg}{2mc}\boldsymbol{s}\cdot\boldsymbol{B} + \frac{g}{2m^2c^2}(\boldsymbol{s}\cdot\boldsymbol{L})\frac{1}{r}\frac{\mathrm{d}V}{\mathrm{d}r}, \tag{6.40}$$

其中 $\boldsymbol{L} = m(\boldsymbol{r}\times\boldsymbol{v})$ 是电子的轨道角动量. 这个表达式在用于探测原子能级的精细结构时，遇到了如下的疑难：包含 $\boldsymbol{s}\cdot\boldsymbol{L}$ 的项 (自旋–轨道耦合项) 似乎大了一倍. 也就是说对第二项而言，设定 $g=1$ 似乎可以更好地吻合实验. 但是，第一项的大小 (它可在塞曼效应中进行测定) 却又明确地说明 $g=2$ 才是正确的.

托马斯在 1927 年首先澄清了这个疑难. 他意识到，由于电子是绕原子核旋转的，因此它的瞬时静止的参照系也是旋转的，所以它的自旋的运动方程为

$$\left(\frac{\mathrm{d}\boldsymbol{s}}{\mathrm{d}t}\right)_{\text{nonrot}} = \left(\frac{\mathrm{d}\boldsymbol{s}}{\mathrm{d}t}\right)_{\text{restframe}} + \boldsymbol{\omega}_{\mathrm{T}}\times\boldsymbol{s}, \tag{6.41}$$

其中 $\boldsymbol{\omega}_{\mathrm{T}}$ 是跟随电子一起旋转的角速度，称为托马斯进动的角速度. 这导致电子的能量应当写为

$$U = U' + \boldsymbol{s}\cdot\boldsymbol{\omega}_{\mathrm{T}}. \tag{6.42}$$

而 $\boldsymbol{\omega}_{\mathrm{T}}$ 的起源就是电子的速度实际上是随时改变的. 本题将具体求出 $\boldsymbol{\omega}_{\mathrm{T}}$ 的形式.

(1) 考虑到电子实际上具有加速度，其速度记为 $\boldsymbol{v}(t) = c\boldsymbol{\beta}(t)$，因此 $\boldsymbol{v}(t+\delta t) = c(\boldsymbol{\beta}+\delta\boldsymbol{\beta})$. 于是若将时刻 t 和时刻 $t+\delta t$ 的电子四坐标分别记为 x' 及 x''，我们有

$$x' = \Lambda(\boldsymbol{\beta})\cdot x, \quad x'' = \Lambda(\boldsymbol{\beta}+\delta\boldsymbol{\beta})x, \tag{6.43}$$

其中 $\Lambda(\boldsymbol{\beta})$ 和 $\Lambda(\boldsymbol{\beta}+\delta\boldsymbol{\beta})$ 是 (6.32) 式中的单纯推促的矩阵. 试证明两个相间 δt 的电子的相对静止系的时空坐标之间的关系可以写为

$$x'' = \Lambda_{\mathrm{T}}\cdot x', \tag{6.44}$$

并验证如下的 Λ_{T} 的具体形式：

$$\Lambda_{\mathrm{T}} = \mathbb{1} - \frac{\gamma-1}{\beta^2}(\boldsymbol{\beta}\times\delta\boldsymbol{\beta})\cdot(\mathrm{i}\boldsymbol{S}) - (\gamma^2\delta\boldsymbol{\beta}_{\parallel} + \gamma\delta\boldsymbol{\beta}_{\perp})\cdot\boldsymbol{K}, \tag{6.45}$$

其中的 $\boldsymbol{S}$ 和 $\boldsymbol{K}$ 由 (6.30) 式给出.

(2) 说明准到 $\delta\boldsymbol{\beta}$ 的一阶，(6.45) 式等价于一个正比于 $\delta\boldsymbol{\beta}$ 的推促再加上一个同样正比于 $\delta\boldsymbol{\beta}$ 的转动 $R(\Delta\boldsymbol{\Omega})$：

$$\Delta\boldsymbol{\Omega} = \frac{\gamma-1}{\beta^2}\boldsymbol{\beta}\times\delta\boldsymbol{\beta}. \tag{6.46}$$

验证相应转动的角速度的表达式

$$\boldsymbol{\omega}_{\mathrm{T}} = -\lim_{\delta t \to 0} \frac{\Delta \boldsymbol{\Omega}}{\delta t} = \frac{\gamma^2}{\gamma + 1} \frac{\boldsymbol{a} \times \boldsymbol{v}}{c^2}, \tag{6.47}$$

其中 $\boldsymbol{a}$ 是电子的加速度. 结合电子的受力公式 (6.39)，我们获得电子的能量

$$U = -\frac{eg}{2mc} \boldsymbol{s} \cdot \boldsymbol{B} + \frac{g-1}{2m^2c^2} (\boldsymbol{s} \cdot \boldsymbol{L}) \frac{1}{r} \frac{\mathrm{d}V}{\mathrm{d}r}. \tag{6.48}$$

这个公式就是托马斯进动对精细结构的贡献[26].

---

[26]同样的公式可以自然地从狄拉克方程的非相对论极限下获得. 不过狄拉克方程的提出是 1928—1929 年的事情了，而托马斯的诠释是在 1927 年，早于狄拉克方程的提出.

第七章　相对论性电动力学

本章提要

狭义相对论的时空观以及这种新的时空观所带来的空间几何学在第六章中已经讨论过. 到目前为止，我们还完全没有涉及闵氏时空中的动力学问题. 在本章中，我们将详细论述相对论粒子动力学和相对论性电动力学的内容. 我们所研究的对象包括带电粒子，它们是产生电磁场的源，同时带电粒子也与电磁场有相互作用. 此外，研究对象还包括电磁场本身. 我们将证明：正如上一章已经多次提到的，粒子的动力学以及场的动力学 (也就是麦克斯韦方程组) 是与狭义相对论时空观完全兼容的.

将非相对论粒子的动力学推广到相对论，包括在电磁理论方面论述麦克斯韦方程组的协变性，一般有两种讲述方法: 一种是从三维情形下的粒子的动力学方程（也就是牛顿运动方程）和电磁场的麦克斯韦方程组（三维形式的）出发，然后设法将其推广到四维协变形式. 另外一种是从狭义相对论的基本要求出发，直接写出协变形式的粒子运动方程和场方程，然后说明这些协变形式的方程在转化为三维形式后正好回到粒子的牛顿运动方程以及三维形式的麦克斯韦方程组. 本章将试图用第二种方法来讨论，因为这样更能够充分揭示相对论性电动力学的内在逻辑联系. 本章中的讨论将是比较简略的，有些推导的中间步骤并没有完全给出，有兴趣的读者可以自己来补充. 其实更为重要的是本章中所得到的结论，而不是那些中间步骤.

32　自由粒子的拉氏量与运动方程

我们将采用分析力学（拉格朗日力学）的语言来建立狭义相对论中粒子的运动方程①. 首先考虑一个自由的粒子，我们试图来建立它的作用量. 一个粒子的作用量是它的拉格朗日量对于时间的积分. 粒子的运动方程由最小作用量原理得出. 结合狭义相对论，一个非常重要的事实就是：力学系统的作用量应当是一个洛伦兹不变量（洛伦兹标量）②. 对于一个闵氏空间中的自由粒子，唯一能够写出的不变量就是

$$S=\int L\mathrm{d}t=-mc\int \mathrm{d}s=-mc^2\int \mathrm{d}\tau, \tag{7.1}$$

其中 $\mathrm{d}\tau$ 是粒子的固有时间间隔，它实际上就是在相对于粒子静止的参照系中的时间间隔，而 $\mathrm{d}s^2=\eta_{\mu\nu}\mathrm{d}x^\mu\mathrm{d}x^\nu$ 是不变间隔的平方. 这个作用量有一个十分重要的性质，它对于粒子的世界线的重新参数化是不变的. 粒子的世界线可以描述为一组参数方程：

$$x^\mu=x^\mu(\tau), \tag{7.2}$$

其中 τ 为描写粒子世界线的一个参数（例如粒子的固有时）. 于是 (7.1) 式中的自由粒子作用量可以写为

$$S=-mc\int \mathrm{d}\tau\sqrt{\left(\frac{\mathrm{d}x^\mu}{\mathrm{d}\tau}\right)\left(\frac{\mathrm{d}x_\mu}{\mathrm{d}\tau}\right)}. \tag{7.3}$$

粒子的世界线可以用粒子的固有时描写，也可以用其他的参数来描写. 例如，我们可以引入另一个参数 $\tilde{\tau}(\tau)$ 来重新参数化粒子的世界线：

$$x^\mu=x^\mu(\tau)=x^\mu[\tau(\tilde{\tau})],\qquad \tau=\tau(\tilde{\tau}), \tag{7.4}$$

这个变换称为粒子世界线的重参数化变换. 在重参数化变换下，我们发现上面的自由粒子的作用量 (7.3) 是不变的，即它也可以写为

$$S=-mc\int \mathrm{d}\tilde{\tau}\sqrt{\left(\frac{\mathrm{d}x^\mu}{\mathrm{d}\tilde{\tau}}\right)\left(\frac{\mathrm{d}x_\mu}{\mathrm{d}\tilde{\tau}}\right)}. \tag{7.5}$$

---

①如果你没有学过分析力学，请阅读参考书 [13].

②这应当是一个比较自然的假设. 这样一来，最小作用量原理的叙述就不依赖于参照系的选取，符合相对性原理的要求.

因此描写粒子世界线的参数 τ 可以是粒子的固有时，也可以是固有时的任意单调增函数，而自由粒子的作用量 (7.3) 在其世界线的重参数化变换 (7.4) 下不变. 这就是所谓的重参数化不变性（reparametrization invariance）.

下面我们写出自由粒子的拉格朗日量和运动方程. 不变间隔

$$\mathrm{d}s=\sqrt{c^2\mathrm{d}t^2-\mathrm{d}\boldsymbol{x}^2}=c\mathrm{d}t\sqrt{1-\boldsymbol{v}^2/c^2}, \tag{7.6}$$

其中用到了粒子的三维速度 $\boldsymbol{v}=\mathrm{d}\boldsymbol{x}/\mathrm{d}t$，于是 (7.1) 式中一个自由粒子的拉格朗日量可写为

$$L=-mc^2\sqrt{1-\frac{\boldsymbol{v}^2}{c^2}}. \tag{7.7}$$

到目前为止我们还没有提到物理量 m 的含义，唯一的要求是它是一个洛伦兹标量. 它完全是粒子的内禀性质，我们称它为粒子的（静止）质量. 可以验明：这个质量的定义与在牛顿力学中的定义是一致的，因为如果取所谓的非相对论极限 $\boldsymbol{v}^2/c^2\ll 1$，我们可以将拉格朗日量 [(7.7) 式] 的表达式中的根号展开，从而得到非相对论近似下一个自由粒子的拉格朗日量正好是 $m\boldsymbol{v}^2/2$（除去一个无关的常数以外）. 因此质量参数 m 一定是一个非负的洛伦兹标量③，它体现了一个粒子的惯性大小.

一旦有了自由粒子的拉格朗日量 [(7.7) 式]，就可以得到相应的正则动量

$$\boldsymbol{p}=\frac{\partial L}{\partial \boldsymbol{v}}=\frac{m\boldsymbol{v}}{\sqrt{1-\boldsymbol{v}^2/c^2}}. \tag{7.8}$$

于是自由粒子的（三维形式的）运动方程就是 $\mathrm{d}\boldsymbol{p}/\mathrm{d}t=0$，即该粒子的速度（动量）是常矢量. 粒子的能量（哈密顿量）也可以从拉格朗日量得到：

$$E=\boldsymbol{p}\cdot\boldsymbol{v}-L=\frac{mc^2}{\sqrt{1-\boldsymbol{v}^2/c^2}}. \tag{7.9}$$

这就是一个相对论性自由粒子的能量.

粒子的动量、能量和运动方程也可以纯粹用四维协变的形式写出. 为此，我们从自由粒子的作用量 (7.1) 出发直接变分：

$$\delta S=-mc\int\delta\sqrt{\mathrm{d}x^\mu\mathrm{d}x_\mu}=-mc\int\frac{\mathrm{d}x_\mu\delta\mathrm{d}x^\mu}{\mathrm{d}s}. \tag{7.10}$$

我们可以定义一个协变四矢量

$$u_\mu=\frac{\mathrm{d}x_\mu}{\mathrm{d}s}. \tag{7.11}$$

③这样才能使得系统真实的运动轨道成为作用量的极小值而不是极大值.

它称为粒子的四维速度，或简称四速度[④]. 于是利用 $\delta(\mathrm{d}x^\mu)=\mathrm{d}(\delta x^\mu)$，可以将作用量的变分 [(7.10) 式] 分部积分一次，得到

$$\delta S=-mc\int u_\mu \mathrm{d}(\delta x^\mu)=-mcu_\mu\delta x^\mu+mc\int\frac{\mathrm{d}u_\mu}{\mathrm{d}s}\delta x^\mu\mathrm{d}s. \tag{7.12}$$

对于端点固定 (δx^μ 在上下限处为零) 的世界线，我们由 $\delta S=0$ 得到自由粒子运动的方程

$$\frac{\mathrm{d}u_\mu}{\mathrm{d}s}=0. \tag{7.13}$$

它的解仍然是粒子以常速度运动. 与此同时，与 x^μ 共轭的粒子四动量为

$$p^\mu=mcu^\mu=mc\frac{\mathrm{d}x^\mu}{\mathrm{d}s}=\left(\frac{E}{c},\ \boldsymbol{p}\right), \tag{7.14}$$

即四动量的时间分量是粒子的相对论性能量 (除以 c)，它的空间分量是粒子的相对论性动量. 换句话说，在狭义相对论中，粒子的能量和动量一起构成了一个四矢量，就像时间与三维坐标构成了坐标四矢量一样[⑤]. 由于是四矢量，因此在参照系的洛伦兹变换下，四动量的变换规则就和坐标四矢量的变换规则完全一样：

$$p'^\mu=\varLambda^\mu{}_\nu p^\nu. \tag{7.15}$$

根据 (7.9) 式，在相对论中即使是 $\boldsymbol{v}=0$ 的静止的质点也具有静止能量 $E=mc^2$. 这个著名的关系称为爱因斯坦质能关系，它使得爱因斯坦享誉全球，并且也被认为从思想上开启了核时代，因此是现代物理学中一个标志性的公式[⑥].

最后我们指出，在一个均匀时空（也就是具有时间和空间平移不变性的时空）进行的物理过程中，力学系统的四动量一定守恒，也就是说，系统的（相对论性）能量和（相对论性）三动量的各个分量分别守恒. 这就是相对论性的能量–动量守恒定律. 这个守恒定律被大量地运用在粒子的散射过程中.

例 7.1　零质量的粒子. 前面给出的相对论性自由粒子的作用量 (7.1) 不能适用于零静止质量的粒子. 我们这里就来讨论这个问题.

---

④需要注意的是，这样定义的四速度并不具有速度的量纲，而是无量纲的. 有的书上将 $\mathrm{d}x_\mu/\mathrm{d}\tau$ 定义为四速度，其中 $c\mathrm{d}\tau=\mathrm{d}s$，这样就具有速度量纲了.

⑤一个质点的相对论性能量、动量以及运动方程是普朗克在 1906 年首先提出的.

⑥在狭义相对论的动力学建立之前，就已经有一些物理学家猜测能量与质量之间的关联了. 早在 1881 年，发现电子的 J. J. 汤姆孙就认为 $E=(3/4)mc^2$（原因参见第 44.2 小节）. 1900 年，庞加莱更从坡印亭矢量与电磁场动量密度之间的关系 [参见第一章中的 (1.65) 式] 出发，提出了 $E=mc^2$ 的猜测.

解 为了能够处理零质量的情形，我们来介绍另一种自由粒子作用量的表述方法. 我们引入一个辅助的世界线正定标量函数 $e(\tau)$，称之为世界线的单元基 (einbein) [7]，并且考虑如下的作用量：

$$S=-\frac{1}{2}\int \mathrm{d}\tau\left(\frac{1}{e(\tau)}\frac{\mathrm{d}x_\mu}{\mathrm{d}\tau}\frac{\mathrm{d}x^\mu}{\mathrm{d}\tau}+e(\tau)m^2c^2\right). \tag{7.16}$$

注意这个作用量除了包含粒子运动的坐标对参数 τ 的导数外，还包含我们引进的辅助函数 $e(\tau)$. 不同的是，作用量并不包含 $e(\tau)$ 对于 τ 的导数. 因此，这类力学变量是没有动力学的，只是辅助变量而已.

现在我们可以分别对于 $e(\tau)$，$x^\mu(\tau)$ 取变分. 由于作用量不包含 $e(\tau)$ 的导数，因此对 $e(\tau)$ 的变分就给出一个约束方程

$$\frac{\mathrm{d}x_\mu}{\mathrm{d}\tau}\frac{\mathrm{d}x^\mu}{\mathrm{d}\tau}-e^2m^2c^2=0. \tag{7.17}$$

利用这个约束方程解出 $e=\sqrt{(\mathrm{d}x^\mu/\mathrm{d}\tau)(\mathrm{d}x_\mu/\mathrm{d}\tau)}/(mc)$，并代入作用量 (7.16)，我们就得到与本节开始时给出的作用量 (7.1) 完全相同的结果. 因此我们看到，作用量 (7.16) 在利用了约束条件 (7.17) 之后与原来的作用量 (7.1) 完全等价. 将新的作用量对 $x^\mu(\tau)$ 变分也可以直接得到 x^μ 的运动方程 $\mathrm{d}^2x^\mu/\mathrm{d}\tau^2=0$，这也与原来的结果一致.

新的作用量 (7.16) 与原来的作用量比较至少有两个优点：第一，它不包含开根号的运算，因此求运动方程很简单；第二，它可以适用于零质量的情形，此时 (7.16) 式中第二项为零. 新的作用量也体现了世界线的重参数化不变性. 如果我们令 $\tilde{\tau}=\tilde{\tau}(\tau)$ 为一个函数，那么只要保证变换后的单元基 $\tilde{e}(\tilde{\tau})$ 满足

$$\tilde{e}(\tilde{\tau})\mathrm{d}\tilde{\tau}=e(\tau)\mathrm{d}\tau, \tag{7.18}$$

就可以保证作用量不变. 这些优点在目前我们讨论的经典范畴中还体现得不是很充分. 但是，如果希望将这个系统量子化，我们不能从 (7.1) 式出发，而必须从作用量 (7.16) 出发[8]. 事实上，我们可以利用重参数化不变性选择一个合适的规范，比如 $e\equiv 1$. 这时，约束条件 (7.17) 要求相应的量子系统的波函数要满足克莱因–戈尔登方程.

---

[7] 这个词源自广义相对论中的词“四元基”(tetrad，或者它的德文源头 vierbein)，它是用以描写四维流形的. 对于一维流形，相应的词就是 einbein，我姑且译作“单元基”.

[8] 尽管这样量子化后得到的理论 [克莱因 (Klein)–戈尔登 (Gordon) 理论] 并不是一个自洽的量子理论.

33　电磁场中粒子的拉氏量

微观粒子除了具有质量这个内禀属性以外，还可以具有电荷. 一个微观粒子所带的电荷也是一个洛伦兹不变量. 事实上大家都知道，任何微观粒子所带的电荷都是某个基本电荷的整数倍⑨. 一个带电的粒子作为源会在空间产生电磁场. 同时，如果它处在一个外电磁场中，就会与外电磁场发生电磁相互作用. 我们假定一个外电磁场可以用四维时空中的一个四矢量势 $A_\mu(x)$ 来描写⑩. 如果一个带电粒子的电荷为 e，那么它的作用量中现在还应该包括带电粒子与电磁场相互作用的部分. 由于我们假设电磁场由四矢量势描写，所以唯一可能的洛伦兹不变的作用量必定可以写成

$$S = -mc\int \mathrm{d}s - \frac{e}{c}\int A_\mu(x)\mathrm{d}x^\mu, \tag{7.19}$$

其中第一项是自由粒子的部分，第二项是带电粒子与外电磁场的四矢量势相互作用的部分. 常数 e 称为粒子所带的电荷. 我们要求它是一个洛伦兹标量，但是它的符号则没有限制⑪. 相互作用部分前面的系数 e/c 实际上依赖于对于电荷 e 的单位制的选取. 我们这里的选择对应于标准的高斯单位制. 电磁场的四矢量势可以用时空分量的形式写成

$$A^\mu(x) = (\Phi(x), \boldsymbol{A}(x)), \tag{7.20}$$

其中的时间分量 $\Phi(x)$ 称为标量势，而 $\boldsymbol{A}(x)$ 称为矢量势.　它们又分别简称为标势和矢势⑫. 如果把作用量表达式 (7.19) 中的作用量用对时间的积分表达：$S = \int L\mathrm{d}t$，我们就可以写出外电磁场中一个相对论性粒子的拉格朗日量：

$$L = -mc^2\sqrt{1-\frac{\boldsymbol{v}^2}{c^2}} + \frac{e}{c}\boldsymbol{v}\cdot\boldsymbol{A} - e\Phi. \tag{7.21}$$

它与自由粒子拉格朗日量 [(7.7) 式] 的区别就在于加上了粒子与外电磁场的相互作用.

---

⑨不包括夸克. 夸克所带的电荷是基本电荷的 $\pm 1/3$ 或 $\pm 2/3$. 当然，在通常情况下，我们不会看到自由的夸克.

⑩注意，外电磁场可以用四维时空中的四矢量势描写并不能直接从理论上证明，只是一个假设，其正确性将由它所确立的理论的结论与实验比较来鉴别.

⑪相应于电荷的符号，我们称该粒子带正电或带负电.

⑫国际单位制下标势和矢势的定义见 (1.11) 和 (1.9) 式，Φ 和 $\boldsymbol{A}$ 的单位不同. 在高斯单位制中两者单位相同.

得到了带电粒子的拉格朗日量 [(7.21) 式]，立刻可以写出粒子的正则动量

$$\boldsymbol{P}=\frac{\partial L}{\partial \boldsymbol{v}}=\frac{m\boldsymbol{v}}{\sqrt{1-\boldsymbol{v}^2/c^2}}+\frac{e}{c}\boldsymbol{A}=\boldsymbol{p}+\frac{e}{c}\boldsymbol{A}. \tag{7.22}$$

带电粒子在外电磁场中的正则动量除了它自身的相对论性动量 $\boldsymbol{p}$ 之外，还包含了电磁场所贡献的一项 $(e/c)\boldsymbol{A}$. 按照分析力学的标准步骤，带电粒子的哈密顿量

$$H=\boldsymbol{v}\cdot\boldsymbol{P}-L=\sqrt{m^2c^4+c^2\left(\boldsymbol{P}-\frac{e}{c}\boldsymbol{A}\right)^2}+e\varPhi. \tag{7.23}$$

在非相对论极限下，电磁场中电子的泡利 (Pauli) 哈密顿量中的动能 $K=(\boldsymbol{P}+|e|\boldsymbol{A}/c)^2/2m$.

34 运动方程与规范不变性

利用粒子在外电磁场中的拉格朗日量 [(7.21) 式]，我们可以直接按照拉格朗日方程写出它的运动方程. 这里略去详细的推导过程（无非是一些矢量分析的计算），运动方程的三维形式，以及相应的功能原理为

$$\frac{\mathrm{d}\boldsymbol{p}}{\mathrm{d}t}=e\boldsymbol{E}+\frac{e}{c}\boldsymbol{v}\times\boldsymbol{B},\quad \frac{\mathrm{d}E}{\mathrm{d}t}=e\boldsymbol{v}\cdot\boldsymbol{E}, \tag{7.24}$$

其中 E，$\boldsymbol{p}$ 是粒子的相对论性能量和动量，而 $\boldsymbol{E}$ 和 $\boldsymbol{B}$ 称为电场强度和磁感应强度，它们与四维电磁势 [(7.20) 式] 的关系为

$$\boldsymbol{E}=-\nabla\varPhi-\frac{1}{c}\frac{\partial\boldsymbol{A}}{\partial t},\quad \boldsymbol{B}=\nabla\times\boldsymbol{A}. \tag{7.25}$$

这些公式告诉我们，相对论性粒子动量的变化率由所谓的洛伦兹力的公式给出，并且电场和磁场与电磁势之间的关系也与第一章 [(1.11) 和 (1.9) 式] 完全一致.

在分析力学中大家都知道这样一个事实：由于粒子的运动方程由最小作用量原理给出，所以严格来说一个粒子的拉格朗日量并不是唯一确定的，可以相差任意函数对时间的全导数而不改变运动方程. 具体到一个相对论性粒子在电磁场中的作用量 (7.21)，我们发现如果将电磁势做变换

$$A_\mu(x)\to A_\mu(x)+\partial_\mu f(x), \tag{7.26}$$

那么粒子的运动方程并不会改变. 这种对称性称为电磁场的规范对称性. 上面的电磁势的变换称为规范变换. 这个概念我们在第一章中就已经遇到了，这里只不过从相对论性电动力学的基本原理出发重新得到了它.

与自由粒子的情形类似，我们也可以推导出四维协变形式的粒子运动方程. 这时，我们直接从粒子的洛伦兹不变的作用量 (7.19) 出发进行变分，得到

$$\begin{aligned}\delta S &= mc\int \frac{\mathrm{d}u_\mu}{\mathrm{d}s}\delta x^\mu \mathrm{d}s - \frac{e}{c}\int (\delta A_\mu \mathrm{d}x^\mu + A_\mu \delta \mathrm{d}x^\mu) \\ &= mc\int \frac{\mathrm{d}u_\mu}{\mathrm{d}s}\delta x^\mu \mathrm{d}s - \frac{e}{c}\int (\partial_\nu A_\mu \delta x^\nu \mathrm{d}x^\mu - \partial_\nu A_\mu \mathrm{d}x^\nu \delta x^\mu),\end{aligned}$$

其中第一个积分就是自由粒子部分的贡献，第二个积分中有两项，在第二步中对其中第二项进行了分部积分. 将第二个积分中被积函数的第一项中求和的指标 μ 和 ν 互换，可将第二个积分中的两项合并，从而给出一个相对论性粒子四维协变形式的运动方程

$$mc\frac{\mathrm{d}u_\mu}{\mathrm{d}s} = \frac{e}{c}F_{\mu\nu}u^\nu, \tag{7.27}$$

其中我们引入了电磁场场强的二阶（反对称）张量 $F_{\mu\nu}$，它的定义为

$$F_{\mu\nu} = \partial_\mu A_\nu - \partial_\nu A_\mu. \tag{7.28}$$

我们看到，影响粒子运动方程的并不是电磁势 A_μ，而是由此派生出来的电磁场场强张量 $F_{\mu\nu}$. 简单的计算可以证明，电磁场的场强张量在规范变换 [(7.26) 式] 下是不变的. 如果对电磁势进行规范变换，虽然电磁势改变了，但是不影响带电粒子的运动方程. 因此，在经典电动力学的范畴中，电磁势本身并不是可以直接测量的物理量. 只有电磁场场强张量才是带电粒子所直接感受到的（即直接影响其运动的）相互作用.

按照电磁场场强张量的定义，同时结合电磁场与电磁势的关系 (7.25)，我们可以具体地将电磁场场强张量的各个分量写出：

$$F_{0i} = E_i, \quad F_{12} = -B_3, \quad F_{13} = +B_2, \quad F_{23} = -B_1. \tag{7.29}$$

另外一种更为直观的写法是将四维二阶张量 $F_{\mu\nu}$ 排成一个矩阵 (第一个指标为行指标，第二个指标为列指标，都是从 0 到 3)：

$$F_{\mu\nu} = \left[\begin{array}{c|ccc} 0 & E_1 & E_2 & E_3 \\ \hline -E_1 & 0 & -B_3 & +B_2 \\ -E_2 & +B_3 & 0 & -B_1 \\ -E_3 & -B_2 & +B_1 & 0 \end{array}\right]. \tag{7.30}$$

我们看到电场出现在张量的时间–空间分量的部分 (上式横竖线分开的右上和左下部分)，磁场则出现在纯空间–空间分量的部分 (横竖线分开的右下部分). 特别

值得注意的是，由于一个时间指标升降不产生负号，但空间指标产生一个负号，因此如果我们将 $F^{\mu\nu}$ 排成一个矩阵的话，$F^{\mu\nu}$ 的电场部分正好与 $F_{\mu\nu}$ 的差一个负号，而磁场部分不变.

至此我们看到：在狭义相对论中，电场和磁场结合成一个有机的整体——电磁场场强张量[13]，而所谓电场或磁场不过是这个四维二阶张量的不同分量而已. 只有在狭义相对论时空中，电磁场的统一性才体现得如此淋漓尽致[14]. 另外，利用电磁场张量的具体表达式我们不难验证，带电粒子在电磁场中的四维形式的运动方程 (7.27) 与前面给出的三维形式的运动方程 (7.24) 是完全一致的.

35 电磁场的作用量与电动力学的协变性

我们前一节看到，电磁场场强在洛伦兹变换下按照一个反对称二阶张量来变换：

$$F'^{\mu\nu} = \Lambda^{\mu}{}_{\alpha}\Lambda^{\nu}{}_{\beta}F^{\alpha\beta}. \tag{7.31}$$

这就是电磁场在一个一般的洛伦兹变换下的变换规则. 具体地将上式用分量形式写出往往是相当复杂的. 如果我们考虑的洛伦兹变换仅含有推促，而没有三维空间的转动，那么利用上一章中的 (6.32) 式进行直接的计算，可以得到电场和磁场在洛伦兹变换下的明显表达式：

$$\begin{aligned} \boldsymbol{E}' &= \gamma(\boldsymbol{E} + \boldsymbol{\beta} \times \boldsymbol{B}) - \frac{\gamma^2}{1+\gamma}(\boldsymbol{\beta} \cdot \boldsymbol{E})\boldsymbol{\beta}, \\ \boldsymbol{B}' &= \gamma(\boldsymbol{B} - \boldsymbol{\beta} \times \boldsymbol{E}) - \frac{\gamma^2}{1+\gamma}(\boldsymbol{\beta} \cdot \boldsymbol{B})\boldsymbol{\beta}. \end{aligned} \tag{7.32}$$

这个公式体现了在不同参照系 K 和 K' 的推促变换下，电场和磁场是如何相互转换的.

按照电磁场场强张量 [(7.28) 式] 的定义，不难直接验证

$$\partial_\mu F_{\nu\alpha} + \partial_\nu F_{\alpha\mu} + \partial_\alpha F_{\mu\nu} = 0. \tag{7.33}$$

如果将这个式子用三维的表达式写出，我们不难发现它恰好就是麦克斯韦方程组中的两个齐次方程，即无源的磁的高斯定律和法拉第电磁感应定律. (7.33) 式完

[13] 在狭义相对论发展的早期，有的物理学家（例如闵可夫斯基）还给这类反对称的二阶张量一个怪怪的名称——六矢量（因为它有六个独立的非零分量）.

[14] 只有在类高斯电磁单位制中，电场和磁场才自然地具有相同的量纲.

全是由场强张量的反对称特性引出的，在数学上它被称为比安基 (Bianchi) 恒等式.

另外一种写出比安基恒等式的方法是定义 $F_{\mu\nu}$ 的对偶 (dual) 张量

$$\tilde{F}_{\mu\nu} = \frac{1}{2}\epsilon_{\mu\nu\alpha\beta}F^{\alpha\beta}, \tag{7.34}$$

其中我们引入了四维的完全反对称张量 $\epsilon_{\mu\nu\alpha\beta}$. 类似于三维的 ϵ_{ijk}，我们约定 $\epsilon_{0123} = +1$ 并且要求其升降指标完全遵从我们前面约定的规则[15]. 如果愿意我们也可以将 $\tilde{F}_{\mu\nu}$ 排成一个矩阵，例如，$\tilde{F}_{01} = \epsilon_{0123}F^{23} = -B_1$，$\tilde{F}_{02} = \epsilon_{0213}F^{13} = -B_2$，$\tilde{F}_{03} = \epsilon_{0312}F^{12} = -B_3$ 等等. 至于说空间–空间分量，有 $\tilde{F}_{12} = \epsilon_{1203}F^{03} = -E_3$，$\tilde{F}_{13} = \epsilon_{1302}F^{02} = +E_2$，$\tilde{F}_{23} = \epsilon_{2301}F^{01} = -E_1$. 因此将 $\tilde{F}_{\mu\nu}$ 的对偶张量排成一个矩阵，其形式为

$$\tilde{F}_{\mu\nu} = \left[\begin{array}{c|ccc} 0 & -B_1 & -B_2 & -B_3 \\ \hline B_1 & 0 & -E_3 & +E_2 \\ B_2 & +E_3 & 0 & -E_1 \\ B_3 & -E_2 & +E_1 & 0 \end{array}\right]. \tag{7.35}$$

与 $F_{\mu\nu}$ 的矩阵比较，$\tilde{F}_{\mu\nu}$ 中的电场和磁场的位置刚好互换. 换句话说，磁场出现在张量的时间–空间分量位置而电场则出现在它的空间–空间分量位置. (7.33) 式中的齐次麦克斯韦方程 (或者说比安基恒等式) 可以利用对偶的场强张量写为

$$\partial_\mu \tilde{F}^{\mu\nu} = 0. \tag{7.36}$$

我们更为感兴趣的是，如何利用电磁场场强张量来构造电磁场本身的作用量. 它必须是一个洛伦兹标量[16]. 显然，我们至少需要两个场强张量. 而从两个场强张量能够构造出来的不变量有两个[17]：$F_{\mu\nu}F^{\mu\nu} \propto (\boldsymbol{E}^2 - \boldsymbol{B}^2)$ 和 $\epsilon_{\mu\nu\rho\sigma}F^{\mu\nu}F^{\rho\sigma} \propto (\boldsymbol{E}\cdot\boldsymbol{B})$. 前者是一个纯粹的标量，而后者实际上是一个赝标量

[15] 注意这意味着 ϵ_{0123} 与 ϵ^{0123} 刚好差一个负号.

[16] 我们这里要求得到的电磁场作用量还具有规范不变性. 这样一来，我们必须从 $F_{\mu\nu}$ 出发来构造电磁场的作用量而不是从电磁势 A_μ 本身出发. 事实上，如果放弃规范不变性并且允许电磁势直接构造作用量的话，类似于 $A^\mu A_\mu$ 的项也满足洛伦兹不变性.

[17] 利用这两个不变量实际上可以得到许多重要结论. 例如，如果在一个参照系中磁场与电场垂直（从而 $\boldsymbol{E}\cdot\boldsymbol{B} = 0$），那么在任意参照系中两者一定仍然垂直. 同样，如果在一个参照系中仅存在电场，磁场为零，那么在任何参照系中电场都不可能等于零.

(在空间反射，即宇称变换下会改变符号). 如果我们要求电磁场本身的作用量是一个洛伦兹标量的话，那么我们发现，电磁场的作用量一定可以写成

$$S_{\rm em}=-\frac{1}{16\pi c}\int {\rm d}^4xF_{\mu\nu}F^{\mu\nu}, \tag{7.37}$$

其中前面的系数实际上依赖于电磁单位制的选取，目前的选择对应于高斯单位制. 最先写出这个作用量的是拉莫尔 (1900 年).

为了能够得到电磁场的运动方程，需要将带电粒子与电磁场相互作用部分的作用量稍加改写. 我们设想电荷是连续分布在空间中的. 为此，引入空间一点的电荷密度 $\rho(x)$. 需要指出的是，它不是一个洛伦兹不变量. 只有某个体积内的总电荷 $\rho{\rm d}^3\boldsymbol{x}$ 才是洛伦兹不变的. 于是 (7.19) 式中带电粒子与电磁场相互作用量的第二项可写为

$$S_{\rm int}=-\frac{e}{c}\int A_\mu{\rm d}x^\mu=-\frac{1}{c^2}\int A_\mu\rho\frac{{\rm d}x^\mu}{{\rm d}t}{\rm d}^4x. \tag{7.38}$$

我们发现 $\rho\dfrac{{\rm d}x^\mu}{{\rm d}t}$ 实际上是一个逆变四矢量，于是可以定义源或电流密度四矢量

$$J^\mu=\rho\frac{{\rm d}x^\mu}{{\rm d}t}=(c\rho,\boldsymbol{J}). \tag{7.39}$$

由此在闵氏时空中电荷守恒定律（即电荷的连续性方程）可以写成协变的形式

$$\partial_\mu J^\mu=0. \tag{7.40}$$

将 (7.37) 和 (7.38) 式合在一起，我们就得到与电磁场有关的作用量的所有部分：

$$S=-\frac{1}{c^2}\int{\rm d}^4xA_\mu J^\mu-\frac{1}{16\pi c}\int{\rm d}^4xF_{\mu\nu}F^{\mu\nu}. \tag{7.41}$$

现在可以利用最小作用量原理 $\delta S/\delta A_\mu=0$ 得到在给定外源 $J^\nu(x)$ 下，电磁场场强张量所应当满足的运动方程：

$$\partial_\mu F^{\mu\nu}=\frac{4\pi}{c}J^\nu. \tag{7.42}$$

读者不难验证，如果将 (7.42) 式写成三维分量形式，就是麦克斯韦方程组中有源的两个方程，即库仑定律 (电的高斯定律) 以及麦克斯韦修正过的安培环路定律.

至此我们已经看到：一个电磁场中带电粒子的运动方程 (7.27) 以及电磁场本身所满足的 (高斯单位制下的) 麦克斯韦方程 (7.33) 和 (7.42) 都可以写成四维协变的形式. 于是我们可以自豪地说，我们已经验证了电动力学与狭义相对论时空观的一致性. 这种一致性意味着，在不同惯性参照系中所发现的电磁规律都是相同的，只要学习了一个惯性系中的电动力学就足够了，因为在任何其他惯性系中它的形式都是一样的.

36 运动物体中的电磁场

有一类问题中涉及运动的宏观物体在电磁场中的行为，这类问题其实是涉及相对论效应的. 具体来说，这涉及在物体的静止系中它感受到的电磁场，因此比较适合在这里进行讨论. 由于宏观物体的运动速度远远低于光速，因此我们一般只需要考虑相对论效应的一阶修正就足够了. 这类运动物体的问题大致可以分为两类：一类是运动的电介质，另一类则是运动的导体. 我们下面将分别简要讨论这两种情形.

36.1 运动的电介质

对于运动的线性电介质和磁介质来说，我们希望推广其静止系中的线性关系 $\boldsymbol{D}=\epsilon\boldsymbol{E}$ 以及 $\boldsymbol{B}=\mu\boldsymbol{H}$. 为此我们首先注意到如下的事实：正像 $(\boldsymbol{E},\boldsymbol{B})$ 在相对论下构成一个四维反对称张量 $F_{\mu\nu}$ 一样，场量 $(\boldsymbol{D},\boldsymbol{H})$ 也构成一个四维的反对称张量 $H_{\mu\nu}$，它的具体形式与 $F_{\mu\nu}$ 完全一致，只不过 $\boldsymbol{E}\to\boldsymbol{D}$，$\boldsymbol{B}\to\boldsymbol{H}$. 这样一来在真空中，显然 $H_{\mu\nu}\to F_{\mu\nu}$，正如我们期待的. 同时，电介质中有源的一对麦克斯韦方程可以写为 $\partial_\mu H^{\mu\nu}=0$[18]. 有了 $F^{\mu\nu}$ 和 $H^{\mu\nu}$，它们分别包含 $(\boldsymbol{E},\boldsymbol{B})$ 和 $(\boldsymbol{D},\boldsymbol{H})$，可以试图构建相对论性的本构关系，使得这些本构关系在介质的静止系中恰好回到我们熟悉的 $\boldsymbol{D}=\epsilon\boldsymbol{E}$ 和 $\boldsymbol{H}=\boldsymbol{B}/\mu$. 这个构造其实很简单，根据 (7.11) 式中物体的四速度 $u^\mu=(\gamma,\gamma\boldsymbol{\beta})$ 的定义，本构关系可以写为

$$
\begin{aligned}
&H^{\mu\nu}u_\nu=\epsilon F^{\mu\nu}u_\nu,\\
&F_{(\mu\nu}u_{\lambda)}=\mu H_{(\mu\nu}u_{\lambda)},\quad \text{或}\quad \tilde{F}^{\mu\nu}u_\nu=\mu\tilde{H}^{\mu\nu}u_\nu,
\end{aligned}
\tag{7.43}
$$

其中符号 $(\cdot)$ 代表类似 (7.33) 式对指标进行对称轮换后再相加. (7.43) 式中的关系就是著名的闵可夫斯基方程 (又称为闵可夫斯基本构方程)，是闵可夫斯基在 1908 年首先得到的. 闵可夫斯基方程 [(7.43) 式] 可以用三维矢量形式写出来：

$$
\begin{aligned}
\boldsymbol{D}+\boldsymbol{\beta}\times\boldsymbol{H}&=\epsilon(\boldsymbol{E}+\boldsymbol{\beta}\times\boldsymbol{B}),\\
\boldsymbol{B}-\boldsymbol{\beta}\times\boldsymbol{E}&=\mu(\boldsymbol{H}-\boldsymbol{\beta}\times\boldsymbol{D}).
\end{aligned}
\tag{7.44}
$$

注意这个方程是严格成立的，到目前为止我们并没有忽略任何高阶的相对论修正，仅假设了在电磁介质静止的参照系中本构方程为 $\boldsymbol{D}=\epsilon\boldsymbol{E}$ 和 $\boldsymbol{B}=\mu\boldsymbol{H}$，以

[18] 这里应当说明的是，在导体中由于有自由电荷和电流存在，因此往往引入 $H_{\mu\nu}$ 后并不能将方程写为这样的形式.

及 $(\boldsymbol{D},\boldsymbol{H})$ 构成二阶反对称张量 $H_{\mu\nu}$. 当然如果我们讨论的宏观物体的运动速度远小于光速，(7.44) 式中的本构方程可以进一步简化为

$$\begin{aligned} \boldsymbol{D} &\approx \epsilon\boldsymbol{E} + (\epsilon\mu - 1)\boldsymbol{\beta}\times\boldsymbol{H}, \\ \boldsymbol{B} &\approx \mu\boldsymbol{H} - (\epsilon\mu - 1)\boldsymbol{\beta}\times\boldsymbol{E}. \end{aligned} \tag{7.45}$$

最后，对于运动的电介质，边界条件原则上也需要做出适当的调整. 具体来说，由于电介质中没有自由的电荷，$\nabla\cdot\boldsymbol{D}=0$ 且 $\nabla\cdot\boldsymbol{B}=0$，因此 $\boldsymbol{D}$ 和 $\boldsymbol{B}$ 的法向分量仍然会连续：

$$\boldsymbol{n}\cdot(\boldsymbol{D}_2-\boldsymbol{D}_1)=0, \quad \boldsymbol{n}\cdot(\boldsymbol{B}_2-\boldsymbol{B}_1)=0, \tag{7.46}$$

其中 $\boldsymbol{n}$ 是从第一种介质指向第二种介质的法向单位矢量. 但是 $\boldsymbol{E}$ 和 $\boldsymbol{H}$ 的切向连接条件会牵涉运动物体边界的法向速度 $\beta_{\rm n}=\boldsymbol{n}\cdot\boldsymbol{\beta}=v_{\rm n}/c$. 具体来说，会调整为 $\boldsymbol{E}+\boldsymbol{\beta}\times\boldsymbol{B}$ 和 $\boldsymbol{H}-\boldsymbol{\beta}\times\boldsymbol{D}$ 的切向连续：

$$\begin{aligned} \boldsymbol{n}\times(\boldsymbol{E}_2-\boldsymbol{E}_1) &= \beta_{\rm n}(\mu_2-\mu_1)\boldsymbol{H}_{\rm t}, \\ \boldsymbol{n}\times(\boldsymbol{H}_2-\boldsymbol{H}_1) &= -\beta_{\rm n}(\epsilon_2-\epsilon_1)\boldsymbol{E}_{\rm t}. \end{aligned} \tag{7.47}$$

注意这时候等式右边的 $\boldsymbol{E}_{\rm t}$ 和 $\boldsymbol{H}_{\rm t}$ 可以不必区分是在哪种介质中的，反正两个介质中切向电场或切向磁场的差别是很小的一个相对论修正. (7.46) 和 (7.47) 式一起描述了一个运动的电磁介质边界处四个场量 $\boldsymbol{E},\boldsymbol{B},\boldsymbol{D},\boldsymbol{H}$ 所应满足的边界连接条件. 当然，对于特殊的例子，比如说物体是绕一个固定的轴旋转，那么它的速度不存在法向分量，这时候 (7.46) 和 (7.47) 式就退化为通常的 $\boldsymbol{E}$ 和 $\boldsymbol{H}$ 的切向连续的条件.

例 7.2 *磁场中旋转的介质球. 考虑在真空中匀强磁场 $\boldsymbol{B}$ 内的一个半径为 a 的介质球，它的介电常数和磁导率分别为 ϵ 和 μ，两者均可视为常数. 现在我们令介质球绕通过其中心的轴以恒定的角速度 $\boldsymbol{\omega}$ 旋转 (并不一定与外磁场 $\boldsymbol{B}$ 同向)，这时空间会感生出电场，我们希望计算全空间的电场分布.*

解 *首先，由于这是个相对论效应，因此我们可以认为空间中磁场的分布与静止的介质球是一致的，因为由于相对论的影响导致磁场的改变比起原先的静磁场小太多了. 但是原先全空间是没有电场的，所以电场分布的领头阶就是相对论效应，这个修正是我们希望计算的. 下面我们选取球心为原点并取球坐标系.*

由于整个问题是稳恒问题，因此我们可以引入静电势 $\varPhi$，并且电场 $\boldsymbol{E}=-\nabla\varPhi$. 静电势所满足的方程在球外非常简单，就是拉普拉斯方程 $\nabla^2\varPhi_{r>a}(\boldsymbol{x})=0$.

在球内，我们必须要考虑相对论效应. 由于没有自由电荷，因此 $\nabla\cdot\boldsymbol{D}=0$. 再利用准到第一阶修正的闵可夫斯基方程 (7.45)，以及匀速转动时 $\boldsymbol{\beta}=\boldsymbol{\omega}\times\boldsymbol{x}/c$ 的关系，在球内

$$\nabla^2\Phi_{r<a}(\boldsymbol{x})=\frac{2(\epsilon\mu-1)}{c\epsilon}\boldsymbol{\omega}\cdot\boldsymbol{H}_{\text{in}},\tag{7.48}$$

其中 $\boldsymbol{H}_{\text{in}}=(3/(\mu+2))\boldsymbol{B}$ 是球内的静磁场，参见第三章的例 3.2 中的 (3.50) 式. 我们看到，在球内的静电势满足一个等效的常数电荷密度产生的静电势. 这个等效的电荷密度正比于 $\boldsymbol{\omega}\cdot\boldsymbol{B}$. 现在需要运用前面讨论的边界条件将球内和球外的静电势连接起来.

球外的静电势由于满足拉普拉斯方程，因此一定是各级电极矩的叠加. 单极矩对应于总的电荷，显然是不会出现的，因为介质球整体并不带电，尽管在球内看起来有一个等效的常数电荷密度. 这个问题显然依赖于两个不一定沿着同一方向的轴矢量：转动角速度 $\boldsymbol{\omega}$ 和磁感应强度 $\boldsymbol{B}$. 它们的内积是一个标量，给出了 (7.48) 式等号右边的等效电荷密度. 显然用两个轴矢量无法构成一个极矢量，所以我们期待问题的解中不会有电偶极矩的贡献. 再下一阶贡献就是电四极矩的贡献，两个轴矢量恰好可以构成一个对称无迹的二阶张量，即电四极矩 D_{ij}，因此转动的球外的静电势的首项就由一个常电四极矩产生：

$$\Phi_{r>a}(\boldsymbol{x})=\frac{1}{6}D_{ij}\frac{\partial^2}{\partial x_i\partial x_j}\left(\frac{1}{r}\right).\tag{7.49}$$

考虑 (7.46) 和 (7.47) 式的边界条件后，球内的电势设为

$$\Phi_{r<a}(\boldsymbol{x})=\frac{r^2}{2a^5}D_{ij}n_in_j+\frac{\epsilon\mu-1}{3c\epsilon}\boldsymbol{\omega}\cdot\boldsymbol{H}_{\text{in}}(r^2-a^2),\tag{7.50}$$

其中考虑了边界条件 (7.47)，也就是静电势 Φ 的连续. 再利用电位移矢量 $\boldsymbol{D}$ 的法向连续条件就可以确定转动的球的感生电四极矩为

$$D_{ij}=-\frac{3a^5(\epsilon\mu-1)}{(3+2\epsilon)(2+\mu)c}\left[B_i\omega_j+B_j\omega_i-\frac{2}{3}\delta_{ij}\boldsymbol{\omega}\cdot\boldsymbol{B}\right].\tag{7.51}$$

这样就完全确定了全空间的电场分布. 由此我们看到，一个电中性的介质球在均匀的磁场中旋转会感生出一个与常数四极矩 D_{ij} 对应的电场，电四极矩的大小由 $\boldsymbol{\omega}$ 和 $\boldsymbol{B}$ 的双线性型构成. 下面我们讨论导体的运动时会再次看到类似的行为.

36.2 运动的导体

对于导体的情况需要另外讨论. 如果导体运动的速度为 $\boldsymbol{v}$，那么按照电场的相对论变换 [(7.32) 式] 来看，在导体的静止系中它感受到的有效的电场可以表达

为

$$\boldsymbol{E}_{\text{eff}} \approx \boldsymbol{E} + \boldsymbol{\beta} \times \boldsymbol{B}, \tag{7.52}$$

这里我们仅仅保留了 β 的一阶效应. 对于电导率为 σ 的导体，它体内的电流密度可以表达为

$$\boldsymbol{J} = \sigma \boldsymbol{E}_{\text{eff}} = \sigma(\boldsymbol{E} + \boldsymbol{\beta} \times \boldsymbol{B}). \tag{7.53}$$

在这类问题中，我们通常总是可以假定磁场是准静态的，即与传导的电流相比，位移电流的贡献是可以忽略的. 为了进一步简化问题，我们假定导体磁性是线性的，这时 μ 是常数且 $\boldsymbol{B} = \mu\boldsymbol{H}$. 根据运动导体的法拉第电磁感应定律和安培环路定律，有

$$\frac{\partial \boldsymbol{H}}{\partial t} - \nabla \times (\boldsymbol{v} \times \boldsymbol{H}) = \frac{c^2}{4\pi\sigma\mu}\nabla^2 \boldsymbol{H}. \tag{7.54}$$

这是对静止导体中电磁场方程 [参见第 19 节的 (4.41) 式] 的一个推广.

例 7.3 磁场中旋转的导体球. 考虑在真空中匀强磁场 $\boldsymbol{B} = B_0\boldsymbol{e}_3$ 内的一个半径为 a 且具有电导率 σ 的导体球. 现在令它绕通过其中心且沿磁场方向的轴以角速度 ω 旋转，我们希望计算当系统达到稳态时的电磁场空间分布 (本题中假定导体球的磁导率为 1).

解 当系统达到稳态时，导体内部必然通过电荷的移动而致内部电场处处为零. 如果不是这样，电场会继续驱动电荷移动，并造成焦耳热的耗散，系统不可能达到稳态. 因此，在导体内部的某一点，假定该点的速度为 $\boldsymbol{v}$，自与其共同移动的参照系来看，其中的电场 $\boldsymbol{E}' = 0$. 按照场的变换规则 (7.32)，我们发现

$$\boldsymbol{E}' = \gamma\left(\boldsymbol{E} + \frac{\boldsymbol{v}}{c} \times \boldsymbol{B}\right) = 0. \tag{7.55}$$

由于假定了导体球的磁导率为 1，因此它内部的磁场与外部的外加磁场一致. 同时，我们仅保留了 $\boldsymbol{v}/c$ 的一阶效应.

(7.55) 式说明，导体球内部的电场并不是均匀的，而是随速度 $\boldsymbol{v} = \boldsymbol{\omega} \times \boldsymbol{x}$ 有一个分布. 选取 $\boldsymbol{B}$ 和角速度 $\boldsymbol{\omega}$ 方向为 z 轴，静止参照系中导体内部的电场为

$$\boldsymbol{E}_{r<a} = -\frac{\boldsymbol{v}}{c} \times B_0\,\boldsymbol{e}_3 = -\frac{\omega B_0 r}{c}\sin\theta(\boldsymbol{e}_r \sin\theta + \boldsymbol{e}_\theta \cos\theta), \tag{7.56}$$

其中 (r, θ, ϕ) 是球内一点的球坐标，$\boldsymbol{e}_r$ 和 $\boldsymbol{e}_\theta$ 分别是径向和 θ 向的单位矢量. 注意，电场并不是一个常矢量，而是随位置变化的. 可以证明它的散度实际上是一

个常数. 因此，根据麦克斯韦方程组，导体球的内部实际上在稳恒的时候具有常数的体电荷密度：

$$\rho = \frac{1}{4\pi}\nabla\cdot\boldsymbol{E} = -\frac{\omega B_0}{2\pi c}. \tag{7.57}$$

而总的体内的电荷 Q_{b} 为

$$Q_{\mathrm{b}} = \frac{4\pi a^3}{3}\rho = -\frac{2\omega B_0 a^3}{3c}. \tag{7.58}$$

事实上，如果导体球总体上保持电中性，意味着在导体球的表面一定还存在着不均匀的面电荷分布. 这些面电荷分布与体内常数的体电荷分布一道，产生了全空间的电场. 这也解释了为什么在球内，电场的分布不是球对称的. 如果没有面电荷分布，一个均匀带电的体电荷分布只会产生球对称的电场，而上面我们得到的电场并不是.

为了获得球外的电场，在球外引入静电势 $\varPhi$. 对于稳恒的电磁场仍然有 $\boldsymbol{E} = -\nabla\varPhi$. 根据对称性，$\varPhi$ 只可能依赖于 r 和 θ，并且满足拉普拉斯方程 (球外没有任何电荷分布)，因此球外的静电势必定具有如下形式：

$$\varPhi_{r>a}(r,\theta) = \sum_{l=0}\frac{A_l}{r^{l+1}}\mathrm{P}_l(\cos\theta). \tag{7.59}$$

对于球内的静电势，由于我们已经求出了电场 [(7.56) 式]，因此可以很容易地获得

$$\varPhi_{r<a}(r,\theta) = \phi_0 + \frac{\omega B_0}{2c}r^2\sin^2\theta, \tag{7.60}$$

其中 ϕ_0 是一个待定常数. 现在注意到 $\sin^2\theta = \dfrac{2}{3}[\mathrm{P}_0(\cos\theta) - \mathrm{P}_2(\cos\theta)]$，因此球外的电势一定也仅包含 $l = 0, 2$ (单极和四极) 的贡献. 将球内外的电势匹配起来，我们就得到

$$\begin{aligned}\varPhi_{r<a} &= \phi_0 + \frac{\omega B_0 r^2}{3c}[1 - P_2(\cos\theta)],\\ \varPhi_{r>a} &= \left(\phi_0 + \frac{\omega B_0 a^2}{3c}\right)\frac{a}{r} - \frac{\omega B_0 a^2}{3c}\frac{a^3}{r^3}P_2(\cos\theta)\ .\end{aligned}$$

容易验证，上式中的电势梯度的切向也是连续的，但是它的法向一般有个跃变. 这个跃变恰恰就是我们希望了解的面电荷密度[19]

$$\varSigma(\theta) = \frac{1}{4\pi}[E_r(a^+) - E_r(a^-)] = \frac{\phi_0}{4\pi a} + \frac{\omega B_0 a}{12\pi c}[3 - 5P_2(\cos\theta)]. \tag{7.61}$$

---

[19] 因为我们用 σ 表示其电导率，因此面电荷密度改用 $\varSigma$.

将上述面电荷密度对表面积分就得到总的面电荷

$$Q_s = \phi_0 a + \frac{\omega B_0 a^3}{c}. \tag{7.62}$$

要求这个面电荷 Q_s 恰好中和体内的总电荷 Q_b [(7.58) 式] 就可以完全确定常数 ϕ_0.

37　均匀静电磁场中带电粒子的运动

本章最后的一个应用是讨论静态电磁场中一个带电粒子的运动问题. 这类问题在物理学的很多领域中都会遇到（特别是加速器物理）. 我们将假设粒子的运动一般是相对论性的. 只要将本节的结果取非相对论极限，就可以得到相应的非相对论性的结果. 为了与相关的非相对论结果比较，我们将主要采用三维形式的运动方程 (7.24) 来讨论.

37.1　带电粒子在均匀静电场中的运动

考虑一电荷为 e、质量为 m 的带电粒子在一外加均匀静电场中的运动. 均匀静电场的电场强度为 $\boldsymbol{E}_0$. 这种情形下该粒子的运动方程非常简单：$\mathrm{d}\boldsymbol{p}/\mathrm{d}t = e\boldsymbol{E}_0$ 确定了粒子相对论性动量 $\boldsymbol{p}$ 的变化率，而 $\mathrm{d}E/\mathrm{d}t = e\boldsymbol{v}\cdot\boldsymbol{E}$ 则给出了粒子相对论性能量的变化率 [(7.24) 式]. 于是 $\boldsymbol{p}(t) = \boldsymbol{p}(0) + e\boldsymbol{E}_0 t$. 能量的变化率方程实际上是 $E^2 = c^2\boldsymbol{p}^2 + m^2c^4$ 的直接结果. 因此，在一个均匀静电场中，粒子将不断被加速，在时间足够长以后，其能量 ($\gg mc^2$) 大致按照时间成正比地增加. 这也就是加速器加速带电粒子的基本原理.

37.2　带电粒子在均匀静磁场中的运动

这种情形下，粒子的能量并不随时间变化：$\mathrm{d}E/\mathrm{d}t = 0$，即均匀静磁场仅改变粒子动量的方向，并不改变它的能量. 因此，在这种情形下粒子速度 $\boldsymbol{v}$ 的大小（同时相对论因子 γ）也不随时间变化. 因此，粒子的动量变化率的运动方程可以等价地写为

$$\frac{\mathrm{d}\boldsymbol{v}}{\mathrm{d}t} = \boldsymbol{v}\times\boldsymbol{\omega}_B, \tag{7.63}$$

其中 $\boldsymbol{\omega}_B$ 为相对论性的正比于 B、反比于能量 E 的回旋频率 (gyration frequency)：

$$\boldsymbol{\omega}_B = \frac{e\boldsymbol{B}}{\gamma mc} = \frac{ec\boldsymbol{B}}{E}. \tag{7.64}$$

这个运动方程 (7.63) 描写的是一个在垂直于磁场的平面中的匀速圆周运动，再叠加上一个平行于外磁场方向的匀速直线运动 (又称为漂移运动). 如果取外磁场 $\boldsymbol{B}=B\boldsymbol{e}_3$ 沿 $+z$ 的方向，那么运动方程 (7.63) 的解可以表达为[20]

$$\boldsymbol{v}(t)=v_{\parallel}\boldsymbol{e}_3+\omega_B a(\boldsymbol{e}_1-\mathrm{i}\boldsymbol{e}_2)\mathrm{e}^{-\mathrm{i}\omega_B t}, \tag{7.65}$$

其中 $v_{\parallel}$ 是粒子速度沿磁场方向的分量（又称为平行分量）. (7.65) 式中的回旋半径 a 由下式给出：

$$a=\frac{cp_{\perp}}{eB}, \tag{7.66}$$

其中 $p_{\perp}$ 是带电粒子相对论性动量的垂直分量. (7.65) 式的意义在于，根据粒子在磁场中弯曲的情形及其电荷，就可以确定其垂直方向的动量. 反之，如果知道其动量的垂直分量以及其回旋半径 a，也可以确定其电荷. 如果愿意，我们还可以将粒子的速度 (7.65) 再积分一次，可得到粒子在均匀磁场中运动的轨迹：

$$\boldsymbol{x}(t)=\boldsymbol{x}(0)+v_{\parallel}t\boldsymbol{e}_3+\mathrm{i}a(\boldsymbol{e}_1-\mathrm{i}\boldsymbol{e}_2)\mathrm{e}^{-\mathrm{i}\omega_B t}. \tag{7.67}$$

这个轨迹的实部描写的是一条围绕外磁场方向的螺旋线.

37.3　带电粒子在均匀正交静电磁场中的运动

下面来讨论一个带电粒子在均匀正交静电磁场中的运动. 我们注意到，$\boldsymbol{E}^2-\boldsymbol{B}^2$ 以及 $\boldsymbol{E}\cdot\boldsymbol{B}$ 都是洛伦兹不变量，因此，对于均匀正交静电磁场，由于 $\boldsymbol{E}\cdot\boldsymbol{B}=0$，任何洛伦兹变换后的电磁场将仍然是正交的. 事实上，很容易证明：如果 $|\boldsymbol{B}|>|\boldsymbol{E}|$，那么我们可以找到一个合适的洛伦兹变换，使得变换后的参照系中 $\boldsymbol{E}'=0$，$\boldsymbol{B}'\neq 0$；反之，如果 $|\boldsymbol{E}|>|\boldsymbol{B}|$，那么我们可以找到一个合适的洛伦兹变换，使得变换后的参照系中 $\boldsymbol{E}'\neq 0$，$\boldsymbol{B}'=0$. 因此，带电粒子在均匀正交静电磁场中的运动问题可以完全化为第 37.1 小节中在均匀静电场或者第 37.2 小节中在均匀静磁场中的运动问题.

首先假设均匀正交静电磁场满足 $|\boldsymbol{B}|>|\boldsymbol{E}|$，如果我们做一个洛伦兹推促并将参照系 K' 的速度选为[21]

$$\boldsymbol{u}=c\frac{\boldsymbol{E}\times\boldsymbol{B}}{|\boldsymbol{B}|^2}, \tag{7.68}$$

---

[20]为了方便起见，这个公式利用了复数表达形式. 真正物理的速度应当理解为公式所给出的复矢量的实部.

[21]注意，由于 $|\boldsymbol{B}|>|\boldsymbol{E}|$，因此这个速度 $\boldsymbol{u}$ 的大小是小于真空中光速的，是可实现的物理速度.

那么利用电磁场的变换公式 (7.32)，我们可以证明在新的参照系 K' 中的静电场将恒等于零，并且静磁场也仅具有垂直于 $\boldsymbol{u}$ 的分量：

$$\boldsymbol{B}' = \boldsymbol{B}'_{\perp} = \frac{1}{\gamma}\boldsymbol{B} = \sqrt{\frac{|\boldsymbol{B}|^2 - |\boldsymbol{E}|^2}{|\boldsymbol{B}|^2}}\,\boldsymbol{B}, \tag{7.69}$$

其中相对论因子 $\gamma \equiv 1/\sqrt{1-\boldsymbol{u}^2/c^2}$. 在新的参照系 K' 中，粒子的运动回到第 37.2 小节中讨论的均匀静磁场的情形，即粒子将围绕磁场 $\boldsymbol{B}'$ 的方向做螺旋运动.

如果均匀正交电磁场满足 $|\boldsymbol{E}| > |\boldsymbol{B}|$，那么所需洛伦兹推促的速度为

$$\boldsymbol{u} = c\frac{\boldsymbol{E}\times\boldsymbol{B}}{|\boldsymbol{E}|^2}. \tag{7.70}$$

在新的参照系 K'' 中，静磁场将恒等于零，而静电场将仅有垂直于 $\boldsymbol{u}$ 的分量，并且满足

$$\boldsymbol{E}' = \boldsymbol{E}'_{\perp} = \frac{1}{\gamma}\boldsymbol{E} = \sqrt{\frac{|\boldsymbol{E}|^2 - |\boldsymbol{B}|^2}{|\boldsymbol{E}|^2}}\,\boldsymbol{E}. \tag{7.71}$$

这时在新的参照系 K'' 中粒子的运动回到第 37.1 小节中在一个单纯的均匀静电场中的情形，粒子将在电场 $\boldsymbol{E}'$ 中不断被加速.

37.4 带电粒子在一般均匀静电磁场中的运动

如果均匀静电磁场满足 $\boldsymbol{E}\cdot\boldsymbol{B} \neq 0$，那么我们不可能利用洛伦兹变换将电场或者磁场之一完全去掉. 粒子的运动无论在任何参照系来看，都是在既有静电场、又有静磁场的情形下进行的. 这时的运动方程仍然可以解出来，只不过其运动的特性没有前面几种情形那么简单了.

这时更为简单的实际上是利用四维形式的运动方程 (7.27)：

$$\frac{\mathrm{d}u^{\mu}}{\mathrm{d}\tau} = \frac{e}{mc}F^{\mu}{}_{\nu}u^{\nu}. \tag{7.72}$$

这可以视为粒子的四速度 $u^{\mu}(\tau)$ 关于粒子固有时 τ 的参数方程. 对于均匀静态电磁场，场强张量 $F^{\mu}{}_{\nu}$ 为常张量. 事实上，可以将四速度 $u^{\mu}(\tau)$ 视为列矢量 u，将 $F^{\mu}{}_{\nu}$ 视为常矩阵 $\mathbb{F}$，这样我们可以将运动方程表达为矩阵形式：

$$\frac{\mathrm{d}u}{\mathrm{d}\tau} = \frac{e}{mc}\mathbb{F}\cdot u. \tag{7.73}$$

对于均匀静电磁场，四维二阶张量的场强常矩阵 $\mathbb{F}$ 可以利用第 31 节中 (6.30) 式给出的洛伦兹变换的生成元 $\boldsymbol{K}$ 和 $\boldsymbol{S}$ 写为

$$\mathbb{F} = \boldsymbol{E}\cdot\boldsymbol{K} - \boldsymbol{B}\cdot\boldsymbol{S}. \tag{7.74}$$

因此，四速度可以通过对 (7.73) 式的积分得到：

$$u(\tau) = \exp\left(\frac{e\tau}{mc}\left[\boldsymbol{E}\cdot\boldsymbol{K} - \boldsymbol{B}\cdot\boldsymbol{S}\right]\right)\cdot u(0). \tag{7.75}$$

如果愿意，还可以再对四速度积分一次，得到任意电磁场中粒子世界线的参数方程.

相关的阅读

本章主要讨论的是相对论性电动力学的基本理论框架. 我们从对称性和分析力学的基本原理出发，推导出了所有电磁规律的协变形式. 我们的讨论是相当简略的，希望读者从这种简略的讨论中能够体味到整个理论框架的轮廓. 更为详细的推导可见参考书 [11]，事实上我们这一章讨论的主要流程就取自参考书 [11]. 对于那些不熟悉分析力学的读者，我的心在为你们“流血”，因为你们可能错过了电动力学中最为精妙的一部分（至少我个人这样认为）. 不过正如在这一章开始所说的，比推导过程更重要的是本章的最终结论. 这个结论我希望所有学习过电动力学课程的同学都能够记住（最好记一辈子）：麦克斯韦电磁理论是与狭义相对论兼容的协变理论.

习　题

1. 哈密顿量的形式. 验证电磁场中粒子的哈密顿量由 (7.23) 式给出. 请注意，哈密顿量应当用正则动量 $\boldsymbol{P}$ (而不是速度 $\boldsymbol{v}$) 给出. 因此，你需要利用机械动量 $\boldsymbol{p}$ 所满足的基本关系 $p_\mu p^\mu = m^2c^2$ 将速度 $\boldsymbol{v}$ 用 $\boldsymbol{P}$ 来表达.
2. 粒子物理中的能量–动量守恒. 考虑著名的康普顿 (Compton) 效应. 这是光子与电子之间的散射过程. 运用相对论性的能量–动量守恒以及光子能量的量子化表达式 $E = \hbar\omega$，求出光子与静止的电子碰撞后散射的光子偏转角 θ 与出射和入射光子频率改变之间的关系.

3. 三维形式相对论性粒子的运动方程的验证. 利用矢量分析的基本公式验证三维形式的运动方程 (7.24). 特别地，验证其中的电场 $\boldsymbol{E}$ 和磁感应强度 $\boldsymbol{B}$ 的确如 (7.25) 式所示.

4. 标量场中的相对论性粒子的运动方程. 考虑一个与标量场相互作用的相对论性粒子，其作用量可以写为

$$S = -mc\int \mathrm{d}s \exp\left(g\Phi(x)\right), \tag{7.76}$$

其中 $\Phi(x)$ 是闵氏时空中的一个洛伦兹标量场，g 是一个无量纲的耦合参数，它刻画了粒子与标量场的耦合大小. 显然，如果 $g = 0$ 我们就回到了自由粒子的作用量 (7.1). 试利用变分法给出这时粒子的运动方程的形式.

5. 张量场中的相对论性粒子的运动方程. 考虑一个与对称的二阶度规张量场 $g_{\mu\nu}(x)$ (广义相对论中对引力场的描述方法) 耦合的相对论性粒子. 我们定义粒子的不变间隔的平方为 $\mathrm{d}s^2 = g_{\mu\nu}(x)\mathrm{d}x^\mu \mathrm{d}x^\nu$，其中度规张量 $g_{\mu\nu}(x)$ 是一个依赖于时空坐标的场. 需要注意的是，由于 $g_{\mu\nu} \neq \eta_{\mu\nu}$，因此指标的升降也必须利用 $g_{\mu\nu}(x)$ 以及它的逆 $g^{\mu\nu}(x)$ 来进行 [即 $g_{\mu\nu}(x)g^{\nu\rho}(x) \equiv \delta_\mu^\rho$]. 假定粒子的作用量仍可以写为

$$S = -mc\int \mathrm{d}s, \tag{7.77}$$

利用变分法给出这时粒子的运动方程的形式. 这称为粒子在引力场 (弯曲时空) 中的测地线方程.

6. 欧姆定律的相对论推广. 假定导体在其静止系中满足欧姆定律 $\boldsymbol{J}' = \sigma\boldsymbol{E}'$，其中带撇的量 $\boldsymbol{J}'$ 和 $\boldsymbol{E}'$ 分别表示导体的静止系中的电流密度和电场，σ 是它的电导率 (一个常数). 给出欧姆定律的协变推广

$$J^\mu - (u\cdot J)u^\mu = \sigma F^{\mu\nu}u_\nu, \tag{7.78}$$

其中 u^μ 是粒子的无量纲四速度.

7. 旋转介质圆柱体. 考虑一个中空的圆柱体，其内外径分别为 a 和 b. 构成它的介质的相对介电常数和相对磁导率为 ϵ 和 μ. 圆柱的对称轴沿 $\boldsymbol{e}_3$ 方向放置于匀强磁场 $\boldsymbol{B}_0 = B_0\boldsymbol{e}_3$ 中. 现在令圆柱体绕其中心轴以匀角速度 ω 转动, 计算其体内的电磁场分布.

   (1) 如果忽略相对论效应对磁场的影响，写出圆柱体内的磁场和外加匀强磁场之间的关系.

   (2) 由于没有自由电荷，所以我们有 $\nabla\cdot\boldsymbol{D} = 0$. 利用准到一阶的闵可夫斯基方程

$$\begin{aligned} \boldsymbol{D} &\approx \epsilon\boldsymbol{E} + (\epsilon\mu - 1)\boldsymbol{\beta}\times\boldsymbol{H}, \\ \boldsymbol{B} &\approx \mu\boldsymbol{H} - (\epsilon\mu - 1)\boldsymbol{\beta}\times\boldsymbol{E} \end{aligned} \tag{7.79}$$

给出介质内电场 $\boldsymbol{E}$ 的分布.

(3) 给出介质圆柱的 $r=a$ 与 $r=b$ 处的电势差的表达式 (这是实验上真正测量的).

8. 普罗卡 (Proca) 拉氏量. 考虑如下的普罗卡拉氏量 (已取 $c=1$):

$$\mathcal{L}=-\frac{1}{16\pi}F_{\alpha\beta}F^{\alpha\beta}+\frac{\mu^2}{8\pi}A_\alpha A^\alpha-J_\alpha A^\alpha, \tag{7.80}$$

它可以描写有质量的电磁场.

(1) 给出场 $A_\mu(x)$ 的运动方程.

(2) 如果要求电流密度四矢量守恒，即 $\partial_\mu J^\mu=0$，说明我们必须对 A_μ 选取洛伦茨规范 $\partial_\mu A^\mu=0$.

(3) 给出这时候场 A_μ 所满足的方程.

(4) 讨论 (3) 中的方程在静态情形下的解. 例如，一个静态的点电荷所产生的库仑势会变化为什么形式?

9. 普罗卡拉氏量的地磁测量. 考虑第 8 题中的普罗卡拉氏量 (7.80). 将地球的静磁场视为由静态的磁化强度 $\boldsymbol{M}(\boldsymbol{x})=\boldsymbol{m}f(\boldsymbol{x})$ 所产生，即 $\boldsymbol{J}=\nabla\times\boldsymbol{M}$.

(1) 给出磁矢势 $\boldsymbol{A}$ 的积分表达式.

(2) 如果认为 $f(\boldsymbol{x})=\delta^3(\boldsymbol{x})$，即地磁视为一个位于地球球心的点磁偶极子，给出相应的磁矢势的表达式.

(3) 给出这时候场 $\boldsymbol{B}=\nabla\times\boldsymbol{A}$ 的表达式.

(4) 讨论上问磁场在地球表面 ($r=R$) 处的行为. 如果遥感的结果发现，对于偶极场的相对偏离小于 4×10^{-5}，这对于光子的质量参数 μ 有何限制?

10. 暗的一面. 设想世界上的带电粒子除了所携带的普通电荷 e 之外，还可能同时携带另外一种神秘的“暗电荷” e'. 就像正常电荷的运动产生电磁场一样，这些带有暗电荷的粒子的运动 (暗电流) 会在时空中产生相应的“暗电磁场”. 正常电磁场由 (7.20) 式中的四矢量场 $A_\mu(x)$ 描写，暗电磁场我们用另外一个四矢量场 $B_\mu(x)$ 刻画. 如果将暗电磁场进行量子化，其对应的量子称为暗光子 (dark photon). 如果普通的光子与暗光子之间没有任何耦合，我们不太可能探测到它的存在. 但是，如果我们允许暗光子与正常的光子发生轻微的混合，情况就不同了. 本题就将探讨其中一些相关的电动力学问题.

类似于 (7.41) 式，我们考虑拉氏量

$$\begin{aligned}\mathcal{L}=&-\frac{1}{c^2}A_\mu J^\mu-\frac{1}{16\pi c}F_{\mu\nu}F^{\mu\nu}\\&-\frac{1}{c^2}B_\mu J'^\mu-\frac{1}{16\pi c}G_{\mu\nu}G^{\mu\nu}-\frac{\epsilon}{8\pi c}F_{\mu\nu}G^{\mu\nu},\end{aligned} \tag{7.81}$$

其中 $G_{\mu\nu} = \partial_\mu B_\nu - \partial_\nu B_\mu$ 是与 B_μ 对应的场强张量，J'^μ 则是带暗电粒子的暗电流密度四矢量 (其中的电荷 e 替换为暗电荷 e')，ϵ 则是一个 (微小的) 参数，它刻画了光子与暗光子之间的混合. 试证明，通过变换

$$\begin{pmatrix} A^\mu \\ B^\mu \end{pmatrix} = \begin{pmatrix} \dfrac{1}{\sqrt{1-\epsilon^2}} & 0 \\ -\dfrac{\epsilon}{\sqrt{1-\epsilon^2}} & 0 \end{pmatrix} \begin{pmatrix} \cos\theta & -\sin\theta \\ \sin\theta & \cos\theta \end{pmatrix} \begin{pmatrix} a^\mu \\ b^\mu \end{pmatrix} \tag{7.82}$$

并且适当选择 θ，就可以实现规范场 a_μ 和 b_μ 的一个场只与普通电流耦合，另一个场则与两种电流都有耦合 (参考 arXiv:2005:01515).

第八章　运动带电粒子的辐射

本章提要

- 李纳-维谢尔势 (38)
- 非相对论加速电荷的辐射 (39)
- 相对论性加速电荷的辐射 (40)
- 粒子辐射 (41) 与同步辐射 (42) 的频谱
- 切连科夫辐射 (43)
- 辐射阻尼 (44)

在第五章中讨论电磁波的产生时，我们曾经简要地讨论过电磁波的辐射问题，其中的第 24 节中处理的主要是宏观周期振荡的源所辐射的电磁波. 我们曾经说明，除了振荡电流以外，处在电磁场中的微观粒子在加速或减速时也会辐射电磁波. 这种带电粒子的辐射往往在粒子高速运动时变得更为显著. 因此，讨论高速运动时加速带电粒子的电磁辐射的一个自然的出发点就是以狭义相对论为基础的相对论性电动力学.

这一章将简要讨论运动的带电粒子所产生的电磁辐射的各种特性. 这实际上是一个相当广泛的课题. 本章的讨论将侧重于带电粒子电磁辐射的理论基础部分，对于具体问题则涉及得比较少. 这些具体问题是加速器物理中应当关注的. 我们将首先利用相对论性电动力学的方法推导出一个带电粒子在空间所产生的电磁势 [也就是所谓的李纳 (Liénard)-维谢尔 (Wiechert) 势]. 虽然我们也可以利用第五章的理论框架来讨论微观粒子的辐射问题，所需要的仅是将一个微观粒子的运动电流密度 (包含 δ 函数) 代入第 23 节中的 (5.9) 式，这样即可得到所谓的李纳-维谢尔势，但是本章准备直接从四维形式的理论框架出发来处理这个问题. 利用李纳-维谢尔势，我们将分别讨论非相对论性和相对论性的带电粒子在加速运动时的辐射. 此外还会讨论一个带电粒子（典型的例子是电子）对于电磁波的散射 [称为汤姆孙 (J. J. Thomson) 散射]. 随后将介绍快速带电粒子通过介质时产生的切连科夫 (Cherenkov) 辐射. 最后将简要讨论带电粒子与它自身的辐射场之间的自相互作用问题，这称为辐射阻尼. 带电粒子电磁辐射阻尼问题的讨论同时也揭示了经典电动力学的适用范围.

38 李纳–维谢尔势

让我们从第七章中的四维协变形式的麦克斯韦方程

$$\partial_\mu F^{\mu\nu} = \frac{4\pi}{c} J^\nu \tag{8.1}$$

出发. 将四维场强二阶张量 $F^{\mu\nu} = \partial^\mu A^\nu - \partial^\nu A^\mu$ 代入，可得四维有源的波动方程

$$\partial_\mu \partial^\mu A^\nu = \frac{4\pi}{c} J^\nu, \tag{8.2}$$

其中我们已经取了洛伦茨规范条件 $\partial_\mu A^\mu = 0$. 这个公式实际上就是电磁势满足的波动方程的四维协变形式. 在第 23 节中，我们已经得到了电磁势的推迟解 [(5.9) 式]. 为了本章讨论的方便，需要将 (5.9) 式写成四维协变的形式. 这可以通过改写 (5.9) 式得到，不过更为简单的（至少是更为方便的）办法是直接求方程 (8.2) 的四维协变形式的解. 为此需要定义达朗贝尔算符 $-\partial_\mu \partial^\mu$ 的四维协变形式的格林函数 $D(x, x')$:

$$\partial_\mu \partial^\mu D(x, x') = \delta^4(x - x'). \tag{8.3}$$

这个方程可以利用傅里叶变换来求解. 我们将待求的四维格林函数写成

$$D(x, x') = \int \frac{\mathrm{d}^4 k}{(2\pi)^4} \tilde{D}(k) \mathrm{e}^{-\mathrm{i}k\cdot(x-x')}, \tag{8.4}$$

其中傅里叶变换指数上的点乘表示四矢量的内积. 利用 δ 函数的傅里叶变换，我们立刻得到 $\tilde{D}(k) = -(1/k^2)$，所以四维格林函数

$$D(x, x') = -\int \frac{\mathrm{d}^4 k}{(2\pi)^4} \frac{\mathrm{e}^{-\mathrm{i}k\cdot(x-x')}}{k^2}, \tag{8.5}$$

其中 $k^2 \equiv k \cdot k = k_\mu k^\mu$. 需要注意的是：(8.5) 式到目前为止还只是一个形式表达式，原因是上面被积函数的分母 $k^2 = k_0^2 - \boldsymbol{k} \cdot \boldsymbol{k}$ 在 k_0 积分的实轴上存在奇点，

我们必须对它的含义给出一个明确的、非奇异的定义. 事实上这等价于在 k_0 的复平面上为 k_0 的积分选取恰当的路径, 不同的路径定义了不同的格林函数. 物理上需要的是推迟格林函数, 因为这才是符合因果性的格林函数, 它对应的路径被显示在图 8.1 中 (即图中沿实轴上侧的路径加上上半平面无穷远处的半圆 C), 相应的表达式为推迟格林函数①

$$D^{(+)}(x,x') = -\int \frac{\mathrm{d}^4 k}{(2\pi)^4} \frac{\mathrm{e}^{-\mathrm{i}k\cdot(x-x')}}{(k_0+\mathrm{i}\epsilon)^2 - \boldsymbol{k}\cdot\boldsymbol{k}}, \tag{8.6}$$

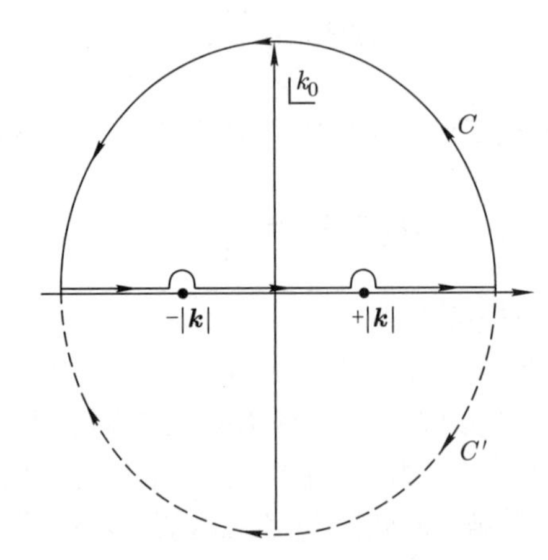

图 8.1　四维协变形式的推迟格林函数 (8.6) 所对应的复 k_0 平面的围道. 当 $x_0 < x_0'$ 时, 积分可以从上半平面的围道 C 完成, 得到的结果是零; 当 $x_0 > x_0'$ 时, 积分可以从下半平面的围道 C' 完成, 得到的结果等于在两个奇点 $\pm|\boldsymbol{k}|$ 处的留数之和

其中 $\epsilon = 0^+$ 为一正无穷小, 这相当于选择图 8.1 中沿实轴上侧, 并包括从奇点 $k_0 = \pm|\boldsymbol{k}|$ 的上方绕过去的路径的围道. 由于两个奇点都在此积分围道的下方, 因此我们发现: 如果格林函数中的两个时间坐标 $x_0 < x_0'$, 也就是说如果观测点的时间比源所在的时间点超前, 我们可以将对于 k_0 的积分从上半平面的无穷远处的半圆围道 C 绕回来, 从而证明格林函数 $D^{(+)}(x,x') = 0$, 因此它的确是一个推迟格林函数. 反之, 如果 $x_0 > x_0'$, 我们的围道则必须从下半平面绕回来, 这个积分不等于零, 而是等于其中的留数之和. 由于仅有的奇点就在 $k_0 = \pm|\boldsymbol{k}|$

①如果 (8.6) 式中在被积函数的分母中取 $(k_0 - \mathrm{i}\epsilon)^2 - \boldsymbol{k}\cdot\boldsymbol{k}$, 我们就得到了超前格林函数 $D^{(-)}(x,x')$.

处，对 (8.6) 式做一些具体运算可得推迟格林函数为②

$$D^{(+)}(x-x')=\frac{\theta(x_0-x_0')}{4\pi R}\delta(x_0-x_0'-R)=\frac{\theta(x_0-x_0')}{2\pi}\delta[(x-x')^2]. \tag{8.7}$$

这个表达式与第 23 节中的格林函数表达式 (5.8) 完全一致. 利用这个四维协变形式的推迟格林函数，我们可以根据方程 (8.2) 写出电磁势的四维协变形式解

$$A^\mu(x)=\frac{4\pi}{c}\int \mathrm{d}^4x' D^{(+)}(x-x')J^\mu(x'), \tag{8.8}$$

其中 $J^\mu(x')$ 是一个带电粒子所产生的四维电流密度，即电磁波的发射源.

对于一个在四维时空中运动的带电粒子，它的轨迹可以用一条世界线来表示. 假定已知其世界线的参数方程为 $r^\mu=r^\mu(\tau)$，其中 τ 可取为粒子的固有时，那么这个粒子的四维电流密度可以写成

$$J^\mu(x')=ec^2\int \mathrm{d}\tau\, u^\mu(\tau)\,\delta^4[x'-r(\tau)], \tag{8.9}$$

其中 $u^\mu(\tau)$ 是粒子的（无量纲的）四速度矢量. 将电流密度的表达式代入前面的 $A^\mu(x)$ 的表达式 (8.8) 中，可以通过格林函数 [(8.7) 式] 得到四维电磁势

$$A^\mu(x)=2ec\int \mathrm{d}\tau\, u^\mu(\tau)\,\theta[x^0-r^0(\tau)]\,\delta[(x-r(\tau))^2]. \tag{8.10}$$

由于 δ 函数的存在，这个积分只在一个特定的时间 τ_0 有贡献，它满足所谓的光锥条件

$$[x-r(\tau_0)]^2=0. \tag{8.11}$$

同时加上因果律要求的推迟条件 $x^0>r^0(\tau_0)$，(8.10) 式中的 δ 函数

$$\delta[(x-r(\tau))^2]=\frac{\delta(\tau-\tau_0)}{\left|\dfrac{\mathrm{d}}{\mathrm{d}\tau}(x-r(\tau))^2\right|_{\tau=\tau_0}}. \tag{8.12}$$

将 (8.12) 式代入 (8.10) 式，我们就得到了时空中任意一点 x 处的四维电磁势

$$A^\mu(x)=\left.\frac{eu^\mu(\tau)}{u\cdot[x-r(\tau)]}\right|_{\tau=\tau_0}. \tag{8.13}$$

---

②其中需要利用 δ 函数的标准表达式 $\delta(x)=(1/2\pi)\int_{-\infty}^{+\infty}\mathrm{d}k\mathrm{e}^{\mathrm{i}kx}$.

这就是一个带电的运动粒子所产生电磁势的四维协变表达式. (8.13) 式称为带电粒子的李纳–维谢尔势. 四维协变形式的电磁势虽然看上去十分简洁，但显得不够直观，人们在实际应用中更愿意将李纳–维谢尔势写成具体的三维分量形式. 令 $\boldsymbol{R} = \boldsymbol{x} - \boldsymbol{r}(\tau_0) \equiv R\boldsymbol{n}$，并利用光锥条件 $x_0 - r_0(\tau_0) = R$，(8.13) 式中的分母

$$u \cdot [x - r(\tau)] = \gamma R - \gamma \boldsymbol{\beta} \cdot \boldsymbol{n} R = \gamma R(1 - \boldsymbol{\beta} \cdot \boldsymbol{n}). \tag{8.14}$$

代入四速度 $u^\mu = (\gamma, \gamma\boldsymbol{\beta})$，李纳–维谢尔势 [(8.13) 式] 可以写为

$$\varPhi(\boldsymbol{x}, t) = \left[\frac{e}{(1 - \boldsymbol{\beta} \cdot \boldsymbol{n})R}\right]_{\text{ret}}, \quad \boldsymbol{A}(\boldsymbol{x}, t) = \left[\frac{e\boldsymbol{\beta}}{(1 - \boldsymbol{\beta} \cdot \boldsymbol{n})R}\right]_{\text{ret}}, \tag{8.15}$$

其中下标 ret 代表括号内的所有物理量必须按照光锥条件 (8.11) 在推迟的时间 $r_0(\tau_0) = x_0 - R$ 来计算. (8.15) 和 (8.13) 式都称为李纳–维谢尔势. 图 8.2 中显示了观测点的时空坐标 x 以及相应的光锥（图中阴影部分与空白部分的交界面）. 我们还画出了运动带电粒子的世界线 $r(\tau)$，它会与顶点位于观测点 x 的光锥相交于两点，其中位于时空点 x “过去”的光锥上的交点标志了信号发出的时间，即粒子固有时 τ_0. 李纳–维谢尔势的公式说明，粒子运动到 $r(\tau_0)$ 位置时发出的电磁势正好在稍后的时空观测点 x 被感受到.

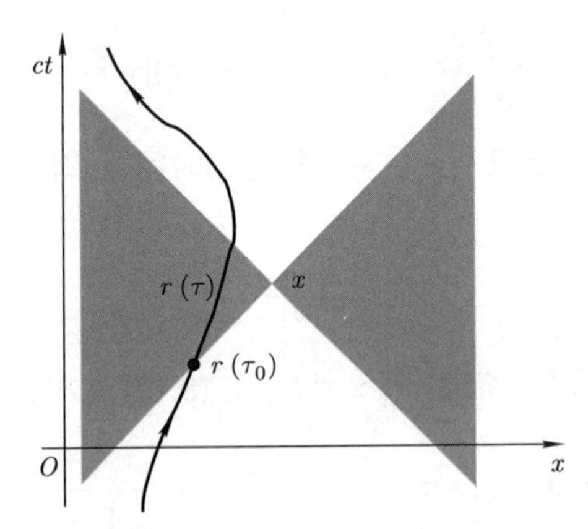

图 8.2　李纳–维谢尔势的示意图. 运动粒子的世界线用方程 $r(\tau)$ 来表示，观测的时空点是 x. 粒子的世界线与位于 x 处的光锥有两个交点，其中位于点 x 过去的光锥上的交点正好对应于点 x 所接收到的电磁势

得到了带电粒子的电磁势 [(8.15) 或 (8.13) 式]，原则上就可以求出它所对应

的电磁场，虽然推导的过程有些复杂③. 一种比较简单的方法是从包含 δ 函数的积分表达式 (8.10) 出发. 如果我们仅考虑 $R>0$ 的区域，有

$$\partial^\nu A^\mu = 2ec\int \mathrm{d}\tau\, u^\mu(\tau)\,\theta[x_0 - r_0(\tau)]\,\partial^\nu \delta[(x-r(\tau))^2]. \tag{8.16}$$

这里唯一比较需要技巧的是偏微商作用在 δ 函数上的结果. 它实际上可以换成 δ 函数对于 τ 的微商. 利用恒等式

$$\partial^\mu \delta[f(x,\tau)] = (\partial^\mu f)\left(\frac{\mathrm{d}}{\mathrm{d}f}\delta[f(x,\tau)]\right) = (\partial^\mu f)\,\frac{\mathrm{d}\tau}{\mathrm{d}f}\frac{\mathrm{d}}{\mathrm{d}\tau}\delta[f(x,\tau)], \tag{8.17}$$

其中函数 $f=(x-r(\tau))^2$，我们得到

$$\partial^\mu \delta[(x-r(\tau))^2] = -\frac{(x-r)^\mu}{u\cdot(x-r)}\frac{\mathrm{d}}{\mathrm{d}\tau}\delta[(x-r(\tau))^2]. \tag{8.18}$$

将这个结果代入 (8.16) 式并且对 τ 分部积分一次，利用光锥条件的 δ 函数完成对 τ 的积分，再对 μ,ν 反对称化，可得与李纳–维谢尔势对应的四维电磁场张量

$$F^{\mu\nu} = \left\{\frac{ec}{u\cdot(x-r)}\frac{\mathrm{d}}{\mathrm{d}\tau}\left[\frac{(x-r)^\mu u^\nu - (x-r)^\nu u^\mu}{u\cdot(x-r)}\right]\right\}_{\tau=\tau_0}. \tag{8.19}$$

我们也可以将 (8.19) 式写成更为明显的三维分量形式. 根据关系

$$\begin{aligned}&(x-r)^\mu = (R, R\boldsymbol{n}),\quad u^\mu = (\gamma,\gamma\boldsymbol{\beta}),\quad \frac{\mathrm{d}}{\mathrm{d}\tau}[u\cdot(x-r)] = -c + (x-r)^\mu\frac{\mathrm{d}u_\mu}{\mathrm{d}\tau},\\ &\frac{\mathrm{d}u^\mu}{\mathrm{d}\tau} = \left(\gamma^4\boldsymbol{\beta}\cdot\dot{\boldsymbol{\beta}}, \gamma^2\dot{\boldsymbol{\beta}} + \gamma^4\boldsymbol{\beta}(\boldsymbol{\beta}\cdot\dot{\boldsymbol{\beta}})\right),\end{aligned}$$

我们可以将三维分量形式的带电粒子辐射的相对论性电磁场明确写出：

$$\boldsymbol{E} = \left[\frac{e(\boldsymbol{n}-\boldsymbol{\beta})}{\gamma^2(1-\boldsymbol{\beta}\cdot\boldsymbol{n})^3R^2} + \frac{e}{c}\frac{\boldsymbol{n}\times[(\boldsymbol{n}-\boldsymbol{\beta})\times\dot{\boldsymbol{\beta}}]}{(1-\boldsymbol{\beta}\cdot\boldsymbol{n})^3R}\right]_{\mathrm{ret}},\quad \boldsymbol{B} = (\boldsymbol{n}\times\boldsymbol{E})_{\mathrm{ret}}. \tag{8.20}$$

这个公式中的电场分为两项：第一项是典型的静态场，正比于 $1/R^2$；第二项是典型的辐射场，正比于 $1/R$ 并且正比于粒子的加速度 $\dot{\boldsymbol{\beta}}$. 因此，对一个做匀速运动的粒子来说，它所产生的场将只有静态场部分，当然所有的场都要在推迟的时间来计算.

---

③虽然原则上讲从三维形式的李纳–维谢尔势 (8.15) 出发，进行必要微分运算即可得到运动粒子所产生的电磁场，但因为微分的过程中必须正确处理推迟的效应，因此并不简单. 有兴趣的读者可以阅读参考书 [21] 中的相关推导.

例 8.1 一个匀速运动的电荷所产生的电磁场. 在这个例子中，我们将用两种不同的方法计算一个匀速运动的电荷所产生的电磁场. 为了简化讨论，我们假定观测者所在的参照系为 K，并且图 8.3 中观测点 P 的坐标为 $\boldsymbol{x}_P = (0, b, 0)$. 我们假定一个电荷 q 沿 x 轴的正方向以速度 v 运动. 我们选取时间的零点使得在 $t = 0$ 时刻，电荷正好通过坐标原点（这时它与观测点的距离也最近，并且等于 b）. 我们将分别利用电磁场的洛伦兹变换方法，以及本节中导出的运动电荷辐射的相对论性电磁场 [(8.20) 式] 来计算电荷在空间点 P 所产生的电磁场，并且将说明两种方法的等价性.

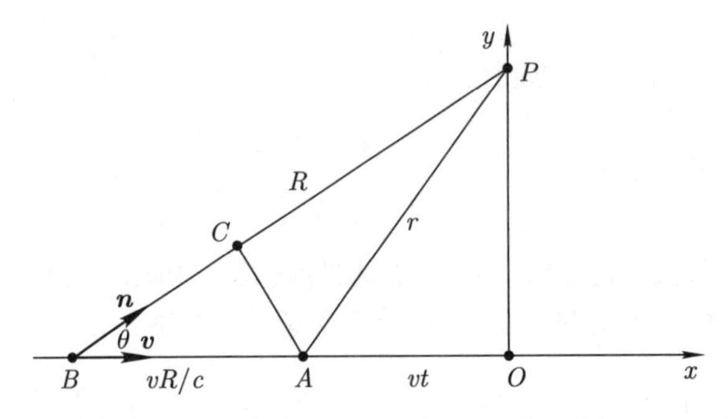

图 8.3　一个匀速运动的电荷在点 P 处所产生的场. 这个问题可以通过洛伦兹变换 (7.32) 或者直接利用本节的 (8.20) 式来计算

解　首先，让我们利用电磁场的洛伦兹变换的方法来计算. 这个方法的出发点是首先计算出随着带电粒子一同运动的参照系 K' 中的电磁场. 这是十分简单的，因为它就是一个点电荷的静库仑场. 然后，我们可以利用电磁场的洛伦兹变换 (7.32) 给出在参照系 K 中的电磁场. 按照这个思路，我们首先写出 K' 系中的电磁场：

$$\boldsymbol{E}' = \left(-\frac{qvt'}{r'^3}, \frac{qb}{r'^3}, 0\right), \quad \boldsymbol{B}' = (0, 0, 0), \tag{8.21}$$

其中 $r' = \sqrt{b^2 + (vt')^2}$ 是 K' 系中电荷到观测点的距离. 这个表达式就是点电荷的库仑场的表达式. 由于我们关心 K 系中的电磁场，我们希望首先将它表达为 K 系中的时空坐标. 唯一需要转换的就是 $t' = \gamma t$. 于是 K' 系中的电场用 K 系的坐标表达为

$$\boldsymbol{E}' = \left(-\frac{q\gamma vt}{(b^2 + \gamma^2 v^2 t^2)^{3/2}}, \frac{qb}{(b^2 + \gamma^2 v^2 t^2)^{3/2}}, 0\right). \tag{8.22}$$

剩下的就是利用 (7.32) 式从参照系 K' 到参照系 K 的逆变换（改变该公式中速

度的符号）给出观测者所在的 K 系中的电磁场表达式：

$$
\begin{aligned}
E_1 &= -\frac{q\gamma vt}{(b^2+\gamma^2v^2t^2)^{3/2}}\,,\\
E_2 &= \frac{q\gamma b}{(b^2+\gamma^2v^2t^2)^{3/2}}\,,\\
B_3 &= \beta E_2.
\end{aligned}
\tag{8.23}
$$

其他的电磁场分量 E_3，B_1 和 B_2 都恒等于零.

现在我们直接利用本节导出的 (8.20) 式来计算. 我们只需要其中的第一项的贡献. 这里唯一需要注意的是，这个公式中的各个坐标都是用推迟的坐标来表达的. 也就是说，图 8.3 中观测点 P 在 t 时刻的电磁场是粒子运行到点 B 时发射的，而在 t 时刻粒子已经运行到点 A，所以 (8.20) 式中的场必须用粒子在点 B 时的坐标来表达. 因此，为了与前面第一种方法所得到的结果进行比较，需要寻找 (8.23) 式中点 A 的 t 与信号发射点 B 的推迟时间 t^* 之间的关系. 为此利用光锥条件得到点 B 的推迟时间 t^* 满足的方程 $c(t-t^*)=R$. 在 x 轴上推迟的点 B 和探测到辐射时粒子的位置点 A 之间的距离为 $v(t-t^*)=\beta R$. 如果我们从点 A 向线段 PB 引垂线，垂足为点 C，那么距离 PC 为 $(1-\boldsymbol{\beta}\cdot\boldsymbol{n})R$. 因此我们可以利用 $[(1-\boldsymbol{\beta}\cdot\boldsymbol{n})R]^2=r^2-(AC)^2=r^2-\beta^2R^2\sin^2\theta=b^2+(vt)^2-\beta^2b^2=(b^2+\gamma^2v^2t^2)/\gamma^2$，并将此代入 (8.20) 式中，可得第二种方法计算的 y 方向的电场

$$
E_2=\left[\frac{qb}{\gamma^2(1-\boldsymbol{\beta}\cdot\boldsymbol{n})^3R^3}\right]_{\rm ret}=\frac{q\gamma b}{(b^2+\gamma^2v^2t^2)^{3/2}},
\tag{8.24}
$$

与 (8.23) 式中的 E_2 是一致的. 电磁场的其他非零分量也可以类似验证. 于是我们证明了，利用洛伦兹变换得到的电磁场表达式与本节所得到的电磁场表达式完全一致.

这里顺便指出，李纳–维谢尔势的另外一种推导方法是首先在粒子的静止系中写出带电粒子的库仑势，然后再做一个洛伦兹变换就可以得到普遍的李纳–维谢尔势 (8.15). 当然，这种推导方法依赖于一个先验的假定，即电磁势必须仅依赖于粒子的速度，不依赖于它的加速度. 但是，仅利用这种方法得不到与李纳–维谢尔势对应的带电粒子辐射的电磁场 (8.20). 因为带电粒子发射的电磁场一般依赖于它的速度和加速度. 对于一个有加速度的带电粒子而言，如果首先在它的静止系中写出静库仑场（而不是库仑势），然后再进行洛伦兹变换，那么我们只能得到 (8.20) 式中不依赖于加速度的一项.

39　拉莫尔公式与汤姆孙散射

现在我们来讨论一个非相对论性带电粒子的辐射功率及角分布. 显然，带电粒子所辐射的功率只来自 (8.20) 式中的第二项（含有加速度的一项）. 在 $\beta \ll 1$ 时电场的辐射场部分可以近似写成

$$\boldsymbol{E} = \left[\frac{e}{c}\frac{\boldsymbol{n}\times(\boldsymbol{n}\times\dot{\boldsymbol{\beta}})}{R}\right]_{\text{ret}}, \tag{8.25}$$

其中 $\boldsymbol{n} = \boldsymbol{R}/R$. 这个辐射场所辐射的功率可以由相应的坡印亭矢量得出：

$$\frac{\mathrm{d}P}{\mathrm{d}\Omega} = \frac{cR^2}{4\pi}[\boldsymbol{E}\times\boldsymbol{H}] = \frac{e^2}{4\pi c}|\boldsymbol{n}\times(\boldsymbol{n}\times\dot{\boldsymbol{\beta}})|^2 = \frac{e^2}{4\pi c^3}|\dot{\boldsymbol{v}}|^2\sin^2\Theta, \tag{8.26}$$

其中 Θ 是粒子的加速度 $\dot{\boldsymbol{v}}$ 与单位矢量 $\boldsymbol{n}$ 之间的夹角，$\mathrm{d}\Omega$ 是 $\boldsymbol{n}$ 方向的立体角元. 将 (8.26) 式对于立体角积分，就可以得到带电粒子辐射的总功率

$$P = \frac{2}{3}\frac{e^2}{c^3}|\dot{\boldsymbol{v}}|^2. \tag{8.27}$$

这个简洁的公式称为拉莫尔公式，它给出了一个做非相对论性运动的加速带电粒子所辐射的总功率. 这个公式可以推广到相对论的情形. 为此，我们首先注意到能量在相对论中是一个四矢量的零分量，时间也是如此，所以辐射功率实际上是一个洛伦兹不变量. 再注意到拉莫尔公式可以表达为

$$P = \frac{2}{3}\frac{e^2}{m^2c^3}\frac{\mathrm{d}\boldsymbol{p}}{\mathrm{d}t}\cdot\frac{\mathrm{d}\boldsymbol{p}}{\mathrm{d}t}, \tag{8.28}$$

根据带电粒子的四动量矢量 p^μ 的形式 (7.14)，以及观测者时间 $\mathrm{d}t = \gamma\mathrm{d}\tau$ 与带电粒子的固有时间 $\mathrm{d}\tau$ 的关系，拉莫尔公式 (8.28) 的洛伦兹不变的推广显然是

$$P = -\frac{2}{3}\frac{e^2}{m^2c^3}\frac{\mathrm{d}p^\mu}{\mathrm{d}\tau}\cdot\frac{\mathrm{d}p_\mu}{\mathrm{d}\tau} = \frac{2}{3}\frac{e^2}{c}\gamma^6\left[(\dot{\boldsymbol{\beta}})^2 - (\boldsymbol{\beta}\times\dot{\boldsymbol{\beta}})^2\right]. \tag{8.29}$$

(8.29) 式中带电粒子辐射总功率用 $\boldsymbol{\beta}$ 表达的形式称为李纳公式，它是李纳在 1898 年首先得到的，也就是说在狭义相对论提出的七年之前就得到了.

作为拉莫尔公式的一个具体应用，我们下面讨论一个自由电子对电磁波的散射问题. 这类散射问题首先由汤姆孙研究，因而称为汤姆孙散射（Thomson scattering）. 当频率为 ω 的电磁波入射到一个自由电子上的时候，入射波的电场 $\boldsymbol{E} = \boldsymbol{e}_0 E_0 \mathrm{e}^{\mathrm{i}\boldsymbol{k}_0\cdot\boldsymbol{x}-\mathrm{i}\omega t}$ 会使得自由电子获得加速度 $\dot{\boldsymbol{v}} = \boldsymbol{e}_0(e/m)E_0\mathrm{e}^{\mathrm{i}\boldsymbol{k}_0\cdot\boldsymbol{x}-\mathrm{i}\omega t}$. 按

照 (8.25) 和 (8.26) 式，并且在一个周期内平均，电子向外辐射的具有偏振 $\boldsymbol{e}$ 的电磁波的平均功率角分布为

$$\left\langle \frac{\mathrm{d}P}{\mathrm{d}\Omega} \right\rangle = \frac{cR^2}{8\pi}[\boldsymbol{E} \times \boldsymbol{H}^*] = \frac{c}{8\pi}|E_0|^2 \left(\frac{e^2}{mc^2}\right)^2 |\boldsymbol{e}^* \cdot \boldsymbol{e}_0|^2. \tag{8.30}$$

辐射的复数电场 $\boldsymbol{E}$ 是基于 (8.25) 式再点乘上观测的偏振 $\boldsymbol{e}^*$，其中 $\dot{\boldsymbol{\beta}} = \dot{\boldsymbol{v}}/c$. 将 (8.30) 式除以入射波的能流 $(c/8\pi)|E_0|^2$，可得自由电子对于电磁波的微分散射截面

$$\frac{\mathrm{d}\sigma}{\mathrm{d}\Omega} = \left(\frac{e^2}{mc^2}\right)^2 |\boldsymbol{e}^* \cdot \boldsymbol{e}_0|^2. \tag{8.31}$$

为了更明确地写出这个表达式，我们选取 $\boldsymbol{k}_0$ 沿正 z 方向，散射波的波矢方向的单位矢量为 $\boldsymbol{n} = (\sin\theta\cos\phi, \sin\theta\sin\phi, \cos\theta)$，与 $\boldsymbol{n}$ 垂直的两个独立的线偏振方向选为

$$\begin{aligned} \boldsymbol{e}_1 &= \cos\theta[\hat{x}\cos\phi + \hat{y}\sin\phi] - \hat{z}\sin\theta, \\ \boldsymbol{e}_2 &= -\hat{x}\sin\phi + \hat{y}\cos\phi. \end{aligned}$$

将两种可能的偏振 $\boldsymbol{e} = \boldsymbol{e}_1$ 和 $\boldsymbol{e} = \boldsymbol{e}_2$ 代入 (8.31) 式，把结果相加并对初态的偏振 $\boldsymbol{e}_0$ 平均，我们就得到电子对电磁波非极化的微分散射截面 (其中 $\cos\theta = \boldsymbol{n} \cdot \hat{z}$)

$$\frac{\mathrm{d}\sigma}{\mathrm{d}\Omega} = \left(\frac{e^2}{mc^2}\right)^2 \frac{1 + \cos^2\theta}{2}. \tag{8.32}$$

这就是关于汤姆孙散射的非极化微分截面公式，称为汤姆孙公式. 将 (8.32) 式对于立体角积分就得到了电子对电磁波总的散射截面

$$\sigma = \frac{8\pi}{3}\left(\frac{e^2}{mc^2}\right)^2. \tag{8.33}$$

上面关于汤姆孙散射的讨论仅对低频的电磁波的散射是正确的. 当电磁波的频率增加到一定程度，电磁辐射的量子效应就必须加以考虑了. 康普顿在 1923 年发现，硬 X 射线照射到物质上后，其散射光的频率会变得比原先入射光的小. 这实际上是由于物质中的电子与入射光子发生了散射（这种散射后来自然地称为康普顿散射）， 由于光子的量子性，光子的部分能量和动量会传递给电子，因而频率变小，此即康普顿效应. 康普顿还论证了必须同时利用狭义相对论的运动学和（光子）量子化的能量–动量表达式才能够完美地解释康普顿效应. 如果要计算其散射截面，还必须使用量子电动力学. 正因为如此，康普顿效应也被视为在量子理论确立过程中起到关键作用的重大实验之一.

40 相对论性加速电荷的辐射

如果一个加速电荷的速度与光速可以比拟，它的相对论效应就不能忽略了. 这时电荷辐射的总功率可以通过将拉莫尔公式 (8.27) 进行相对论性推广而得到，这就是李纳公式 (8.29). 所以这一节中我们将着重分析相对论性粒子辐射的角分布特性.

根据 (8.20) 式中的远场项，可以写出坡印亭矢量沿径向单位矢量 $\boldsymbol{n}$ 的投影：

$$(\boldsymbol{S}\cdot\boldsymbol{n})_{\mathrm{ret}}=\frac{c}{4\pi}[\boldsymbol{E}\times\boldsymbol{H}]\cdot\boldsymbol{n}=\frac{e^2}{4\pi c}\left(\frac{1}{R^2}\left|\frac{\boldsymbol{n}\times[(\boldsymbol{n}-\boldsymbol{\beta})\times\dot{\boldsymbol{\beta}}]}{(1-\boldsymbol{\beta}\cdot\boldsymbol{n})^3}\right|^2\right)_{\mathrm{ret}}. \quad (8.34)$$

这个公式所表示的是位于观测点 $\boldsymbol{x}$、在 t 时刻所观测到的辐射能流，这些能量是带电粒子在时刻 $t'=t-R(t')/c$ 时辐射的. 一个更为恰当的物理量是带电粒子在一段时间内所辐射的总能量. 例如，在 $t'=T_1$ 到 $t'=T_2$ 之间粒子所辐射的总能量为

$$E=\int_{T_1+R(T_1)/c}^{T_2+R(T_2)/c}(\boldsymbol{S}\cdot\boldsymbol{n})_{\mathrm{ret}}\mathrm{d}t=\int_{T_1}^{T_2}(\boldsymbol{S}\cdot\boldsymbol{n})\frac{\mathrm{d}t}{\mathrm{d}t'}\mathrm{d}t'. \quad (8.35)$$

我们真正感兴趣的物理量是 $(\boldsymbol{S}\cdot\boldsymbol{n})(\mathrm{d}t/\mathrm{d}t')$，其中观测者时间和粒子辐射时间的关系为

$$\mathrm{d}t'-\mathrm{d}t=-\frac{\mathrm{d}|\boldsymbol{x}-\boldsymbol{r}(t')|}{c}=\frac{\boldsymbol{n}\cdot\mathrm{d}\boldsymbol{r}(t')}{c}\qquad\Longrightarrow\qquad \mathrm{d}t=\mathrm{d}t'(1-\boldsymbol{\beta}\cdot\boldsymbol{n}), \quad (8.36)$$

$-\mathrm{d}R(t')$ 即图 8.3 中的 $PB-PA$ 的微分形式. 为此，参考 (8.35) 式中的辐射能量，相对论性的粒子在单位立体角内的辐射功率为

$$\frac{\mathrm{d}P(t')}{\mathrm{d}\Omega}=R^2(\boldsymbol{S}\cdot\boldsymbol{n})\frac{\mathrm{d}t}{\mathrm{d}t'}=R^2(\boldsymbol{S}\cdot\boldsymbol{n})(1-\boldsymbol{\beta}\cdot\boldsymbol{n}). \quad (8.37)$$

这与 (8.26) 式的定义要相差 $\mathrm{d}t/\mathrm{d}t'$. 将粒子辐射能流的公式 (8.34) 代入 (8.37) 式，相对论性粒子的辐射功率角分布为

$$\frac{\mathrm{d}P(t')}{\mathrm{d}\Omega}=\frac{e^2}{4\pi c}\frac{|\boldsymbol{n}\times[(\boldsymbol{n}-\boldsymbol{\beta})\times\dot{\boldsymbol{\beta}}]|^2}{(1-\boldsymbol{\beta}\cdot\boldsymbol{n})^5}. \quad (8.38)$$

(8.38) 式是前一节非相对论性粒子的辐射功率角分布 [(8.26) 式] 的相对论推广.

作为一个例子，让我们首先来考察直线加速粒子的辐射角分布. 这时 $\boldsymbol{\beta}$ 和 $\dot{\boldsymbol{\beta}}$ 沿同一方向，我们将其取为 z 方向. 如果观测点位置与 z 轴的夹角用 θ 来表示，那么辐射角分布为

$$\frac{\mathrm{d}P(t')}{\mathrm{d}\Omega} = \frac{e^2\dot{v}^2}{4\pi c^3}\frac{\sin^2\theta}{(1-\beta\cos\theta)^5}. \tag{8.39}$$

显然，当 $\beta \approx 0$ 时，(8.39) 式回到 (8.26) 式. 但与非相对论的情况不同的是，随着粒子速度接近光速，$\beta \to 1$，(8.39) 式中分母的效应越来越显著. 我们可以发现，使得上面辐射功率达到极大值的角度 $\theta_{\max}$ 满足

$$\cos\theta_{\max} = \frac{\sqrt{1+15\beta^2}-1}{3\beta}. \tag{8.40}$$

显然，当 $\beta \to 1$ 时，$\theta_{\max} \to 0$，也就是说直线加速粒子的辐射会越来越集中于向前的方向. 如果将上式对角度积分，我们就重新得到了总辐射功率的李纳公式 (8.29).

另一个经常出现的情况是粒子在做圆周运动. 这时 $\boldsymbol{\beta}$ 和 $\dot{\boldsymbol{\beta}}$ 相互垂直. 如果我们令 $\boldsymbol{\beta}$ 沿 z 方向，$\dot{\boldsymbol{\beta}}$ 沿 x 方向，那么在球坐标为 (θ, ϕ) 的观测方向上的辐射功率为

$$\frac{\mathrm{d}P(t')}{\mathrm{d}\Omega} = \frac{e^2}{4\pi c^3}\frac{\dot{v}^2}{(1-\beta\cos\theta)^3}\left[1-\frac{\sin^2\theta\cos^2\phi}{\gamma^2(1-\beta\cos\theta)^2}\right]. \tag{8.41}$$

这个公式虽然看上去比直线加速的情形更为复杂，但是极端相对论性的粒子辐射仍然具有集中向前 (z 方向) 辐射的特性. 将 (8.41) 式对角度积分仍然得到李纳公式 (8.29).

加速带电粒子所辐射的功率对于加速器的设计而言是十分重要的技术信息. 加速器是粒子物理学家用来研究微观粒子之间相互作用的重要实验手段. 它主要是通过在电场中加速带电的粒子（一般是正负电子、正反质子等）使得带电粒子的能量不断提高. 这些带电粒子流最后以很高的能量相互碰撞. 从碰撞的产物中，粒子物理学家能够获取许多关于微观粒子相互作用的重要物理信息. 随着技术的发展，粒子物理实验已经达到相当高的技术水平，目前世界上的加速器往往需要将电子或者质子加速到接近光速的水平④. 按照我们这一节的讨论，随着粒子从外电场中获取能量而被加速，它也因为辐射电磁波而损失能量. 如果一个加速器在设计运行的状态下，粒子从外电场获得的能量与它辐射的能量大致相当了，这时粒子就无法继续被加速了，它的能量也就趋于一个饱和值. 因此，了解带电粒

④例如，位于欧洲核子中心，目前正在运行的所谓大型强子对撞机（Large Hadron Collider, LHC），其设计的质心系能量为 14 TeV. 这意味着在对撞时，质子的速度已经接近光速到九位有效数字.

子辐射的功率能够帮助我们在加速器建造之前，事先了解加速器的电磁场设计参数，因而是十分重要的设计理论基础.

目前正在运行或准备建造的加速器大致可以分为两类：直线加速器和回旋加速器. 按照李纳公式 (8.29) 的估计，一个直线加速器中带电粒子的辐射功率与带电粒子的动量变化率的平方成正比：

$$P = \frac{2}{3}\frac{e^2}{m^2c^3}\left(\frac{\mathrm{d}p}{\mathrm{d}t}\right)^2. \tag{8.42}$$

由于电子在所有粒子中具有最大的荷质比，因此加速电子时辐射的效应最大. 实际加速器的数据显示，即使对于电子而言，这个辐射功率一般也远远小于电子从外场中获得的能量. 也就是说，在直线加速器中，粒子辐射的影响几乎是完全可以忽略的. 因此，从节约能源的角度讲，直线加速器无疑是最优的. 但是，直线加速器往往受制于其他一些因素（总的尺度、地震影响等等）.

回旋加速器中的情况就完全不同了. 这时，粒子速度的方向频繁变化，但在一个周期中粒子获得的外场能量却不是很大，这时粒子会将大量的能量辐射掉. 即使想保持这些带电粒子做匀速圆周运动，外场也必须提供大量的能量. 按照李纳公式 (8.29) 的估计，类似于公式 (8.42)，回旋加速器中带电粒子的辐射功率为

$$P = \frac{2}{3}\frac{e^2}{m^2c^3}\gamma^2\left(\frac{\mathrm{d}\boldsymbol{p}}{\mathrm{d}t}\right)^2. \tag{8.43}$$

也就是说，对于同样的受力，做圆周运动的粒子比直线运动的粒子所辐射的功率要大一个因子 γ^2. 这个因子对于极端相对论性的粒子来说是相当可观的.

41　粒子辐射的频谱

前面的讨论主要涉及带电粒子辐射的功率和角分布. 另一个与带电粒子辐射相关的是其辐射电磁波的能量按照所辐射电磁波频率的分布，这称为辐射的频谱. 本节来讨论这个问题. 我们首先讨论非周期运动粒子的辐射谱（连续谱），然后讨论周期运动粒子的辐射谱（分立谱）.

根据 (8.38) 式以及 (8.36) 式，在某个时刻 t 粒子辐射功率的角分布为

$$\frac{\mathrm{d}P(t)}{\mathrm{d}\Omega_{\boldsymbol{n}}} = \frac{e^2}{4\pi c}\left[\frac{\boldsymbol{n}\times[(\boldsymbol{n}-\boldsymbol{\beta})\times\dot{\boldsymbol{\beta}}]}{(1-\boldsymbol{\beta}\cdot\boldsymbol{n})^3}\right]^2_{\mathrm{ret}} \equiv |\boldsymbol{A}(t)|^2, \tag{8.44}$$

其中为了方便起见，我们将等式右边记为 $|\boldsymbol{A}(t)|^2$. 在 (8.44) 式中还使用了探测者的时间 t (而不是运动粒子的辐射时间 t')，因为对于辐射频谱的分析，一般都

是按照探测者的时间来度量的. 于是在单位立体角 $\mathrm{d}\Omega$ 中所辐射的总能量可以表达为

$$\frac{\mathrm{d}W}{\mathrm{d}\Omega}=\int_{-\infty}^{\infty}|\boldsymbol{A}(t)|^2\mathrm{d}t. \tag{8.45}$$

这个能量也可以利用矢量场 $\boldsymbol{A}(t)$ 的傅里叶变换 $\boldsymbol{A}(\omega)$ 来表达，两者之间的关系为

$$\begin{aligned}\boldsymbol{A}(\omega)&=\frac{1}{\sqrt{2\pi}}\int_{-\infty}^{\infty}\boldsymbol{A}(t)\mathrm{e}^{\mathrm{i}\omega t}\mathrm{d}t,\\ \boldsymbol{A}(t)&=\frac{1}{\sqrt{2\pi}}\int_{-\infty}^{\infty}\boldsymbol{A}(\omega)\mathrm{e}^{-\mathrm{i}\omega t}\mathrm{d}\omega.\end{aligned} \tag{8.46}$$

利用 $\boldsymbol{A}(\omega)$ 我们可以将辐射能量的角分布 [(8.45) 式] 写为

$$\frac{\mathrm{d}W}{\mathrm{d}\Omega}=\int_{-\infty}^{\infty}|\boldsymbol{A}(\omega)|^2\mathrm{d}\omega. \tag{8.47}$$

通常我们总是假设频率为正，因此可以将 (8.47) 式进一步写为

$$\frac{\mathrm{d}W}{\mathrm{d}\Omega}=\int_0^{\infty}\frac{\mathrm{d}^2I}{\mathrm{d}\omega\mathrm{d}\Omega}\mathrm{d}\omega, \tag{8.48}$$

而辐射强度的频谱角分布为

$$\frac{\mathrm{d}^2I}{\mathrm{d}\omega\mathrm{d}\Omega}=|\boldsymbol{A}(\omega)|^2+|\boldsymbol{A}(-\omega)|^2=2|\boldsymbol{A}(\omega)|^2, \tag{8.49}$$

其中第二步利用了 $\boldsymbol{A}(\omega)=\boldsymbol{A}(-\omega)^*$，因为 $\boldsymbol{A}(t)$ 为一个实矢量场. 将矢量场 $\boldsymbol{A}(t)$ 的具体形式 (8.44) 代入 (8.46) 式，我们得到

$$\boldsymbol{A}(\omega)=\sqrt{\frac{e^2}{8\pi^2c}}\int_{-\infty}^{\infty}\mathrm{e}^{\mathrm{i}\omega t}\left[\frac{\boldsymbol{n}\times[(\boldsymbol{n}-\boldsymbol{\beta})\times\dot{\boldsymbol{\beta}}]}{(1-\boldsymbol{\beta}\cdot\boldsymbol{n})^3}\right]_{\mathrm{ret}}\mathrm{d}t. \tag{8.50}$$

利用光锥条件 $t'=t-R(t')/c$ 以及 (8.36) 式，可将 (8.50) 式中的积分变量换为 t':

$$\boldsymbol{A}(\omega)=\sqrt{\frac{e^2}{8\pi^2c}}\int_{-\infty}^{\infty}\mathrm{e}^{\mathrm{i}\omega(t'+R(t')/c)}\frac{\boldsymbol{n}\times[(\boldsymbol{n}-\boldsymbol{\beta})\times\dot{\boldsymbol{\beta}}]}{(1-\boldsymbol{\beta}\cdot\boldsymbol{n})^2}\mathrm{d}t'. \tag{8.51}$$

我们现在假定辐射粒子的运动局限在坐标原点附近，而观测点距离辐射粒子非常遥远. 在这种情形下，单位矢量 $\boldsymbol{n}$ 可以视为常矢量，并且因为 $|\boldsymbol{x}|\gg|\boldsymbol{r}(t')|$，

图 8.3 中 $PA-PB$ 约为 $R(t')\approx|\boldsymbol{x}|-\boldsymbol{n}\cdot\boldsymbol{r}(t')$，其中 $\boldsymbol{r}(t')$ 是粒子相对于原点的轨迹方程. 于是，除去一个常数相因子 $\mathrm{e}^{\mathrm{i}\omega R/c}$，我们可以将 $\boldsymbol{A}(\omega)$ 重新表达为

$$\boldsymbol{A}(\omega)=\sqrt{\frac{e^2}{8\pi^2 c}}\int_{-\infty}^{\infty}\mathrm{e}^{\mathrm{i}\omega(t-\boldsymbol{n}\cdot\boldsymbol{r}(t)/c)}\frac{\boldsymbol{n}\times[(\boldsymbol{n}-\boldsymbol{\beta}(t))\times\dot{\boldsymbol{\beta}}(t)]}{(1-\boldsymbol{\beta}(t)\cdot\boldsymbol{n})^2}\mathrm{d}t, \tag{8.52}$$

其中我们已经将积分变量 t' 重新记为 t (替换后已经没有图 8.3 中的物理意义了). 将 (8.52) 式代入 (8.49) 式，我们就得到粒子辐射强度的频谱角分布

$$\frac{\mathrm{d}^2 I}{\mathrm{d}\omega\mathrm{d}\Omega}=\frac{e^2}{4\pi^2 c}\left|\int_{-\infty}^{\infty}\frac{\boldsymbol{n}\times[(\boldsymbol{n}-\boldsymbol{\beta}(t))\times\dot{\boldsymbol{\beta}}(t)]}{(1-\boldsymbol{\beta}(t)\cdot\boldsymbol{n})^2}\mathrm{e}^{\mathrm{i}\omega(t-\boldsymbol{n}\cdot\boldsymbol{r}(t)/c)}\mathrm{d}t\right|^2. \tag{8.53}$$

我们看到，只要粒子的轨迹方程 $\boldsymbol{r}(t)$ 已知，就可以计算出 $\boldsymbol{\beta}(t)=\dot{\boldsymbol{r}}/c$，以及加速度 $\dot{\boldsymbol{\beta}}(t)=\ddot{\boldsymbol{r}}/c$，从而得到粒子辐射的频谱角分布.

上面给出的粒子辐射频谱公式 (8.53) 的另外一个写法要利用

$$\frac{\boldsymbol{n}\times[(\boldsymbol{n}-\boldsymbol{\beta}(t))\times\dot{\boldsymbol{\beta}}(t)]}{(1-\boldsymbol{\beta}(t)\cdot\boldsymbol{n})^2}=\frac{\mathrm{d}}{\mathrm{d}t}\left[\frac{\boldsymbol{n}\times(\boldsymbol{n}\times\boldsymbol{\beta}(t))}{1-\boldsymbol{\beta}\cdot\boldsymbol{n}}\right]. \tag{8.54}$$

将 (8.54) 式代入 (8.53) 式，并进行一次分部积分后，就得到粒子辐射强度的频谱角分布

$$\frac{\mathrm{d}^2 I}{\mathrm{d}\omega\mathrm{d}\Omega}=\frac{e^2\omega^2}{4\pi^2 c}\left|\int_{-\infty}^{\infty}[\boldsymbol{n}\times(\boldsymbol{n}\times\boldsymbol{\beta}(t))]\mathrm{e}^{\mathrm{i}\omega(t-\boldsymbol{n}\cdot\boldsymbol{r}(t)/c)}\mathrm{d}t\right|^2. \tag{8.55}$$

顺便指出，虽然前面的讨论中没有区分不同偏振的贡献，但是粒子辐射的电磁波的偏振方向完全由 (8.55) 式中的 $[\boldsymbol{n}\times(\boldsymbol{n}\times\boldsymbol{\beta}(t))]$ 给出，因此只要将该矢量因子与某个特定的偏振矢量 $\boldsymbol{e}^*$ 取内积然后再积分取模方，就可以得到具有特定偏振的辐射的贡献.

如果粒子运动具有完全的周期性，那么它辐射的电磁波的频谱是分立谱，即粒子辐射的电磁波的频率都是其周期性运动频率 ω_0（称为基频）的整数倍. 这时，我们前面的讨论需要稍微做些修改. 辐射功率的角分布仍然由 (8.44) 式给出. 这时矢量场 $\boldsymbol{A}(t)$ 也是时间的周期函数，因此它的展开不再是傅里叶积分而应当是傅里叶级数：

$$\boldsymbol{A}(t)=\sum_{n=-\infty}^{\infty}\boldsymbol{A}_n\mathrm{e}^{-\mathrm{i}n\omega_0 t},\qquad \boldsymbol{A}_n=\frac{1}{T}\int_{-T/2}^{T/2}\boldsymbol{A}(t)\mathrm{e}^{\mathrm{i}n\omega_0 t}\mathrm{d}t, \tag{8.56}$$

其中 $T = 2\pi/\omega_0$ 为粒子运动的周期. 这时我们感兴趣的是粒子辐射到单位立体角内的平均功率：

$$\frac{\mathrm{d}P}{\mathrm{d}\Omega} = \frac{1}{T}\int_{-T/2}^{T/2} |\boldsymbol{A}(t)|^2 \mathrm{d}t = \sum_{n=-\infty}^{\infty} |\boldsymbol{A}_n|^2 = |\boldsymbol{A}_0|^2 + 2\sum_{n=1}^{\infty} |\boldsymbol{A}_n|^2, \qquad (8.57)$$

其中我们已经运用了实矢量场所满足的性质 $\boldsymbol{A}_n = \boldsymbol{A}^*_{-n}$. 因此我们可以讨论其中的第 n 个倍频 $\omega_n = n\omega_0$ 的平均功率角分布

$$\frac{\mathrm{d}P_n}{\mathrm{d}\Omega} = 2|\boldsymbol{A}_n|^2. \qquad (8.58)$$

相应于 (8.55) 式，周期性运动的粒子辐射的 n 倍频的辐射功率角分布

$$\frac{\mathrm{d}P_n}{\mathrm{d}\Omega} = \frac{e^2 n^2 \omega_0^2}{2\pi c T^2} \left| \int_{-T/2}^{T/2} [\boldsymbol{n} \times (\boldsymbol{n} \times \boldsymbol{\beta}(t))] \mathrm{e}^{\mathrm{i}n\omega_0(t - \boldsymbol{n}\cdot\boldsymbol{r}(t)/c)} \mathrm{d}t \right|^2. \qquad (8.59)$$

这就是周期运动粒子辐射的分立谱表达式. 这个表达式实际上还可以这样得到：对于一个做圆周运动 (设半径为 a) 的粒子，我们可以将 (8.55) 式中的 $\mathrm{d}^2 I/(\mathrm{d}\omega \mathrm{d}\Omega)$ 的表达式（其积分限定于一个周期之内）乘以粒子运动的基频 $v/(2\pi a)$ (将能量转换为功率)，再乘以相邻频率的间隔，即基频 $\omega_0 = v/a$，这样就得到了辐射到第 n 倍频的立体角功率

$$\frac{\mathrm{d}P_n}{\mathrm{d}\Omega} = \frac{v^2}{2\pi a^2} \left.\frac{\mathrm{d}^2 I}{\mathrm{d}\omega \mathrm{d}\Omega}\right|_{\omega = n\omega_0}. \qquad (8.60)$$

结合 (8.55) 式，大家可以验证 (8.60) 式与前面的 (8.59) 式是完全一致的. 这些公式我们将在下面讨论同步辐射（synchrotron radiation）的定量理论时用到.

42 同步辐射的频谱

一个相对论性的带电粒子做周期性圆周运动的辐射值得更为仔细地加以研究. 这类辐射又称为同步辐射，因为它对于同步辐射加速器的设计至关重要. 我们在第 40 节中已经初步讨论了这种辐射的功率角分布，本节中将对它的频谱特性做进一步的讨论. 同步辐射的一个重要特性就是它具有十分宽广的频谱，这使得它不仅对于粒子物理实验是重要的，同时还可以运用到物理学以及其他科学的研究中，甚至还可以运用于医疗等重要应用领域. 我们将首先进行一个定性的讨论，然后简单进行定量的讨论.

考虑一个做相对论性匀速圆周运动的带电粒子，其辐射功率的角分布由第 40 节中的 (8.41) 式给出. 在极端相对论的情形下，粒子的辐射主要集中在瞬时与圆周相切的向前运动方向 $\theta \approx 0$ 周围很狭小的一个角度之内. 由简单的估计，辐射集中的区域为 $\Delta\theta \sim \gamma^{-1}$. 现在让我们考虑与粒子的圆周轨道同平面内远处的一个观测者所探测到的粒子的辐射. 由于带电粒子的辐射仅局限于切向周围很小的一个角度 $\Delta\theta$ 内，同时粒子的运动方向沿圆周快速地周期性变化，这就使得观测者探测到的辐射一定是周期性的脉冲信号. 由于辐射极强的方向性，只有当粒子的速度方向正好指向探测者的那个瞬间附近所辐射出的电磁波才有可能被观测者探测到. 能够被探测到辐射的这一段时间内，粒子在圆周上仅行进了很短的一个距离 $d = a\Delta\theta \sim a/\gamma$，其相应的时间间隔 $\Delta t \sim a/(\gamma v)$. 在这段时间间隔内，粒子所辐射的电磁波的波前行进的距离 $D = c\Delta t \sim a/(\gamma\beta)$. 对半径为 a 的同步辐射，这段时间内粒子所辐射的脉冲的波前和波尾之间在空间的间隔

$$L = D - d \sim (a/\gamma)(1/\beta - 1) \sim a/\gamma^3. \tag{8.61}$$

换句话说，对于观测者而言，它探测到粒子辐射的电磁脉冲持续的时间约为 $L/c \sim (a/c)\gamma^{-3}$. 我们看到，同步辐射脉冲持续的时间比粒子回旋圆周运动的基本周期 $T = 2\pi a/c$ 要缩短一个因子 γ^{-3}. 傅里叶变换的基本性质告诉我们，这样的周期性脉冲的频谱的展宽与基本频率的比一定是这个因子的倒数，即探测到的电磁脉冲的频谱展宽可以一直延伸到所谓的临界频率

$$\omega_{\rm c} \sim \omega_0\gamma^3, \tag{8.62}$$

其中 $\omega_0 = 2\pi/T \approx c/a$ 为粒子回旋的基本频率. 由于对极端相对论性的粒子而言，γ 因子可以非常大，因此同步辐射的频谱一般来说非常宽广. 这就是我们在本节开始所提到的同步辐射频谱的最基本特性.

要定量地讨论同步辐射的频谱功率角分布，我们可以从前面得到的基本公式 (8.59) 出发. 假定带电粒子做圆频率为 ω_0、半径为 a 的匀速圆周运动. 为了方便起见，我们将其运动的平面取为 x-y 平面并取其圆轨道的圆心为坐标原点. 于是，带电粒子的运动轨迹可以由 $\boldsymbol{r}(t) = a(\cos\omega_0 t, \sin\omega_0 t, 0)$ 给出. 带电粒子的速度则为 $\boldsymbol{\beta}(t) = \beta(-\sin\omega_0 t, \cos\omega_0 t, 0)$，其中被 c 归一化的速率 $\beta = \omega_0 a/c$. 由于问题的对称性，我们可以不失一般性地将辐射方向 $\boldsymbol{n}$ 取在 x-z 平面内，即 $\boldsymbol{n} = (\sin\theta, 0, \cos\theta)$. 由此我们可以得到

$$\begin{aligned}
\boldsymbol{n}\cdot\boldsymbol{r} &= a\sin\theta\cos\omega_0 t, \\
\boldsymbol{n}\times[\boldsymbol{n}\times\boldsymbol{\beta}] &= (\boldsymbol{n}\cdot\boldsymbol{\beta})\boldsymbol{n} - \boldsymbol{\beta} \\
&= \beta(\cos^2\theta\sin\omega_0 t, -\cos\omega_0 t, -\sin\theta\cos\theta\sin\omega_0 t).
\end{aligned}$$

再利用 (8.59) 式，并将积分变量换为 $\phi=\omega_0 t$，可得频谱功率角分布的积分

$$\frac{\mathrm{d}P_n}{\mathrm{d}\Omega}=\frac{e^2n^2\omega_0^2}{2\pi c}\left|\frac{1}{2\pi}\int_{-\pi}^{\pi}[\boldsymbol{n}\times(\boldsymbol{n}\times\boldsymbol{\beta}(t))]\mathrm{e}^{\mathrm{i}n\phi-\mathrm{i}n\beta\sin\theta\cos\phi}\mathrm{d}\phi\right|^2. \tag{8.63}$$

这里涉及下列贝塞尔函数的定积分：

$$\begin{aligned}\frac{1}{2\pi}\int_{-\pi}^{\pi}\mathrm{e}^{\mathrm{i}n(\phi-z\cos\phi)}\sin\phi\mathrm{d}\phi&=-\frac{1}{z}\mathrm{J}_n(nz),\\ \frac{1}{2\pi}\int_{-\pi}^{\pi}\mathrm{e}^{\mathrm{i}n(\phi-z\cos\phi)}\cos\phi\mathrm{d}\phi&=\mathrm{i}\mathrm{J}_n'(nz).\end{aligned} \tag{8.64}$$

利用 (8.64) 式完成积分后，辐射频谱功率角分布 [(8.63) 式] 化为

$$\frac{\mathrm{d}P_n}{\mathrm{d}\Omega}=\frac{e^2n^2\omega_0^2}{2\pi c}\left|\cot\theta\,\mathrm{J}_n(n\beta\sin\theta)\,\boldsymbol{\epsilon}_{\parallel}+\mathrm{i}\beta\mathrm{J}_n'(n\beta\sin\theta)\,\boldsymbol{\epsilon}_{\perp}\right|^2. \tag{8.65}$$

(8.65) 式中的两个矢量就是与 $\boldsymbol{n}$ 垂直的同步辐射的偏振方向 (平行和垂直于观测平面)：

$$\boldsymbol{\epsilon}_{\parallel}=-\cos\theta\boldsymbol{e}_1+\sin\theta\boldsymbol{e}_3,\qquad \boldsymbol{\epsilon}_{\perp}=\boldsymbol{n}\times(-\cos\theta\boldsymbol{e}_1+\sin\theta\boldsymbol{e}_3)=-\boldsymbol{e}_2. \tag{8.66}$$

由于 (8.65) 式中两个偏振方向前的系数之比不是实数或 $\pm\mathrm{i}$，我们发现同步辐射一般来说是椭圆偏振的. 将 (8.65) 式化简就得到了同步辐射最终的辐射功率角分布谱：

$$\frac{\mathrm{d}P_n}{\mathrm{d}\Omega}=\frac{e^2n^2\omega_0^2}{2\pi c}\left[\cot^2\theta\mathrm{J}_n^2(n\beta\sin\theta)+\beta^2\mathrm{J}_n'^2(n\beta\sin\theta)\right]. \tag{8.67}$$

这个公式又称为肖特 (Schott) 公式，是肖特在 1912 年首先得到的.

同步辐射具有极强的角度依赖，这一点对于极端相对论性的粒子更是如此. 可以证明，主要的辐射都集中在粒子运动的平面内 (即 $\theta\approx\pi/2$ 附近) 很小的一个角度范围之中：$\Delta\theta\sim\gamma^{-1}$. 原则上将肖特公式对立体角积分就可以得到总的辐射功率按照不同频率的分布，只不过对角度的积分有些烦琐. 利用贝塞尔函数的一些关系，可以将其表达为

$$P_n=\frac{2e^2\omega_0^2}{v}\left[n\beta^2\mathrm{J}_{2n}'(2n\beta)-\frac{n^2}{\gamma^2}\int_0^{\beta}\mathrm{J}_{2n}(2n\xi)\mathrm{d}\xi\right]. \tag{8.68}$$

我们将仅考虑极端相对论性的情形. 这时 (8.68) 式的辐射起主要作用的模式为 $n\gg 1$. 我们可以利用第 $2n$ 阶贝塞尔函数的大宗量渐近展开公式

$$\mathrm{J}_{2n}(2n\xi)\approx\frac{1}{\sqrt{\pi}n^{1/3}}\varPhi(n^{1/3}(1-\xi^2)), \tag{8.69}$$

其中的 $\Phi(t)$ 是所谓的艾里 (Airy) 函数[⑤]. 这样一来，我们可以将辐射功率写为

$$P_n = -\frac{2e^2\omega_0^2 n^{1/3}}{\sqrt{\pi}c}\left[\Phi'(u) + \frac{u}{2}\int_u^\infty \Phi(u)\mathrm{d}u\right], \tag{8.70}$$

其中 $u \equiv n^{2/3}\gamma^{-2}$. 我们将区分两种不同的情形：$1 \ll n \ll \gamma$ 以及 $n \gg \gamma$. 对于前一种情形，我们可以在 (8.70) 式中令 $u \to 0$ 后得到

$$P_n \approx 0.52\frac{e^2\omega_0^2}{c}n^{1/3}. \tag{8.71}$$

对于后一种情形，我们令 $u \to \infty$，并且利用艾里函数的渐近展开式得到

$$P_n = \frac{e^2\omega_0^2}{2\sqrt{\pi}c}\left(\frac{n}{\gamma}\right)^{1/2}\exp\left[-\frac{2}{3}n\gamma^{-3}\right]. \tag{8.72}$$

上述两种情形的公式表明，同步辐射的频谱随着 $n^{1/3}$ 增加，大约在 $n \sim \gamma^3$ 的位置取极大值，然后随着 n 指数减小. 由于对极端相对论性粒子来说 γ 很大，这意味着同步辐射具有非常宽的频谱分布，这一点与我们前面的定性分析 (8.62) 完全一致.

同步辐射发现和发展的历史还是很有意思的. 第一位非常系统地研究同步辐射的人就是英国数学家肖特 (1912 年)，只不过他研究的背景与现在所谓的同步辐射不同. 他当时研究的是原子尺度的电子绕原子核运动时发出的辐射[⑥]. 后来由于量子力学的诞生，肖特研究的背景似乎已经完全过时了，虽然他几乎推导出了所有关于同步辐射的重要公式，他的工作基本上还是被遗忘了三十几年. 1943 年，苏联物理学家伊万年科 (Ivanenko) 和波梅兰丘克 (Pomeranchuk) 再次研究了同步辐射并且预言了这类辐射的特性. 直到 1947 年 5 月，三位美国物理学家埃尔德 (Elder)、古雷维茨 (Gurewitsch) 和朗缪尔 (Langmuir) 才在通用电气公司的加速器上观察到同步辐射现象. 目前同步辐射已经成为最可靠且性能优良的人工 X 射线源，并被应用到科学技术的各个领域. 由于其重要的科学意义，各个国家也纷纷发展同步辐射光源. 我国在此领域的重大装置是“上海光源”(Shanghai Synchrotron Radiation Facility, SSRF)，有兴趣的读者可搜索其主页及相关介绍.

---

⑤艾里函数的标准定义为 $\Phi(t) = (1/\sqrt{\pi})\int_0^\infty \mathrm{d}\xi\cos(\xi^3/3 - \xi t)$. 它也可以用贝塞尔函数表达出来：$\Phi(t) = \sqrt{t/3\pi}\mathrm{K}_{1/3}(2t^{2/3}/3)$.

⑥考虑到同时代氢原子的玻尔模型，肖特的研究在当时的目的是很明确的. 虽然他质疑玻尔模型的目的没有达到，但无意中却在相对论极限的推广下解释了数十年后同步辐射的行为.

43　切连科夫辐射

前面几节中我们简要地讨论了一个加速的带电粒子在真空中的辐射. 在这一节中，我们介绍一下高速带电粒子穿过介质时出现的一种特殊的辐射——切连科夫辐射，如图 8.4 所示.

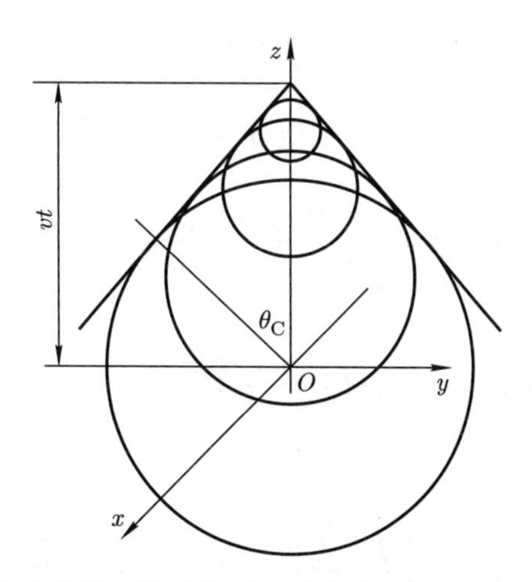

图 8.4　切连科夫辐射的示意图. 运动粒子的速度沿正 z 方向，并且其速率 $v > c/\sqrt{\epsilon}$，这时由两者之比构成了所谓的切连科夫锥体中顶角 θ_C 的正弦. 锥体外的矢势为零，锥体内的矢势可以由 (8.81) 式给出

如果一个高速带电粒子不是在真空中，而是在介质中运动，那么它所产生的电磁波的标势和矢势所满足的波动方程 [国际单位制下的方程见 (1.17) 式] 是

$$\nabla^2\Phi - \frac{\epsilon}{c^2}\frac{\partial^2\Phi}{\partial t^2} = -\frac{4\pi}{\epsilon}\rho, \quad \nabla^2\boldsymbol{A} - \frac{\epsilon}{c^2}\frac{\partial^2\boldsymbol{A}}{\partial t^2} = -\frac{4\pi}{c}\boldsymbol{J}. \tag{8.73}$$

我们利用傅里叶变换来求解这个方程. 如果我们定义标势 Φ 的傅里叶变换为

$$\Phi(\boldsymbol{x}, t) = \int \frac{\mathrm{d}^3\boldsymbol{k}\mathrm{d}\omega}{(2\pi)^4}\Phi(\boldsymbol{k}, \omega)\mathrm{e}^{-\mathrm{i}k\cdot x}, \tag{8.74}$$

以及类似的 $\boldsymbol{A}$，ρ 和 $\boldsymbol{J}$ 的傅里叶变换表达式，那么电磁势的傅里叶分量满足

$$\left[\boldsymbol{k}^2 - \frac{\omega^2}{c^2}\epsilon(\omega)\right]\Phi(\boldsymbol{k}, \omega) = \frac{4\pi}{\epsilon(\omega)}\rho(\boldsymbol{k}, \omega), \quad \left[\boldsymbol{k}^2 - \frac{\omega^2}{c^2}\epsilon(\omega)\right]\boldsymbol{A}(\boldsymbol{k}, \omega) = \frac{4\pi}{c}\boldsymbol{J}(\boldsymbol{k}, \omega). \tag{8.75}$$

对于一个在介质中匀速运动的粒子，它的电荷密度与电流密度可以写成

$$\rho(\boldsymbol{x},t)=e\,\delta^3(\boldsymbol{x}-\boldsymbol{v}t),\quad \boldsymbol{J}(\boldsymbol{x},t)=\boldsymbol{v}\,\rho(\boldsymbol{x},t). \tag{8.76}$$

电流密度 $\boldsymbol{J}(\boldsymbol{x},t)$ 的傅里叶变换 $\boldsymbol{J}(\boldsymbol{k},\omega)$ 可以直接得到：

$$\boldsymbol{J}(\boldsymbol{k},\omega)=2\pi e\,\boldsymbol{v}\,\delta(\omega-\boldsymbol{k}\cdot\boldsymbol{v}). \tag{8.77}$$

将 (8.77) 式代入 (8.75) 式，我们立刻得到

$$\boldsymbol{A}(\boldsymbol{k},\omega)=\frac{8\pi e\boldsymbol{\beta}}{\boldsymbol{k}^2-\dfrac{\omega^2}{c^2}\epsilon(\omega)}\delta(\omega-\boldsymbol{k}\cdot\boldsymbol{v}). \tag{8.78}$$

对 (8.78) 式做傅里叶逆变换，可得介质中匀速运动的电荷所产生的空间磁矢势的分布：

$$\boldsymbol{A}(\boldsymbol{x},t)=4\pi e\boldsymbol{\beta}\int\frac{\mathrm{d}^3\boldsymbol{k}}{(2\pi)^3}\frac{\mathrm{e}^{\mathrm{i}k_3(x_3-vt)}\mathrm{e}^{\mathrm{i}\boldsymbol{k}_\perp\cdot\boldsymbol{x}_\perp}}{k_3^2(1-\beta^2\epsilon(k_3v))+\boldsymbol{k}_\perp^2}, \tag{8.79}$$

其中我们已经假定带电粒子匀速运动的方向为 z 轴的正方向，即 $\boldsymbol{v}=v\boldsymbol{e}_3$，而 $\boldsymbol{x}_\perp$ 为 x-y 面内的位移，参见图 8.4. 需要注意的是，如果介质的介电常数明显地依赖于频率，那么 (8.79) 式并不容易化简，但是，如果我们近似地将 ϵ 看成常数，这个积分可以积出来. 我们发现，如果粒子的速度极高，高到比这种介质中的光速都大，即 $\beta\sqrt{\epsilon}>1$，那么上式中的被积函数会有奇点. 类似于我们前面的讨论，这时我们必须将实轴上的奇点稍稍向下移动（参见图 8.1 处的讨论），于是，对于空间满足 $x_3-vt>0$ 的点，我们可以将对 k_3 的积分围道从上半平面围合，积分的结果等于零.

以粒子的运动轨迹为轴，我们可以构造一个锥体（参见图 8.4），这个锥体的轴正好是粒子运动的方向，锥体的顶点就是粒子所在的位置，而粒子所辐射的电磁波的波前运动的方向与粒子运动的方向 $\boldsymbol{e}_3$ 之间的夹角为

$$\theta_{\mathrm{C}}=\cos^{-1}\frac{c}{v\sqrt{\epsilon}}. \tag{8.80}$$

这个锥体就称为切连科夫锥. 由于粒子的速度高于介质中的光速 $c/\sqrt{\epsilon}$，因此 (8.80) 式恰好有一个实数解. 事实上可以证明，对于切连科夫锥外部的所有点，电磁势都等恒于零. 通过具体把 (8.79) 式积分出来，可得切连科夫锥锥体内部的

矢势[7]

$$\boldsymbol{A}(\boldsymbol{x},t)=\frac{2e\boldsymbol{\beta}}{\sqrt{(x_3-vt)^2-(\beta^2\epsilon-1)\boldsymbol{x}_\perp^2}}. \tag{8.81}$$

粒子的这种辐射称为切连科夫辐射. 切连科夫辐射是一种典型的激波辐射. 事实上，它的行为（例如会形成激波锥体等）相当类似于空气中超声速时产生的激波. 切连科夫辐射在粒子探测器中有着广泛的应用，它多数情形下被用来确定粒子高于介质中的光速 $c/\sqrt{\epsilon}$ 的速度. 因为一旦形成切连科夫辐射，它出射的角度与粒子的速度有着十分简单的关系，是粒子探测器中不错的速度选择装置.

44 辐 射 阻 尼

通过前面几节的讨论我们已经看到，带电粒子只要做变速运动，就会辐射电磁波. 由于电磁辐射的存在，带电粒子会损失能量和动量，尽管它可能同时还从外加电磁场中获得能量和动量. 到目前为止，我们并没有考虑带电粒子的辐射对于带电粒子本身运动的影响. 也就是说，在讨论一个带电粒子在电磁场中的运动时，我们仅考虑了它在外加电磁场中的运动，没有考虑带电粒子的辐射场对带电粒子的影响（自作用）. 带电粒子自身的辐射对自身运动的影响称为辐射阻尼. 这一节中，我们将简要地讨论这个在经典电动力学范畴内实际上不可能完美解决的问题.

44.1 亚伯拉罕–洛伦兹方程与辐射阻尼力

首先对辐射阻尼发生的时间尺度做一个半定量的估计是必要的. 为此我们考虑一个非相对论性的带电粒子的运动，它对外的辐射功率由第 39 节中的拉莫尔公式 (8.27) 给出. 现在考虑一个特征的时间尺度 τ. 由于带电粒子做加速运动，因此在这个时间尺度内它获得的动能 $\Delta E_{\rm K}$ 约为 $m(a\tau)^2$，其中 a 为该带电粒子的加速度. 同样在这个时间尺度内带电粒子辐射掉的能量就是拉莫尔功率乘以时间 τ. 因此，如果粒子通过外场获得的动能与它辐射的能量相当，辐射阻尼的效应就必须考虑. 因此我们得到

$$m(a\tau)^2\approx\frac{2}{3}\frac{e^2a^2}{c^3}\tau. \tag{8.82}$$

---

[7] (8.81) 式只是切连科夫辐射的一个近似描述. 事实上如果我们用它计算磁场，会发现它在切连科夫锥面上具有 δ 函数的发散. 这个发散实际上是由我们假定 ϵ 是常数造成的. 考虑到 ϵ 的频率依赖就可以抹平这个发散.

于是我们发现，必须考虑辐射阻尼效应的特征时间尺度为

$$\tau = \frac{2}{3}\frac{e^2}{mc^3}. \tag{8.83}$$

显然，如果我们考虑的问题的时间尺度 $T \gg \tau$，那么带电粒子从外场获得的能量将远大于辐射掉的能量，因此这时我们可以完全忽略掉辐射阻尼的效应. 也就是说，只有使得带电粒子加速的外场的特征时间尺度接近或者小于 τ 的时候，我们才需要考虑被加速带电粒子的辐射阻尼效应.

按照上面辐射阻尼特征时间的表达式，在我们通常遇到的粒子中，电子具有最长的特征时间. 将电子的质量和电荷代入，我们发现电子的特征时间为 $\tau \approx 6.26 \times 10^{-24}$ s，与此相应的特征尺度为（即将特征时间乘以光速）10^{-13} cm，这大概就是原子核的尺度（也就是电子的经典半径的尺度）.

上面关于能量的定性分析可以进一步给出辐射阻尼力的表达式. 为此我们将带电粒子的运动方程写为

$$m\dot{\boldsymbol{v}} = \boldsymbol{F}_{\text{ext}} + \boldsymbol{F}_{\text{rad}}, \tag{8.84}$$

其中 $\boldsymbol{F}_{\text{ext}}$ 和 $\boldsymbol{F}_{\text{rad}}$ 分别是由外电磁场和辐射阻尼所产生的力. 我们要求辐射阻尼力在某个时间间隔 $[t_1, t_2]$ 内对粒子做的功正好等于粒子辐射出去的能量 [(8.27) 式]：

$$\int_{t_1}^{t_2} \boldsymbol{F}_{\text{rad}} \cdot \boldsymbol{v} \text{d}t = -\int_{t_1}^{t_2} \frac{2}{3}\frac{e^2}{c^3}\dot{\boldsymbol{v}} \cdot \dot{\boldsymbol{v}} \text{d}t. \tag{8.85}$$

对 (8.85) 式分部积分，我们发现可以做如下的选择：

$$\boldsymbol{F}_{\text{rad}} = \frac{2}{3}\frac{e^2}{c^3}\ddot{\boldsymbol{v}} = m\tau\ddot{\boldsymbol{v}}. \tag{8.86}$$

这就是我们得到的辐射阻尼力的表达式. 因此，考虑到辐射阻尼力的情况下，一个带电粒子在外场中的运动方程可以表达为

$$m(\dot{\boldsymbol{v}} - \tau\ddot{\boldsymbol{v}}) = \boldsymbol{F}_{\text{ext}}. \tag{8.87}$$

这个十分古怪的经典运动方程一般称为亚伯拉罕 (Abraham)–洛伦兹方程. 方程中明显地包含了粒子的“加加速度” $\ddot{\boldsymbol{v}}$，而这一点在牛顿力学的框架中是不被许可的. 一个具体的体现就是，这个方程一般存在着所谓的发散解 (runaway solutions). 很容易验证，即使对于无外力，即 $\boldsymbol{F}_{\text{ext}} = 0$ 的情形，方程仍然存在

随时间指数增加的解，它们一般称为发散解[8]. 当然，历史上存在处理掉这些发散解的尝试，但是这将使得运动方程十分复杂. 我们这里采取的方法就是将非物理的发散解直接扔掉，因为这里整个的讨论仅在辐射阻尼是一个小修正的情形下才是有意义的.

上面对于辐射阻尼的讨论可以用于处理一个带电粒子对电磁波的散射与吸收的问题.

例 8.2 受辐射阻尼影响的带电受迫振子. 考虑一个质量为 m、电荷为 e、固有频率为 ω_0 的带电振子. 它处在频率为 ω 的电磁波的辐射场中并做受迫振动. 振子具有阻尼系数 Γ'，同时我们还需要考虑振子的辐射阻尼效应. 我们来讨论带电振子的辐射（同时也是振子对于电磁波的散射）问题.

解 在电磁波的影响下，考虑了辐射阻尼的带电振子的阻尼受迫振动方程为

$$\ddot{\boldsymbol{x}} + \Gamma'\dot{\boldsymbol{x}} - \tau\dddot{\boldsymbol{x}} + \omega_0^2\boldsymbol{x} = \frac{e}{m}\boldsymbol{e}_0 E_0 \mathrm{e}^{-\mathrm{i}\omega t}, \tag{8.88}$$

其中 Γ' 表示了振子的一般阻尼效应，与 $\dddot{\boldsymbol{x}}$ 成正比的项表示了辐射阻尼的影响，$\boldsymbol{e}_0$ 是入射电磁波的偏振方向. 这个方程的一个特解是

$$\boldsymbol{x} = \frac{e}{m}\frac{E_0\mathrm{e}^{-\mathrm{i}\omega t}}{\omega_0^2 - \omega^2 - \mathrm{i}\omega\Gamma_{\mathrm{t}}(\omega)}\boldsymbol{e}_0, \qquad \Gamma_{\mathrm{t}}(\omega) = \Gamma' + \left(\frac{\omega}{\omega_0}\right)^2\Gamma, \tag{8.89}$$

其中 $\Gamma \equiv \omega_0^2\tau$ 是辐射阻尼造成的振子宽度，$\Gamma_{\mathrm{t}}(\omega)$ 则称为振子的总宽度.

我们可以计算振子由于加速而产生的辐射的功率角分布，将其除以入射电磁波的能流就得到了振子对于电磁波的微分散射截面. 这个计算与前面汤姆孙散射的计算十分类似（参见第 39 节），我们这里就直接写出结果：

$$\frac{\mathrm{d}\sigma(\omega,\boldsymbol{e})}{\mathrm{d}\Omega} = \left(\frac{e^2}{mc^2}\right)^2 |\boldsymbol{e}^*\cdot\boldsymbol{e}_0|^2 \left[\frac{\omega^4}{(\omega_0^2-\omega^2)^2 + \omega^2\Gamma_{\mathrm{t}}^2}\right]. \tag{8.90}$$

这个公式中方括号前面的表达式就是我们已经得到过的汤姆孙散射截面 [(8.31) 式]. 对于极低频的电磁波，方括号贡献的因子正比于 ω^4，因此我们又得到了典型的偶极散射（或者说瑞利散射）的行为. 如果总的振子宽度 $\Gamma_{\mathrm{t}}(\omega)$ 是小的，那么当电磁波的频率 ω 十分接近振子的固有频率 ω_0 的时候，系统会出现强烈的共振散射. 我们同时看到，振子的总宽度 [(8.89) 式] 由两部分组成：一部分是振子

[8] 这些发散解的引入实际上说明积分形式的方程 (8.85) 与微分形式的方程 (8.86) 并不严格等价. 我们中间曾经进行过分部积分，可以验明，对于发散解来说，分部积分中边界上的项并不是可以扔掉的.

本身的阻尼力 Γ'，另一部分就是辐射阻尼力 $\Gamma = \omega_0^2\tau$. 即使不存在任何其他阻尼 ($\Gamma' = 0$)，由于存在辐射阻尼，振子的谱线也会出现自然展宽. 如果令 Γ 也趋于零，也就是忽略辐射阻尼，振子辐射的频谱会变为频率空间的一个 δ 函数.

44.2 亚伯拉罕–洛伦兹模型与电子自能

前面的讨论已经提到，辐射阻尼力可以通过粒子和场总系统的能量守恒来加以确定. 事实上，我们可以通过要求带电粒子和场的总系统的总的能量–动量守恒来讨论辐射场对于带电粒子的反作用问题. 这正是当年亚伯拉罕和洛伦兹的出发点. 亚伯拉罕和洛伦兹假设，带电粒子的动量在本质上是电磁的. 也就是说，电子的本质是电磁的，它的动量实际上就是它所产生的电磁场的动量. 现在考虑这样的一个带电粒子在一个外加电磁场中的运动. 这就是所谓的亚伯拉罕–洛伦兹模型.

我们试图从系统总的动量守恒 (洛伦兹力密度的体积分为零)

$$\int \mathrm{d}^3\boldsymbol{x} \left(\rho\boldsymbol{E} + \frac{1}{c}\boldsymbol{J}\times\boldsymbol{B}\right) = 0 \tag{8.91}$$

出发, 来导出带电粒子与自身电磁场的相互作用方程. 这里的电磁场既包含了外加的电磁场，也包含了带电粒子自身所产生的电磁场：

$$\boldsymbol{E} = \boldsymbol{E}_{\mathrm{ext}} + \boldsymbol{E}_{\mathrm{self}}, \quad \boldsymbol{B} = \boldsymbol{B}_{\mathrm{ext}} + \boldsymbol{B}_{\mathrm{self}}. \tag{8.92}$$

如果我们要求带电粒子的运动方程保持通常的牛顿力学的形式 $\mathrm{d}\boldsymbol{p}/\mathrm{d}t = \boldsymbol{F}_{\mathrm{ext}}$，则得到

$$\frac{\mathrm{d}\boldsymbol{p}}{\mathrm{d}t} = -\int \mathrm{d}^3\boldsymbol{x} \left(\rho\boldsymbol{E}_{\mathrm{self}} + \frac{1}{c}\boldsymbol{J}\times\boldsymbol{B}_{\mathrm{self}}\right), \tag{8.93}$$

其中 ρ，$\boldsymbol{J}$ 表示该带电粒子的电荷密度和电流密度.

要进一步计算，我们必须对带电粒子的结构做出一些假定. 首先，我们假定带电粒子的电荷分布仅存在于尺度为 a 的一个范围内，并且是球对称的；其次，我们假定带电粒子是刚性的，因此它的电流密度为 $\boldsymbol{J}(\boldsymbol{x},t) = \rho(\boldsymbol{x},t)\boldsymbol{v}(t)$；最后，为了简化讨论，我们假定选择一个合适的参照系使得带电粒子瞬间在其中静止 ($\boldsymbol{J} = 0$). 运用这些假定，电子动量变化率

$$\frac{\mathrm{d}\boldsymbol{p}}{\mathrm{d}t} = \int \mathrm{d}^3\boldsymbol{x}\, \rho(\boldsymbol{x},t) \left[\nabla\Phi(\boldsymbol{x},t) + \frac{1}{c}\frac{\partial\boldsymbol{A}(\boldsymbol{x},t)}{\partial t}\right], \tag{8.94}$$

其中的四维电磁势 $A^\mu = (\Phi, \boldsymbol{A})$ 由下式给出：

$$A^\mu(\boldsymbol{x},t) = \frac{1}{c}\int \mathrm{d}^3\boldsymbol{x}' \frac{[J^\mu(\boldsymbol{x}',t')]_{\mathrm{ret}}}{R}, \tag{8.95}$$

这里四维电流密度 $J^\mu=(c\rho,\boldsymbol{J})$，$\boldsymbol{R}=\boldsymbol{x}-\boldsymbol{x}'$，$R=|\boldsymbol{R}|$. 注意，按照推迟势的公式，上式右边的时间 t' 应当在提前的时间来计算，即 $t-t'=R/c$，但是由于我们所考虑的尺度都在带电粒子电荷分布的尺度 a 之内，因此这个推迟的效应十分小. 我们可以将它按照不推迟的时间来做泰勒展开：

$$[J^\mu(\boldsymbol{x}',t')]_{\text{ret}}=\sum_{n=0}^{\infty}\frac{(-1)^n}{n!}\left(\frac{R}{c}\right)^n\frac{\partial^n}{\partial t^n}[J^\mu(\boldsymbol{x}',t)]. \tag{8.96}$$

于是我们就得到

$$\frac{\mathrm{d}\boldsymbol{p}}{\mathrm{d}t}=\sum_{n=0}^{\infty}\frac{(-1)^n}{n!c^n}\int\mathrm{d}^3\boldsymbol{x}\int\mathrm{d}^3\boldsymbol{x}'\rho(\boldsymbol{x},t)\frac{\partial^n}{\partial t^n}\left[\rho(\boldsymbol{x}',t)\nabla R^{n-1}+\frac{R^{n-1}}{c^2}\frac{\partial\boldsymbol{J}(\boldsymbol{x}',t)}{\partial t}\right]. \tag{8.97}$$

现在让我们逐项来考虑上面这个展开式右边括号内与 ρ 有关的项. $n=0$ 的项给出的贡献正比于

$$\int\mathrm{d}^3\boldsymbol{x}\int\mathrm{d}^3\boldsymbol{x}'\rho(\boldsymbol{x},t)\rho(\boldsymbol{x}',t)\nabla\left(\frac{1}{R}\right), \tag{8.98}$$

这恰好是带电粒子的自相互作用力. 容易发现，如果我们采用球对称的电荷分布，那么按照对称性，自相互作用力恒等于零. $n=1$ 的项的贡献也为零. 因此我们可以将与 ρ 有关的求和重新标记，然后和与 $\boldsymbol{J}$ 有关的项结合起来. 利用刚性条件、电荷守恒的连续性方程、分部积分等技巧，我们可以将最终的结果表达为

$$\frac{\mathrm{d}\boldsymbol{p}}{\mathrm{d}t}=\sum_{n=0}^{\infty}\frac{(-1)^n}{c^{n+2}}\frac{2}{3n!}\frac{\partial^{n+1}\boldsymbol{v}}{\partial t^{n+1}}\int\mathrm{d}^3\boldsymbol{x}\int\mathrm{d}^3\boldsymbol{x}'\rho(\boldsymbol{x},t)R^{n-1}\rho(\boldsymbol{x}',t). \tag{8.99}$$

这就是著名的亚伯拉罕–洛伦兹电子模型所导出的电子的运动方程. 下面我们来分析这个展开式中各个项的物理含义.

(8.99) 式中 $n=0$ 的项给出的贡献是

$$\left(\frac{\mathrm{d}\boldsymbol{p}}{\mathrm{d}t}\right)_{n=0}=\frac{2}{3c^2}\dot{\boldsymbol{v}}\int\mathrm{d}^3\boldsymbol{x}\int\mathrm{d}^3\boldsymbol{x}'\frac{\rho(\boldsymbol{x})\rho(\boldsymbol{x}')}{R}=\frac{4U^{(\text{em})}_{\text{self}}}{3c^2}\dot{\boldsymbol{v}}, \tag{8.100}$$

其中带电粒子自身的静电能

$$U^{(\text{em})}_{\text{self}}=(1/2)\int\mathrm{d}^3\boldsymbol{x}\int\mathrm{d}^3\boldsymbol{x}'\rho(\boldsymbol{x})\rho(\boldsymbol{x}')/R, \tag{8.101}$$

简称为带电粒子的自能. 我们看到，自能对电子动量变化率的贡献正比于粒子的加速度，因此我们可以定义带电粒子的电磁质量

$$m^{(\mathrm{em})} \equiv \frac{U_{\mathrm{self}}^{(\mathrm{em})}}{c^2}. \tag{8.102}$$

显然这个定义与爱因斯坦的质能关系是相容的. (8.99) 式中 $n=1$ 的项恰好给出我们前面的辐射阻尼力的表达式：

$$\left(\frac{\mathrm{d}\boldsymbol{p}}{\mathrm{d}t}\right)_{n=1} = -\frac{2e^2}{3c^3}\ddot{\boldsymbol{v}}. \tag{8.103}$$

容易证明，展开式中更高阶的贡献在带电粒子的尺度 $a \to 0$ 时会趋于零，因此，对于一个尺度很小的带电粒子，如果仅考虑这两个贡献，带电粒子的运动方程可以写为

$$\frac{4}{3}m^{(\mathrm{em})}\dot{\boldsymbol{v}} - \frac{2e^2}{3c^3}\ddot{\boldsymbol{v}} = \boldsymbol{F}_{\mathrm{ext}}. \tag{8.104}$$

这个方程与前面得到的亚伯拉罕–洛伦兹方程 (8.87) 形式上一致，唯一的区别是粒子的质量被换成了 $(4/3)m^{(\mathrm{em})}$⑨.

亚伯拉罕–洛伦兹模型存在着一系列奇怪的问题. 首先，方程 (8.104) 中的电磁质量之前有一个奇怪的系数 4/3. 当然，这并不是严重的问题，这个不正确的因子实际上是由于我们用了非协变的运动方程来讨论，更细致的相对论性的讨论可以给出正确的系数（也就是 1）. 我们也可以假定带电粒子有一部分质量是非电磁的，它与电磁质量相加正好等于粒子的真实质量. 但是更为严重的问题是，如果我们希望略去方程 (8.99) 中的高阶项，必须取所谓的点粒子极限：令半径 $a \to 0$. 然而，恰恰在这个极限下，(8.101) 式中带电粒子自相互作用的电磁能 $U_{\mathrm{self}}^{(\mathrm{em})} \sim e^2/a$ 会按照 $1/a$ 发散 (称为线性发散). 这个问题在经典电动力学的框架之内是无法克服的.

反之，如果我们要求带电粒子的质量就是我们在实验上所测到的量级（还有什么比这个要求更自然吗），亚伯拉罕–洛伦兹模型 [(8.101) 式] 实际上要求该带电粒子的电荷分布一定要保持一个非零的尺度. 这个尺度大概是

$$r_0 = \frac{e^2}{mc^2}. \tag{8.105}$$

对于电子来说，这个尺度称为电子的经典半径，其数值大约是 10^{-13} cm. 伟大的经典电动力学一般来说只在电子的经典半径 r_0 尺度以上才是适用的，而在 r_0 尺

⑨这顺便解释了为何最初 J. J. 汤姆孙猜测质能关系为 $E=(3/4)mc^2$.

度以下，我们必须运用相应的量子理论来取代经典电动力学. 对于电子来说（实际上还有它的反粒子——正电子），这个理论就是所谓的量子电动力学. 在量子电动力学的框架中，电子的自能仍然是表观发散的，只不过不再是按照 $1/a$ 发散，而是按照其对数发散. 只有在经过了适当的重整化之后，电子的自能发散问题才能够得到根本解决.

相关的阅读

本章对于带电粒子的辐射给出了一个初步的介绍. 这一章显得十分简略，这对于专门从事加速器研究的读者显然是十分不足的. 但是考虑到多数读者并不会对此做更为深入的研究，我想这个简介也就可以了. 关于同步辐射以及自由电子激光等现代光源更为详尽的介绍可以阅读参考书 [9] 的第 14 章中的讨论. 此外，本书中几乎没有涉及带电粒子穿过物质时的能量损耗问题，感兴趣的读者可以阅读参考书 [9] 的第 13 章中的讨论.

习　题

1. 运动的点电偶极子. 考虑一个点电偶极子. 在自身的静止系 K' 中的电偶极矩为 $\boldsymbol{p}$ 且位于原点. K' 系相对于 K 系以 $\boldsymbol{\beta}$ 运动. 设点电偶极子轨迹的世界线方程为 $r^\mu(\tau)$，τ 为固有时，四速度 $u^\mu(\tau)=\mathrm{d}r^\mu/\mathrm{d}\tau$. 在 K 系中，相应运动的位置和速度为 $\boldsymbol{r}(t)$，$\boldsymbol{v}=\mathrm{d}\boldsymbol{r}(t)/\mathrm{d}t$.

    (1) 说明在粒子静止系 (K' 系) 中，点电偶极子的电荷密度和电流密度可以写为 $\rho'(\boldsymbol{x}')=-(\boldsymbol{p}\cdot\nabla')\delta^3(\boldsymbol{x}'),\boldsymbol{J}'(\boldsymbol{x}')=0$，即说明系统的电偶极矩为 $\boldsymbol{p}$ 而磁偶极矩为零.

    (2) 为了写出任意系中的电荷和电流密度，我们试图引入一个电偶极矩四矢量 $P^\mu=(P^0,\boldsymbol{P})$，它在电偶极子的静止系中就是 $(0,\boldsymbol{p})$. 现在假设点电偶极子在 K 系中的速度为 $\boldsymbol{\beta}$，利用 (6.8) 式给出四矢量 P^μ 的具体形式 (用 $\boldsymbol{p}$, $\boldsymbol{\beta}$ 表达) 并证明四矢量 P^μ 在任何参照系中都与四速度正交：$P\cdot u=P^\mu u_\mu=0$.

    (3) 注意到四矢量算符 $\partial_\mu=(\partial_0,\nabla)$，试证明点电偶极子的电流密度四矢量表达式可

以写为

$$J^{\mu}(x) = -\int \mathrm{d}\tau u^{\mu}(\tau)(P\cdot\partial)\delta^4[x-r(\tau)], \tag{8.106}$$

其中四矢量 P^{μ} 就是 (2) 中的电偶极矩四矢量. 试证明这个表达式在点电偶极子静止的参照系 K' 中的确给出 (1) 中的结果.

(4) 利用推迟传播子的公式 (8.7) 以及 (3) 中的电流协变表达式 (8.106)，导出一个点电偶极子在空间产生的四维势的协变表达式，其中可能需要公式 [令 $f(x,\tau)=(x-r(\tau))^2$]

$$\partial^{\mu}\delta[f(x,\tau)] = \partial^{\mu}f\frac{\mathrm{d}}{\mathrm{d}f}\delta[f(x,\tau)] = \partial^{\mu}f\frac{\mathrm{d}\tau}{\mathrm{d}f}\frac{\mathrm{d}}{\mathrm{d}\tau}\delta[f(x,\tau)]$$

和分部积分等技巧.

2. 点磁偶极子的四维势. 考虑一个点磁偶极子，在其静止系 (K' 系) 中由磁偶极矩 $\boldsymbol{m}$ (常矢量) 描写. 粒子的运动轨迹由时间线 $r^{\mu}(\tau)$ 给出，τ 为固有时. 在 K 系中，该点磁偶极子的轨迹为 $\boldsymbol{r}(t)$，速度 $\boldsymbol{v}=\mathrm{d}\boldsymbol{r}/\mathrm{d}t=\boldsymbol{\beta}$.

(1) 考虑在对于自身静止的参照系 K' 原点处的一个点磁偶极子的电流密度表达式

$$\rho'(\boldsymbol{x}',t')\equiv 0,\quad \boldsymbol{J}'(\boldsymbol{x}',t') = -(\boldsymbol{m}\times\nabla')\delta^3[\boldsymbol{x}'], \tag{8.107}$$

说明上述电荷和电流密度在 K' 系中的确产生一个位于原点的点磁偶极矩 $\boldsymbol{m}$，但是总电荷以及电偶极矩为零.

(2) 为了写出任意系中的四电流密度，我们试图引入一个磁偶极矩四矢量 $M^{\mu}=(M^0,\boldsymbol{M})$，它在点磁偶极子的静止系中就是 $(0,\boldsymbol{m})$. 由此出发假设点磁偶极子在 K 系中的速度为 $\boldsymbol{\beta}$，利用 (6.8) 式给出四矢量 M^{μ} 的具体形式 (用 $\boldsymbol{m}$, $\boldsymbol{\beta}$ 表达)，并证明四矢量 M^{μ} 在任何参照系中都与四速度正交：$M\cdot u = M^{\mu}u_{\mu}=0$.

(3) 利用 (2) 中定义的四矢量 M^{μ}，证明协变形式的电流密度

$$J^{\mu}(x) = -\epsilon^{\mu\alpha\beta\nu}\int \mathrm{d}\tau\,[u_{\alpha}(\tau)M_{\beta}\partial_{\nu}]\,\delta^4[x-r(\tau)], \tag{8.108}$$

其中 $\epsilon^{\mu\alpha\beta\nu}$ 是四维莱维 (Levi)–齐维塔 (Civita) 符号 ($\epsilon^{0123}=+1$)，$r(\tau)$ 为世界线方程，∂ 算符作用于 x. 在 K' 系中分别考察 J^{μ} 的时空分量，说明它与 (1) 中的结果一致.

(4) 利用推迟传播子 $D^{(+)}(x-x')$ 以及电流协变表达式 (8.108)，导出一个点磁偶极子在空间产生的四维势的协变表达式, 其中可能需要公式 [令 $f(x,\tau)=(x-r(\tau))^2$]

$$\partial^{\mu}\delta[f(x,\tau)] = \partial^{\mu}f\frac{\mathrm{d}}{\mathrm{d}f}\delta[f(x,\tau)] = \partial^{\mu}f\frac{\mathrm{d}\tau}{\mathrm{d}f}\frac{\mathrm{d}}{\mathrm{d}\tau}\delta[f(x,\tau)]$$

和分部积分等技巧.

(5) 写出与 (4) 对应的三矢量的表达式.

3. *匀速运动的点电偶极子的场*. 利用前面题目的普遍结果，讨论一个沿 x 轴匀速运动的点电偶极子在空间产生的电磁势以及电磁场. 仿照例 8.1 中的做法，分别通过两种方法来获得这些结果并比较.

4. *匀速运动的点磁偶极子的场*. 利用前面题目的普遍结果，讨论一个沿 x 轴匀速运动的点磁偶极子在空间产生的电磁势以及电磁场. 仿照例 8.1 中的做法，分别通过两种方法来获得这些结果并比较.

5. *直线加速粒子的辐射分布*. 验证当相对论性粒子的加速度与速度同向时，粒子的辐射主要集中在速度和加速度共同的方向上，即验证粒子辐射功率的角分布 (8.39) 和相应的最大辐射功率所对应的角度公式 (8.40).

6. *辐射阻尼力的相对论推广*. 如果我们试图将辐射阻尼力的表达式推广到相对论情况，那么我们可以从相对论性的运动方程

$$\frac{\mathrm{d}p_\mu}{\mathrm{d}\tau} = F_\mu^{\mathrm{ext}} + F_\mu^{\mathrm{rad}} \tag{8.109}$$

出发，其中 F_μ^{rad} 是辐射阻尼力的相对论性推广. 如果要求所有的力都满足 $F_\mu p^\mu = 0$，并要求它的非相对论极限回到我们得到的结果 (8.86)，试说明有

$$F_\mu^{\mathrm{rad}} = \frac{2e^2}{3mc^3}\left[\frac{\mathrm{d}^2 p_\mu}{\mathrm{d}\tau^2} + \frac{p_\mu}{m^2c^2}\left(\frac{\mathrm{d}p}{\mathrm{d}\tau}\cdot\frac{\mathrm{d}p}{\mathrm{d}\tau}\right)\right]. \tag{8.110}$$

附录 A 矢量与张量分析

在这个附录中，我们简要总结一下有关矢量、张量以及它们的微积分的知识. 我们在电动力学里面用到的主要是三维空间的矢量、张量以及四维闵氏空间的矢量、张量. 我们称前者为三矢量、三张量，或简称矢量、张量，称后者为四矢量、四张量.

1 矢量与张量的定义

从数学上讲，一个矢量 $\boldsymbol{A}$ 是矢量空间中的一个抽象的元素. 在选取了正交归一的基矢以后，我们可以用它的分量 A_i 来代表它. 电动力学里用到的三维空间矢量都具有三个分量，它对应的矢量空间是三维欧氏空间. 在这个三维空间中，基矢的选取是随意的. 任意两组正交归一的基矢之间由一个正交变换联系着. 我们将这个变换的矩阵记为 R_{ij}，它满足

$$R_{ij}R_{kj} = R_{ji}R_{jk} = \delta_{ik}, \tag{A.1}$$

其中我们启用了所谓的爱因斯坦求和约定，即矢量和张量的分量公式中任何两个重复的指标隐含着对该指标对的求和 $(i, j, k = 1, 2, 3)$.

一个矢量在基矢的变换下有着确定的变换规则. 具体地说，如果在某个基矢下的矢量 $\boldsymbol{A}$ 的分量为 A_i，那么经过变换矩阵 R 变换后的矢量的分量 A'_i 由下式给出：

$$A'_i = R_{ij}A_j. \tag{A.2}$$

这个式子可以作为矢量的定义. 换句话说，在坐标变换下，满足上面这个变换规则的量被定义为矢量.

如果我们把两个矢量的分量 A_i 和 B_j 分别乘起来，就可以构成一个称为并矢的东西的分量. 一个并矢具有两个指标：

$$D_{ij} = A_iB_j.$$

并矢的变换规则可以由每个矢量分别变换得到：

$$D'_{ij} = (R_{ik}A_k)(R_{jl}B_l) = R_{ik}R_{jl}D_{kl}. \tag{A.3}$$

显然，如果我们将两个不同的并矢相加，就可以得到一个变换规则与并矢一样，但本身并不一定是并矢的物理量，这就是一个一般的二阶张量. 具体地说，一个物理量 T_{ij}，如果在坐标变换下满足

$$T'_{ij} = R_{ik}R_{jl}T_{kl}, \tag{A.4}$$

那么我们就称 T_{ij} 为二阶张量. 这个定义可以继续推广到 n 阶张量：它是一个具有 n 个指标的物理量，同时在坐标变换下，每一个指标都分别按照矢量指标变换. 从这个意义上说，矢量也可以称为一阶张量，而标量可以称为零阶张量.

一个非常有用的三阶张量是所谓的全反对称三阶张量，或者称为莱维–齐维塔符号，记作 ϵ_{ijk}. 利用它我们可以定义两个矢量的矢量积，它有时又俗称为叉乘：

$$(\boldsymbol{A} \times \boldsymbol{B})_i = \epsilon_{ijk}A_jB_k. \tag{A.5}$$

全反对称张量满足的一个重要公式是

$$\epsilon_{ijk}\epsilon_{ilm} = \delta_{jl}\delta_{km} - \delta_{jm}\delta_{kl}. \tag{A.6}$$

这个公式在化简矢量运算时常常会用到.

一个高阶张量，如果我们将其中的两个指标设为相同并且求和，如令 $T_{ij} = T_{ikjk}$，那么得到的将是一个比原先张量少两阶的一个张量，这个过程我们称为张量的缩并. 具体地说，一个二阶张量缩并后变成一个标量，一个三阶张量缩并后变成一个矢量，等等.

2 矢量场与张量场的微积分

如果在空间的任意一点 $\boldsymbol{x}$ 都存在一个张量 $T_{ij\cdots}(\boldsymbol{x})$，则我们称 $T_{ij\cdots}(\boldsymbol{x})$ 为一个张量场. 在电动力学中，标势、电荷密度等都是标量场（零阶张量场），电场、磁场、磁矢势等都是矢量场（一阶张量场），麦克斯韦应力张量、电四极矩张量则是二阶张量场.

我们可以对张量场进行微分运算. 基本的运算算符是偏微商算符，或者称为梯度算符，记为 $\nabla_i = \partial_i$. 例如，将它作用于一个标量场，我们就得到该标量场的梯度：

$$(\nabla \Phi(\boldsymbol{x}))_i = \partial_i \Phi(\boldsymbol{x}). \tag{A.7}$$

可以证明，一个标量场的梯度是一个矢量场，而如果将偏微商算符作用于一个矢量场，我们一般会得到一个二阶张量场，以此类推. 偏微商算符的一个重要性质

是

$$\partial_i x_j = \delta_{ij}. \tag{A.8}$$

如果将偏微商算符作用于一个矢量场，并且将所得到的二阶张量场的两个指标缩并，我们就得到了该矢量场的散度，它是一个标量场：

$$\nabla \cdot \boldsymbol{A}(\boldsymbol{x}) = \partial_i A_i(\boldsymbol{x}). \tag{A.9}$$

如果将梯度算符与某个矢量场做叉乘，那么我们得到的仍然是一个矢量，它称为原来矢量场的旋度：

$$[\nabla \times \boldsymbol{A}(\boldsymbol{x})]_i = \epsilon_{ijk}\partial_j A_k(\boldsymbol{x}). \tag{A.10}$$

关于标量场和矢量场的微分运算，有以下一些常用的公式：

$$\nabla(\varphi\psi) = \varphi\nabla\psi + \psi\nabla\varphi, \tag{A.11}$$

$$\nabla \cdot (\varphi\boldsymbol{A}) = \varphi\nabla \cdot \boldsymbol{A} + \boldsymbol{A} \cdot \nabla\varphi, \tag{A.12}$$

$$\nabla \times (\varphi\boldsymbol{A}) = \varphi\nabla \times \boldsymbol{A} + \nabla\varphi \times \boldsymbol{A}, \tag{A.13}$$

$$\nabla \cdot (\boldsymbol{A} \times \boldsymbol{B}) = \boldsymbol{B} \cdot (\nabla \times \boldsymbol{A}) - \boldsymbol{A} \cdot (\nabla \times \boldsymbol{B}), \tag{A.14}$$

$$\nabla \times (\nabla \times \boldsymbol{A}) = \nabla(\nabla \cdot \boldsymbol{A}) - \nabla^2\boldsymbol{A}, \tag{A.15}$$

$$(\nabla \times \boldsymbol{A}) \times \boldsymbol{A} = \boldsymbol{A} \cdot \nabla\boldsymbol{A} - \frac{1}{2}\nabla\boldsymbol{A}^2, \tag{A.16}$$

$$\begin{aligned}\nabla \times (\boldsymbol{A} \times \boldsymbol{B}) = {} & \boldsymbol{A}(\nabla \cdot \boldsymbol{B}) + (\boldsymbol{B} \cdot \nabla)\boldsymbol{A} \\ & -\boldsymbol{B}(\nabla \cdot \boldsymbol{A}) - (\boldsymbol{A} \cdot \nabla)\boldsymbol{B},\end{aligned} \tag{A.17}$$

$$\begin{aligned}\nabla(\boldsymbol{A} \cdot \boldsymbol{B}) = {} & (\boldsymbol{A} \cdot \nabla)\boldsymbol{B} + (\boldsymbol{B} \cdot \nabla)\boldsymbol{A} \\ & +\boldsymbol{A} \times (\nabla \times \boldsymbol{B}) + \boldsymbol{B} \times (\nabla \times \boldsymbol{A}),\end{aligned} \tag{A.18}$$

$$\nabla r = \frac{\boldsymbol{x}}{r}, \tag{A.19}$$

$$\nabla f(r) = \frac{\mathrm{d}f}{\mathrm{d}r}\frac{\boldsymbol{x}}{r}, \tag{A.20}$$

$$\nabla^2\frac{1}{r} = -4\pi\delta^3(\boldsymbol{x}). \tag{A.21}$$

张量场也可以在三维空间中进行各种积分运算. 一个适当变换性质的张量（下面会说明什么是“适当”）在空间中闭合区域上的积分是特别重要的. 对于三维空间，这种闭合的区域只可能有两种：一维闭合回路或者二维闭合曲面. 对于二维闭合曲面上的积分有所谓的高斯定理（公式），而对于一维闭合回路上的积分有所谓的斯托克斯定理（公式）.

高斯定理（公式）实际上是说，如果我们将梯度算符作用于任意一个张量场，并且将梯度算符与张量场中的任意一个指标缩并，然后将所得到的张量（少了两阶的）在某个空间区域 V 中做体积分，则这个积分可以化为在该空间边界 ∂V 上的面积分：

$$\int_V \mathrm{d}^3\boldsymbol{x}\ \partial_i T_{\cdots i\cdots}(\boldsymbol{x}) = \int_{\partial V} \mathrm{d}S_i T_{\cdots i\cdots}(\boldsymbol{x}). \tag{A.22}$$

这个定理对于任意阶的张量场都成立，但是最为常见的情形是 $T_{\cdots i\cdots}(\boldsymbol{x})$ 本身是个矢量场，于是上式就是著名的散度定理：

$$\int_V \mathrm{d}^3\boldsymbol{x}\ \nabla\cdot\boldsymbol{A}(\boldsymbol{x}) = \int_{\partial V} \mathrm{d}\boldsymbol{S}\cdot\boldsymbol{A}(\boldsymbol{x}). \tag{A.23}$$

另外一个十分重要的定理是所谓的斯托克斯定理. 考虑空间一个闭合曲线 C 所围成的面 S，那么我们可以用符号的形式写成

$$\epsilon_{ijk}\int_S \mathrm{d}S_i\ \partial_j = \oint_C \mathrm{d}l_k. \tag{A.24}$$

这个等式的两端积分号内可以放进任意的一个张量场. 一个最常用的特例是放入一个矢量场 $\boldsymbol{A}(\boldsymbol{x})$：

$$\int_S \mathrm{d}\boldsymbol{S}\cdot(\nabla\times\boldsymbol{A}) = \oint_C \mathrm{d}\boldsymbol{l}\cdot\boldsymbol{A}(\boldsymbol{x}). \tag{A.25}$$

大家熟悉的安培环路定律中磁场的圈积分就是这个形式.

3 闵氏空间中的矢量与张量

在一般的洛伦兹变换下不变的量称为洛伦兹标量，如果不致引起混乱，有时也简称为标量. 洛伦兹变换反映的是闵氏空间中的一个“转动”，它保持两个坐标的不变间隔不变. 对于无限接近的两个时空点（事件），它们之间的不变间隔的平方

$$\mathrm{d}s^2 = c^2\mathrm{d}t^2 - \mathrm{d}x^2 - \mathrm{d}y^2 - \mathrm{d}z^2 = \eta_{\mu\nu}\mathrm{d}x^\mu\mathrm{d}x^\nu, \tag{A.26}$$

其中 $\eta_{\mu\nu}$ 是闵氏空间的度规张量. 注意在闵氏空间中，我们必须区分协变四矢量 A_μ 和逆变四矢量 A^ν. 度规张量的逆 $\eta^{\mu\nu}$ 满足

$$\eta^{\mu\beta}\eta_{\beta\nu} = \delta^\mu_\nu. \tag{A.27}$$

对于狭义相对论中的闵氏空间，$\eta^{\mu\nu}$ 的每一个分量实际上都与 $\eta_{\mu\nu}$ 相等. 具体地说，度规张量的非对角分量皆为零，而对角分量为

$$\eta_{00} = \eta^{00} = 1, \quad \eta_{ii} = \eta^{ii} = -1, \quad i = 1,2,3. \tag{A.28}$$

度规张量可以用来升高或降低指标，也就是将协变和逆变指标相互转换. 例如：

$$A_\mu = \eta_{\mu\nu} A^\nu, \quad A^\mu = \eta^{\mu\nu} A_\nu. \tag{A.29}$$

在不同惯性系的洛伦兹变换 $\Lambda^\mu{}_\nu$ 下，逆变矢量的变换规则是

$$A'^\mu = \Lambda^\mu{}_\nu A^\nu, \quad A'_\mu = \Lambda_{\mu\nu} A^\nu = \Lambda_\mu{}^\nu A_\nu, \tag{A.30}$$

其中洛伦兹变换 $\Lambda_{\mu\nu} = \eta_{\mu\beta}\Lambda^\beta{}_\nu$，$\Lambda_\mu{}^\nu = \eta_{\mu\beta}\Lambda^\beta{}_\alpha\eta^{\alpha\nu}$.

由两个四矢量也可以构成一个具有两个指标的并矢. 取决于原来的四矢量是协变的还是逆变的，我们可以构成两个协变指标的、一个协变一个逆变指标的，以及两个逆变指标的并矢. 不同的并矢线性组合起来就构成了一个一般的二阶张量. 类似地，我们还可以构成更为高阶的张量，它可以具有任意多个协变指标和任意多个逆变指标. 在洛伦兹变换下，一个张量的每一个指标都按照相应的四矢量的变换规则分别变换.

如果张量依赖于闵氏空间的时空点，我们就称之为一个张量场. 一个标量场就是零阶张量场，矢量场是一个一阶（协变或逆变）张量场. 为进行场的运算，可以定义一个四维梯度算符 ∂_μ，它作用于一个张量场的规则是

$$\partial_\mu T(x) = \frac{\partial T(x)}{\partial x^\mu}, \tag{A.31}$$

其中 $T(x)$ 可以是一个具有任意上标或下标的张量场. 利用偏微商的锁链法则不难证明，梯度算符作用于一个张量场以后所得到的新的张量场比原先的张量场多一个协变指标. 当然，利用度规张量 $\eta^{\mu\nu}$，我们也可以得到具有一个上标的四维梯度算符

$$\partial^\mu = \eta^{\mu\nu}\partial_\nu. \tag{A.32}$$

在四维时空中，也可以将张量进行积分. 在四维时空中积分可以沿一维闭合回路、二维闭合曲面或者三维闭合超曲面来进行. 一个闭合一维曲线上的线元可以用 $\mathrm{d}x^\mu$ 来表示. 一个闭合二维曲面上的面元可以用曲面上两个线元 $\mathrm{d}x$ 和 $\mathrm{d}x'$ 所围成的平行四边形来表示，将它投影到四维时空的 x^μ-x^ν 平面，我们可以定义一个面元张量

$$\mathrm{d}S^{\mu\nu} = \mathrm{d}x^\mu \mathrm{d}x'^\nu - \mathrm{d}x'^\mu \mathrm{d}x^\nu. \tag{A.33}$$

我们有时也用与 $\mathrm{d}S^{\mu\nu}$ 对偶的面元 $\mathrm{d}\tilde{S}^{\mu\nu}$①：

$$\mathrm{d}\tilde{S}^{\mu\nu}=\frac{1}{2}\epsilon^{\mu\nu\alpha\beta}\mathrm{d}S_{\alpha\beta}. \tag{A.34}$$

类似地，对于一个三维闭合超曲面，我们可以在它上面取三个四矢量：$\mathrm{d}x$，$\mathrm{d}x'$ 和 $\mathrm{d}x''$. 它们所围成的平行六面体的体积元为

$$\mathrm{d}V^{\mu\nu\alpha}=\begin{vmatrix}\mathrm{d}x^{\mu} & \mathrm{d}x'^{\mu} & \mathrm{d}x''^{\mu}\\ \mathrm{d}x^{\nu} & \mathrm{d}x'^{\nu} & \mathrm{d}x''^{\nu}\\ \mathrm{d}x^{\alpha} & \mathrm{d}x'^{\alpha} & \mathrm{d}x''^{\alpha}\end{vmatrix}. \tag{A.35}$$

$\mathrm{d}V^{\mu\nu\alpha}$ 是四维闵氏空间中的三维超曲面面积元（实际上是个体积元），它构成了一个三阶反对称张量②. 在实际中我们往往使用与 $\mathrm{d}V^{\mu\nu\alpha}$ 对偶的一阶张量

$$\mathrm{d}\tilde{V}^{\mu}=-\frac{1}{6}\epsilon^{\mu\nu\alpha\beta}\mathrm{d}V_{\nu\alpha\beta}. \tag{A.36}$$

下面我们叙述四维闵氏空间中的重要积分公式. 首先，如果将任意一个张量 T 的某个指标与一个三维闭合曲面 V 上的对偶面积元 $\mathrm{d}\tilde{V}$ 的指标缩并，并且在该闭合三维曲面上积分，那么这个积分可以化为梯度算符与该张量指标缩并，并且在该三维闭合曲面 V 所围成的四维空间 Ω 中进行体积分 (类高斯定理)：

$$\oint_V \mathrm{d}\tilde{V}_{\mu}\,T^{\cdots\mu\cdots}_{\cdots}=\int_{\Omega}\mathrm{d}^4x\left(\partial_{\mu}T^{\cdots\mu\cdots}_{\cdots}\right). \tag{A.37}$$

这可以看成散度定理的四维形式. 如果我们将某个物理量在一个二维闭合曲面 S 上积分，它可以化为在该二维曲面所围成的三维空间 V 上的积分. 这个替换的规则是

$$\oint_S \mathrm{d}\tilde{S}_{\mu\nu}=\int_V \mathrm{d}\tilde{V}_{\mu}\partial_{\nu}-\mathrm{d}\tilde{V}_{\nu}\partial_{\mu}. \tag{A.38}$$

---

①在三维空间中，我们也可以定义 $\mathrm{d}\boldsymbol{x}$ 和 $\mathrm{d}\boldsymbol{x}'$ 所围成的二维面积元 $\mathrm{d}S_{ij}=\mathrm{d}x_i\mathrm{d}x'_j-\mathrm{d}x_j\mathrm{d}x'_i$，只不过我们在三维空间的公式中，总是用与 $\mathrm{d}S_{ij}$ 对偶的面积元 $\mathrm{d}\tilde{S}_k=\frac{1}{2}\epsilon_{ijk}\mathrm{d}S_{ij}$. 它的大小等于矢量 $\mathrm{d}\boldsymbol{x}$ 和 $\mathrm{d}\boldsymbol{x}'$ 所围成的平行四边形的面积，而方向为两矢量所确定的法向. 显然它就是两矢量 $\mathrm{d}\boldsymbol{x}$ 和 $\mathrm{d}\boldsymbol{x}'$ 的叉乘.

②如果用微分几何的语言来说，一个线元 $\mathrm{d}x^{\mu}$ 称为一个微分 1 形式，而面积元 $\mathrm{d}S^{\mu\nu}$ 称为一个微分 2 形式，体积元 $\mathrm{d}V^{\mu\nu\alpha}$ 称为一个微分 3 形式. 所有的微分形式都是反对称的张量. 一个 n 维空间中最高阶的微分形式是 n 形式. 我们这里讨论的积分公式都是关于微分形式的积分.

同样地，如果我们在一个闭合的一维曲线 C 上积分，它可以换成该曲线所围成的二维曲面 S 上的积分，替换规则是

$$\oint_C \mathrm{d}x^\mu = \int_S \mathrm{d}S^{\nu\mu}\partial_\nu. \tag{A.39}$$

上述两个积分公式都可以看成微分几何中普遍的斯托克斯定理的特例[③].

[③]微分几何中普遍的斯托克斯定理的表述为：给定一个 n 维可定向流形（orientable manifold）M，如果 ω 是其上的一个 $n-1$ 形式，那么一定有 $\int_M \mathrm{d}\omega = \int_{\partial M} \omega$，其中 ∂M 代表流形 M 的边界.

附录 B　电磁单位制

在这个附录中我们简要介绍一下不同电磁单位制之间的关系. 在经典电磁问题中，通常使用的有两大类单位制：一类是大家所熟悉的国际单位制，另一类就是类高斯单位制. 类高斯单位制又包括两个稍有区别的单位制：高斯单位制和赫维赛德–洛伦兹单位制.

电磁规律并不依赖于你用什么单位制来表达它，因此，从原则上来说，任何一个自洽的电磁单位制都是可以的. 它们的区别仅在于是否方便，而这又依赖于你需要处理的问题. 总地来说，在处理宏观电动力学问题和工程问题时，利用国际单位制可能比较方便一些，而在处理微观的电动力学问题时，往往类高斯单位制比较方便. 下面我们简要说明国际单位制（SI）与高斯单位制、赫维赛德–洛伦兹单位制之间的关系以及相互转换的方法.

1　真空中的麦克斯韦方程组与单位制

任何一种电磁单位都可以通过真空中电磁现象的几个基本方程加以定制. 下面我们将分别列出这些规律并加以说明.

(1) 首先是静电学中描写真空中两个点电荷之间相互作用力的库仑定律：

$$F = k_1 \frac{qq'}{r^2}, \tag{B.1}$$

其中 k_1 是一个（可能有量纲的）比例常数. 由一个点电荷产生的电场可以定义为该电荷周围一个单位测试电荷所受到的力：

$$E = k_1 \frac{q}{r^2}. \tag{B.2}$$

(2) 另一个用来确定单位的方程来源于稳恒电流所产生的磁场中电流所受的力. 如果真空中有两个相距为 d，电流分别为 I 和 I' 的无限长平行导电导线（其直径可以忽略），那么其中一个导线单位长度所感受到的，来自另一个导线的力为

$$\frac{\mathrm{d}F}{\mathrm{d}l} = 2k_2 \frac{II'}{d}, \tag{B.3}$$

其中 k_2 是另一个（可以有量纲的）比例常数. 磁场可以定义为单位电流所感受到的力，但是我们一般可以插入一个比例常数 α：

$$B = 2k_2\alpha\frac{I}{d}. \tag{B.4}$$

值得注意的一个重要事实是，比较公式 (B.1) 和公式 (B.3)，我们发现 k_1/k_2 一定具有速度平方的量纲. 事实上，独立的实验验明了

$$\frac{k_1}{k_2} = c^2, \tag{B.5}$$

其中 c 即为真空中的光速.

(3) 前面讨论的两个常数分别涉及电和磁，第三个用以确定电磁单位制的方程可以取为法拉第电磁感应定律，它涉及电与磁的相互感应：

$$\nabla \times \boldsymbol{E} + k_3\frac{\partial \boldsymbol{B}}{\partial t} = 0. \tag{B.6}$$

(4) 最后我们注意到，在任何单位制中，电荷守恒定律的形式总是相同的：

$$\frac{\partial \rho}{\partial t} + \nabla \cdot \boldsymbol{J} = 0. \tag{B.7}$$

上面列出的四个基本定律 [(B.2), (B.4), (B.6), (B.7)] 基本上就已经完全确立了一个单位制. 我们可以据此写出普遍的单位制中的麦克斯韦方程组：

$$\begin{aligned}
\nabla \cdot \boldsymbol{E} &= 4\pi k_1\rho, \\
\nabla \times \boldsymbol{B} &= 4\pi k_2\alpha\boldsymbol{J} + \frac{k_2}{k_1}\alpha\frac{\partial \boldsymbol{E}}{\partial t}, \\
\nabla \times \boldsymbol{E} + k_3\frac{\partial \boldsymbol{B}}{\partial t} &= 0, \\
\nabla \cdot \boldsymbol{B} &= 0.
\end{aligned} \tag{B.8}$$

在这个方程组之中，第一个方程右边的系数来源于我们对于电场的定义 (B.2)，第二个方程右边的系数来源于我们对于磁场的定义 (B.4) 以及电荷守恒的连续性方程 (B.7). 现在如果我们考察真空中的上述麦克斯韦方程组，并且要求它给出真空中的波动方程（波速为 c），那么立刻会发现

$$\frac{k_1}{k_3k_2\alpha} = c^2. \tag{B.9}$$

与前面的实验结论 (B.5) 比较，我们发现

$$k_3 = \frac{1}{\alpha}. \tag{B.10}$$

由此我们得出结论：对于一个任意的电磁单位制，只要给定 k_1，k_3 两个常数就可以完全确定该单位制中的各种电磁方程.

另外需要指出的是，k_1，k_2 必须满足约束 (B.5). 读者也许会好奇，为什么两个常数的比值恰好是真空中的光速，这仅是一个巧合吗？这个问题的答案在于相对论协变性. 也就是说，如果我们要求麦克斯韦的电磁理论具有狭义相对论所要求的协变性，那么上述约束就必须成立. 如果我们回忆起麦克斯韦电磁理论的拉格朗日形式（正如我们第七章所讨论的）几乎可以完全通过相对论协变性建立起来，那么大家对于这些所谓的“巧合”应当就不会觉得奇怪了.

在表 B.1 中我们列出了最为常用的三种电磁单位制对于不同的常数 k_1，k_2，k_3 的选取. 同时列出的还有它们可能的量纲. 在国际单位制中这些量纲要复杂一些，而在高斯单位制或者赫维赛德–洛伦兹单位制中，这些常数要么是 1，要么是光速的某个幂次，因此其量纲是十分简单的. 此外，如果我们进一步将光速 c 取为速度的单位，那么 k_1，k_2 就变成相等的常数，同时高斯单位制以及赫维赛德–洛伦兹单位制中的所有常数都变成无量纲的常数. 这就是为什么我们更加喜欢高斯单位制或者赫维赛德–洛伦兹单位制，因为它们在刻画电磁现象最基本的规律（即麦克斯韦方程组）的时候显得特别方便、简单.

表 B.1 三种不同电磁单位制对于常数 k_1, k_2, k_3 的选取 (我们同时列出了这些常数的量纲)

单位制	k_1 $[k_1]$	k_2 $[k_2]$	$k_3 = 1/\alpha$ $[k_3]$
国际	$\frac{1}{4\pi\epsilon_0} \equiv 10^{-7}c^2$ $[\mathrm{ml^3t^{-4}I^{-2}}]$	$\frac{\mu_0}{4\pi} \equiv 10^{-7}$ $[\mathrm{mlt^{-2}I^{-2}}]$	1 [1]
高斯	1 [1]	$\frac{1}{c^2}$ $[\mathrm{l^{-2}t^2}]$	$\frac{1}{c}$ $[\mathrm{l^{-1}t}]$
赫维赛德–洛伦兹	$\frac{1}{4\pi}$ [1]	$\frac{1}{4\pi c^2}$ $[\mathrm{l^{-2}t^2}]$	$\frac{1}{c}$ $[\mathrm{l^{-1}t}]$

2 不同单位制下介质中的麦克斯韦方程组

前面的讨论仅涉及了真空中的场和方程. 不同的电磁单位制中介质中的场 $\boldsymbol{D}$，$\boldsymbol{H}$ 的定义也有所不同. 假定介质的电磁性质可以简单地用电极化强度 $\boldsymbol{P}$ 和

磁化强度 $\boldsymbol{M}$ 来描写，那么我们可以将宏观介质中的场统一写为

$$\boldsymbol{D}=\epsilon_0\boldsymbol{E}+\lambda\boldsymbol{P},\quad \boldsymbol{H}=\frac{1}{\mu_0}\boldsymbol{B}-\lambda'\boldsymbol{M}, \tag{B.11}$$

其中的 ϵ_0，μ_0，λ，λ' 都是（可能有量纲的）比例常数. 由于 $\boldsymbol{D}$，$\boldsymbol{H}$ 是新定义的量，我们完全没有必要将它的量纲取得与 $\boldsymbol{P}$，$\boldsymbol{M}$ 不同，因此在所有通用的单位制中，人们取 λ，λ' 为无量纲常数. 但是，ϵ_0 和 μ_0 原则上是可以有量纲的. 例如，在大家所熟悉的国际单位制中，对于这些常数数值的选择是

$$\epsilon_0=\frac{10^7}{4\pi c^2},\quad \mu_0=4\pi\times10^{-7},\quad \lambda=\lambda'=1, \tag{B.12}$$

高斯单位制中,

$$\epsilon_0=\mu_0=1,\quad \lambda=\lambda'=4\pi, \tag{B.13}$$

赫维赛德–洛伦兹单位制中，

$$\epsilon_0=\mu_0=\lambda=\lambda'=1. \tag{B.14}$$

特别要注意的是，在国际单位制中 ϵ_0 和 μ_0 是有量纲的常数，它们的单位可以取为 F/m（法拉每米）和 H/m（亨利每米）. 由于目前的长度单位是通过真空中的光速和秒来定义的，因而真空中的光速是一个没有误差的、严格的常数：

$$c=299792458\ \mathrm{m/s}. \tag{B.15}$$

因此，ϵ_0 和 μ_0 也是没有误差的物理常数.

3　关于安培的历史

在国际单位制中，人们经常引入另一个“单独”的单位“安培”，记为 A，而它的定义实际上是经历过一系列变迁的.

在 1881 年第一次国际电学会议上，确立了关于伏特、安培、库仑、法拉的定义. 这就确立了所谓的“绝对适用电学单位制”. 所谓绝对，是说这些电学单位完全是由纯粹力学的量来定义的；所谓适用，是因为这些单位在实际的（当时主要是宏观的）电学应用中，比起以往的 cgs 制中的单位更为合理. 因此，这个单位制中的伏特、安培、欧姆等等又称为“绝对伏特”“绝对安培”“绝对欧姆”等等.

但是，1881 年定义的绝对适用单位制虽然“适用”，但并不“实用”. 原因是定义那些新的电学量的实验往往仅能够在十分考究的实验室中来完成. 因此，到 1893 年的第四次国际电学会议上，人们试图改变这一点. 于是，就诞生了新的电流单位，称为“国际安培”. 它的定义是通过在电解银的盐溶液时，单位时间从电极析出的银原子的质量来确定的. 具体来说，如果一个恒定的电流加在硝酸银电解溶液上，每秒钟正好在电极上析出 0.001118000 g 的银原子，那么这个电流就定义为 1 A. 基于类似的考虑，这次会议还重新给出了国际欧姆、国际伏特等单位的“更为实用”的新的定义①. 但是，很快人们意识到这是一个糟糕的选择，因为随着实验精度的提升，人们发现关于国际安培、国际欧姆、国际伏特的定义并不自洽. 1908 年，大家决定放弃国际伏特的单独定义，但国际安培和国际欧姆的定义得以保留.

到 1948 年，人们发现绝对安培的定义方案其实比起电解过程更为方便而且纯净，于是又回归到所谓“绝对安培”的定义. 它的定义是：如果真空中两个相距 1 m 的平行、等流量电流之间的作用力 (B.3) 恰好是 2×10^{-7} N/m，那么这两个导线中的电流就被定义为一个“绝对安培”. “绝对安培”实际上比国际安培要大万分之 1.5 左右. 此时安培是通过 (B.3) 式来定义的. 比例系数 $k_2=10^{-7}$ 的数值已经完全确定了，但是它的量纲仍然是随意的. 在国际单位制中，通常的做法是将公式右边的电流取为基本单位，实际上就是取绝对安培，这样一来，k_2 的量纲就是 $\mathrm{mlt^{-2}I^{-2}}$. 当然，我们也可以令 k_2 为无量纲的常数，这时电流看起来就是一个导出单位，其量纲为 $\mathrm{m^{1/2}l^{1/2}t^{-1}}$，这样一来，所有的电磁学量都可以仅使用纯力学的量纲来描写，只不过很多都具有分数幂次，十分不方便. 与安培的地位比较起来，欧姆的命运要“悲惨”一些. 由于欧姆定律并不是总成立的，因此关于绝对欧姆的定义往往无法做到十分令人满意. 因此，通常将欧姆视为一个导出单位.

2018 年，国际计量大会对安培的定义又做了新的修订，将“1 s 内通过 $(1.602176634)^{-1}\times10^{19}$ 个电子电荷所对应的电流”定义为 1 A. 在这个定义下，电子电荷的数值也成为了没有误差的、严格的常数. 总地来说，目前人们在尽可能地利用自然界天然的 (包括宏观和微观的) 常数来定义单位.

通过以上的描述，我们大致了解了安培这个单位在国际单位制中的特殊性，它是为了实用性而保留的.

---

①例如，国际欧姆是利用特定条件下（一定温度、压强等），固定截面积下一个特定长度的水银柱的电阻来定义的，国际伏特则是利用一种特定的电池 [称为克拉克 (Clark) 电池，以水银、锌为两极，硫酸锌、硫酸汞为溶液制成] 在一定条件下的电压来定义的.

4　高斯单位制与国际单位制之间的转换

表 B.2 中列出了电磁学中常用的一些物理量在国际单位制和高斯单位制之间的转换规则. 这些规则不难通过前面的讨论确立起来. 这个转换表的用法是: 首先写下国际单位制下的某个电磁学公式, 然后将其中出现的电磁学物理量换成表中最后一列的表达式, 这样所得到的公式就是在高斯单位制下的表达式了. 例如, 我们要转换国际单位制下的公式 $\boldsymbol{D}=\epsilon\boldsymbol{E}$, 按照表 B.2 的提示, 它就是 $\sqrt{\epsilon_0/(4\pi)}\boldsymbol{D}=\epsilon_0\epsilon\boldsymbol{E}/\sqrt{4\pi\epsilon_0}$, 即 $\boldsymbol{D}=\epsilon\boldsymbol{E}$. 这个式子虽然与原先形式相同, 但其中所有物理量都应当按照高斯单位制中的物理量来理解. 特别要注意的是, 高斯单位制中的 ϵ 是无量纲的相对介电常数, 而原先国际单位制中的、形式完全相同的公式中的 ϵ 则是有量纲的.

表 B.2　国际单位制、高斯单位制之间常用电磁学物理量的转换

物理量	国际单位制	高斯单位制
真空光速	$(\epsilon_0\mu_0)^{-1/2}$	c
电场强度（标势、电压）	$\boldsymbol{E}(\Phi,V)$	$\boldsymbol{E}(\Phi,V)/\sqrt{4\pi\epsilon_0}$
电位移矢量	$\boldsymbol{D}$	$\sqrt{\epsilon_0/(4\pi)}\boldsymbol{D}$
电荷密度（电流密度、电极化强度等）[②]	$\rho(\boldsymbol{J},\boldsymbol{P})$	$\sqrt{4\pi\epsilon_0}\rho(\boldsymbol{J},\boldsymbol{P})$
磁感应强度	$\boldsymbol{B}$	$\sqrt{\mu_0/(4\pi)}\boldsymbol{B}$
磁场强度	$\boldsymbol{H}$	$\boldsymbol{H}/\sqrt{4\pi\mu_0}$
磁化强度[③]	$\boldsymbol{M}$	$\sqrt{4\pi/\mu_0}\boldsymbol{M}$
电导率	σ	$4\pi\epsilon_0\sigma$
介电常数	ϵ	$\epsilon_0\epsilon$
磁导率	μ	$\mu_0\mu$
电容	C	$4\pi\epsilon_0 C$
电感	L	$L/(4\pi\mu_0)$
电阻	R	$R/(4\pi\epsilon_0)$

[②] 这类物理量还包括电荷 Q、线电荷密度、面电荷密度、电偶极矩、电流强度 I 等等.

[③] 这类物理量还包括磁矩.

附录 C　经典电动力学中的特殊函数

在这个附录中，我们简要总结一下经典电动力学问题求解中经常遇到的特殊函数的基本性质. 这主要涉及柱坐标系和球坐标系中的一系列特殊函数. 它们往往是在对拉普拉斯算子进行分离变量求解的过程中出现的.

1　勒让德函数与连带勒让德函数

正如在正文中所述，球坐标系中的分离变量会将拉普拉斯方程的解分为径向部分和角度部分的乘积，而角度部分进而又可以分解为对经度角 ϕ 的依赖和对纬度角 θ 的依赖 (注意在本书中 $\boldsymbol{x}$ 指的是位置矢量，但本小节中 x 指的是 $\cos\theta$，两者无关):

$$\Phi(\boldsymbol{x}) = R(r)P(\cos\theta)\mathrm{e}^{\mathrm{i}m\phi}, \tag{C.1}$$

其中为了保证经典物理量的唯一性，我们要求 m 是整数. 球坐标系中拉普拉斯算子可以表达为

$$\nabla^2 = \frac{1}{r^2}\frac{\partial}{\partial r}\left(r^2\frac{\partial}{\partial r}\right) + \frac{1}{r^2\sin\theta}\frac{\partial}{\partial\theta}\left(\sin\theta\frac{\partial}{\partial\theta}\right) + \frac{1}{r^2\sin^2\theta}\frac{\partial^2}{\partial\phi^2}. \tag{C.2}$$

如果令 $x=\cos\theta$，那么拉普拉斯方程对纬度角的依赖给出著名的推广勒让德方程

$$\frac{\mathrm{d}}{\mathrm{d}x}\left((1-x^2)\frac{\mathrm{d}P(x)}{\mathrm{d}x}\right) + \left(\lambda - \frac{m^2}{1-x^2}\right)P(x) = 0. \tag{C.3}$$

如果 $P(x)$ 在 $x=\pm1$ 时是有限的，本征值 $\lambda = l(l+1)$ 是必须成立的，其中 l 为非负整数：根据二阶线性常微分方程的基本理论，方程 (C.3) 在复 x 平面上有三个奇点，分别是 $x=\pm1$ 和 $x=\infty$，它包含两个线性无关的解，它们一般会在方程的奇点 $x=\pm1$ 处发散. 但物理上的解必须是有限的，这要求 l 是非负整数，并且整数 m 还必须满足 $|m|\leqslant l$. 换句话说，对于一个给定的非负整数 l，$m=-l,-l+1,\cdots,+l$，可以取 $2l+1$ 个不同的整数值. 此时推广勒让德方程 (C.3) 的解记为 $\mathrm{P}_l^m(x)$，称为连带勒让德函数.

在 l 是非负整数的情形下，$\mathrm{P}_l^m(x)$ 是一个关于 $x=\cos\theta$ 和 $\sin\theta=(1-x^2)^{1/2}$ 的多项式，称为连带勒让德多项式. 在数学上当然可以讨论更为一般的勒让德函数和连带勒让德函数 (此时 l,m 不受上述限制)，只是它们在经典电动力学的应用中并不常见，我们这里就不进一步介绍了，有兴趣的读者可以阅读参考书 [20] 中的简介. 我们将称满足 l 为非负整数，并且整数 $|m|\leqslant l$ 的解 $\mathrm{P}_l^m(\cos\theta)$ 为物理解. 这个解的具体形式实际上可以从 $m=0$ 的解，即著名的勒让德多项式获得. 因此下面我们首先介绍勒让德多项式.

在 $m=0$ 的特殊情形下，推广的勒让德方程 (C.3) 退化为标准的勒让德方程

$$\frac{\mathrm{d}}{\mathrm{d}x}\left((1-x^2)\frac{\mathrm{d}P(x)}{\mathrm{d}x}\right)+\lambda P(x)=0. \tag{C.4}$$

(C.4) 式的物理解是 $\lambda=l(l+1)$ 的勒让德多项式 $\mathrm{P}_l(x)=\mathrm{P}_l(\cos\theta)$. 它的明显表达式为

$$\mathrm{P}_l(\cos\theta)=\sum_{k=0}^{l}\frac{(-1)^k}{(k!)^2}\frac{(l+k)!}{(l-k)!}\left(\frac{1-\cos\theta}{2}\right)^k. \tag{C.5}$$

勒让德多项式 $\mathrm{P}_l(x)$ 是关于 x 的 l 次多项式，且随 l 的奇偶性而是 x 的奇偶函数：

$$\mathrm{P}_l(-x)=(-1)^l\mathrm{P}_l(x). \tag{C.6}$$

利用展开式 (C.5) 以及勒让德多项式 $\mathrm{P}_l(x)$ 的奇偶性，我们立刻获得了 $\mathrm{P}_l(x)$ 在球面的南北极 (即 $x=\pm1$) 处的特殊取值：

$$P_l(1)=1,\qquad P_l(-1)=(-1)^l. \tag{C.7}$$

勒让德多项式的一个重要的表达方式是所谓的罗德里格斯 (Rodrigues) 公式:

$$\mathrm{P}_l(x)=\frac{1}{2^l l!}\frac{\mathrm{d}^l}{\mathrm{d}x^l}[x^2-1]^l. \tag{C.8}$$

不难证明这个表达式与前面的明显展开式 (C.5) 是完全一致的. 除此之外，勒让德函数还满足一定的递推关系：

$$\begin{gathered}(2l+1)x\mathrm{P}_l(x)=(l+1)\mathrm{P}_{l+1}(x)+l\mathrm{P}_{l-1}(x),\\ \mathrm{P}'_{l+1}(x)=x\mathrm{P}'_l(x)+(l+1)\mathrm{P}_l(x),\qquad \mathrm{P}'_{l-1}(x)=x\mathrm{P}'_l(x)-l\mathrm{P}_l(x).\end{gathered} \tag{C.9}$$

勒让德函数的生成函数为

$$\frac{1}{\sqrt{1+2xt+t^2}}=\sum_{l=0}^{\infty}\mathrm{P}_l(x)t^l. \tag{C.10}$$

由此还可以得到勒让德函数的积分表达式.

更为一般的 $m\neq 0$ 的连带勒让德多项式 $\mathrm{P}_l^m(x)$，即推广的勒让德方程 (C.3) 的物理解，可以由勒让德函数对 $x=\cos\theta$ 求导数获得. 具体来说有

$$\mathrm{P}_l^m(x)=(-1)^m(1-x^2)^{m/2}\frac{\mathrm{d}^m\mathrm{P}_l(x)}{\mathrm{d}x^m},\qquad \mathrm{P}_l^{-m}(x)=(-1)^m\frac{(l-m)!}{(l+m)!}\mathrm{P}_l^m(x). \tag{C.11}$$

利用上面的勒让德函数以及连带勒让德函数的基本性质，可以证明它们所满足的正交归一性质

$$\int_{-1}^{1}\mathrm{P}_{l'}^m(x)\mathrm{P}_l^m(x)\mathrm{d}x=\frac{2}{2l+1}\frac{(l+m)!}{(l-m)!}\delta_{ll'}. \tag{C.12}$$

当 $m=0$ 时，(C.12) 式就给出勒让德多项式的正交归一关系.

将连带勒让德函数 $\mathrm{P}_l^m(\cos\theta)$ 和经度角的依赖关系 $\mathrm{e}^{\mathrm{i}m\phi}$ 集成在一起，就形成了我们正文第 9.3 小节中讨论的球谐函数. 它的正交、归一、完备的明显表达式为

$$\mathrm{Y}_{lm}(\theta,\phi)=\sqrt{\frac{2l+1}{4\pi}\frac{(l-m)!}{(l+m)!}}\mathrm{P}_l^m(\cos\theta)\mathrm{e}^{\mathrm{i}m\phi}. \tag{C.13}$$

由于在球坐标中一对固定的 θ 和 ϕ 是与三维空间的单位方向矢量

$$\boldsymbol{n}=\frac{\boldsymbol{x}}{r}=(\sin\theta\cos\phi,\sin\theta\sin\phi,\cos\theta) \tag{C.14}$$

一一对应的，所以为了简化记号，我们又把球谐函数 $\mathrm{Y}_{lm}(\theta,\phi)$ 简记为 $\mathrm{Y}_{lm}(\boldsymbol{n})$. 类似地，我们将立体角元 $\sin\theta\mathrm{d}\theta\mathrm{d}\phi$ 记为 $\mathrm{d}\Omega_{\boldsymbol{n}}$，或就记为 $\mathrm{d}\boldsymbol{n}$. 这样定义的球谐函数满足

$$\mathrm{Y}_{l,-m}(\boldsymbol{n})=(-1)^m\mathrm{Y}_{lm}^*(\boldsymbol{n}). \tag{C.15}$$

它的正交归一性由正文中的 (2.35) 式给出：

$$\int\mathrm{d}\boldsymbol{n}\mathrm{Y}_{lm}^*(\boldsymbol{n})\mathrm{Y}_{l'm'}(\boldsymbol{n})=\delta_{ll'}\delta_{mm'}. \tag{C.16}$$

球谐函数不仅满足上面的正交归一性，还满足完备性 [(2.36) 式]. 这意味着任意球面上面的函数都可以用球谐函数展开，其中对于经度角 ϕ 的完备性源于傅里叶三角函数的完备性，而对于纬度角 θ 的完备性则源于连带勒让德函数的完备性.

2　贝塞尔函数与球贝塞尔函数

在柱坐标系中利用分离变量法处理拉普拉斯方程或者亥姆霍兹方程时会获得相应的柱函数，这就是著名的贝塞尔函数. 例如，对于拉普拉斯方程而言，静电势可以分离为 $\varPhi(\boldsymbol{x}) = Z(z)\varPhi(\phi)R(r)$，其中 $r = \sqrt{x^2+y^2}$ 表示空间任意一点到 z 轴的距离.

在柱坐标系中，拉普拉斯算子可表达为 [注意在柱坐标系中 $\boldsymbol{x} = (r,\phi,z)$ 指的是位置矢量，但本小节中 x 指的是 kr，两者无关]:

$$\nabla^2 = \frac{1}{r}\frac{\partial}{\partial r}\left(r\frac{\partial}{\partial r}\right) + \frac{1}{r^2}\frac{\partial^2}{\partial\phi^2} + \frac{\partial^2}{\partial z^2}. \tag{C.17}$$

在柱坐标系中分离变量时，往往选取 z 和 ϕ 方向为标准的指数函数的类型:

$$Z(z) \sim \mathrm{e}^{\pm kz}, \quad \varPhi(\phi) \sim \mathrm{e}^{\pm \mathrm{i}\nu\phi}. \tag{C.18}$$

这时拉普拉斯方程的解的径向部分 $R(r) = y(x)$，其中 $x = kr$ 满足贝塞尔方程

$$\frac{1}{x}\frac{\mathrm{d}}{\mathrm{d}x}\left(x\frac{\mathrm{d}y(x)}{\mathrm{d}x}\right) + \left(1-\frac{\nu^2}{x^2}\right)y(x) = 0. \tag{C.19}$$

(C.19) 式中的两个参数 k 和 ν 分别是在 z 方向和 ϕ 方向的分离变量过程中引入的. 对于一般的 ν 而言，贝塞尔方程 (C.19) 的解是标准的 (第一类) 贝塞尔函数 $y(x) = \mathrm{J}_{\pm\nu}(x)$，$\nu$ 称为贝塞尔函数的阶. 它的级数展开式如下:

$$\mathrm{J}_\nu(x) = \sum_{k=0}^{\infty}\frac{(-1)^k}{k!\Gamma(k\pm\nu+1)}\left(\frac{x}{2}\right)^{2k\pm\nu}. \tag{C.20}$$

贝塞尔方程具有两个奇点，$x = 0$ 和 $x = \infty$，其中前者是所谓的正则奇点. 在 ν 不是整数时，$\mathrm{J}_{\pm\nu}(x)$ 实际上是线性独立的，因此构成了贝塞尔方程的两个独立的解. 如果 $\nu = m$ 是整数，那么我们有 $\mathrm{J}_{-m}(x) = \mathrm{J}_m(-x) = (-1)^m\mathrm{J}_m(x)$. 为了解决 $\nu = m$ 是整数时 $\mathrm{J}_{\pm\nu}(x)$ 的线性相关性问题，一般定义如下的诺伊曼函数，又称为第二类贝塞尔函数 $\mathrm{N}_\nu(x)$:

$$\mathrm{N}_\nu(x) = \frac{1}{\sin\nu\pi}\left[\cos\nu\pi\mathrm{J}_\nu(x) - \mathrm{J}_{-\nu}(x)\right]. \tag{C.21}$$

它的优点是永远是与 $\mathrm{J}_\nu(x)$ 线性独立的贝塞尔方程的解，无论 ν 是否为整数. 在原点附近，$\mathrm{J}_\nu(x)$ 是有限的，而 $\mathrm{N}_\nu(x)$ 则是发散的. 两者在原点附近的行为是

$$\begin{aligned}
&\mathrm{J}_\nu(x) \sim \frac{1}{\Gamma(\nu+1)}\left(\frac{x}{2}\right)^\nu, \qquad x \to 0, \\
&\mathrm{N}_\nu(x) \sim -\frac{\Gamma(\nu)}{\pi}\left(\frac{x}{2}\right)^{-\nu}, \quad N_0(x) \sim \frac{2}{\pi}\ln\frac{x}{2}, \quad x \to 0.
\end{aligned} \tag{C.22}$$

另外一组十分有用的公式涉及贝塞尔函数的渐近展开式. 此时 $\mathrm{J}_\nu(x)$ 和 $\mathrm{N}_\nu(x)$ 都体现出典型的柱面波的行为:

$$\begin{aligned}
&\mathrm{J}_\nu(x) \sim \sqrt{\frac{2}{\pi x}}\cos\left(x - \frac{\nu\pi}{2} - \frac{\pi}{4}\right), \qquad x \to \infty, \quad |\arg(x)| < \pi, \\
&\mathrm{N}_\nu(x) \sim \sqrt{\frac{2}{\pi x}}\sin\left(x - \frac{\nu\pi}{2} - \frac{\pi}{4}\right), \qquad x \to \infty, \quad |\arg(x)| < \pi.
\end{aligned} \tag{C.23}$$

虽然上述渐近展开只有在 $x \to \infty$ 时才可以运用，但实际上即使是不太大的 $|x|$, (C.23) 式往往也可给出贝塞尔函数零点的不错的估计. 将 $\mathrm{J}_\nu(x)$ 和 $\mathrm{N}_\nu(x)$ 进行线性组合，就可以得到标准的柱面波形式的汉克尔函数:

$$\mathrm{H}_\nu^{(1)}(x) \equiv \mathrm{J}_\nu(x) + \mathrm{i}\mathrm{N}_\nu(x), \qquad \mathrm{H}_\nu^{(2)}(x) \equiv \mathrm{J}_\nu(x) - \mathrm{i}\mathrm{N}_\nu(x). \tag{C.24}$$

它们在 $|x| \to \infty$ 时具有标准的出射和入射柱面波的行为:

$$\mathrm{H}_\nu^{(1/2)}(x) \sim \sqrt{\frac{2}{\pi x}}\exp\left[\pm\mathrm{i}\left(x - \frac{\nu\pi}{2} - \frac{\pi}{4}\right)\right], \qquad |x| \to \infty. \tag{C.25}$$

上述标准的第一、第二类贝塞尔函数或汉克尔函数的宗量 $x = kr$ 变为纯虚数时 (这往往发生在分离变量中的参数 $k^2 < 0$ 的时候)，我们就得到虚宗量贝塞尔函数，它们也会出现在经典电动力学问题之中，见第 9 节中的讨论. 它们一般的定义为

$$\mathrm{I}_\nu(x) \equiv \mathrm{e}^{-\mathrm{i}\nu\pi/2}\mathrm{J}_\nu(x\mathrm{e}^{\mathrm{i}\pi/2}), \qquad \mathrm{K}_\nu(x) \equiv \frac{\pi}{2\sin(\nu\pi)}\left[\mathrm{I}_{-\nu}(x) - \mathrm{I}_\nu(x)\right]. \tag{C.26}$$

这两个函数在原点的行为类似于 $\mathrm{J}_\nu(x)$ 和 $\mathrm{N}_\nu(x)$，在无穷远处则体现出指数增加和指数衰减的行为:

$$\begin{aligned}
&\mathrm{I}_\nu(x) \sim \sqrt{\frac{1}{2\pi x}}\,\mathrm{e}^x, \qquad |x| \to \infty, \\
&\mathrm{K}_\nu(x) \sim \sqrt{\frac{\pi}{2x}}\,\mathrm{e}^{-x}, \qquad |x| \to \infty.
\end{aligned} \tag{C.27}$$

在球坐标系中，一类与贝塞尔函数密切相关的函数是球贝塞尔函数. 球贝塞尔函数出现在亥姆霍兹波动方程 $(\nabla^2+k^2)\varPsi=0$，即利用分离变量法求解

$$\left(\frac{1}{r^2}\frac{\partial}{\partial r}\left(r^2\frac{\partial}{\partial r}\right)+\frac{1}{r^2\sin\theta}\frac{\partial}{\partial\theta}\left(\sin\theta\frac{\partial}{\partial\theta}\right)+\frac{1}{r^2\sin^2\theta}\frac{\partial^2}{\partial\phi^2}+k^2\right)\varPsi=0 \quad \text{(C.28)}$$

的过程中，参见正文第 26 节中的讨论. 当将 $\varPsi(\boldsymbol{x})$ 的角度部分利用球谐函数做展开 $\varPsi(\boldsymbol{x})=R(r)\mathrm{Y}_{lm}(\boldsymbol{n})$ 后，其径向部分的解 $R(r)=y(x)$ 就满足球贝塞尔方程

$$\frac{1}{x^2}\frac{\mathrm{d}}{\mathrm{d}x}\left(x^2\frac{\mathrm{d}y(x)}{\mathrm{d}x}\right)+\left(1-\frac{l(l+1)}{x^2}\right)y(x)=0. \quad \text{(C.29)}$$

这一点读者不难从拉普拉斯算子在球坐标系下的表达式 (2.30) 以及 $\mathrm{Y}_{lm}(\boldsymbol{n})$ 所满足的本征性质 (2.32) 直接加以验证. 球贝塞尔方程 (C.29) 的解直接与半奇数阶的贝塞尔函数相联系. 这些半奇数阶的贝塞尔函数可以用初等函数表达出来. 仿照一般的柱函数 $\mathrm{J}_\nu(x)$ 和 $\mathrm{N}_\nu(x)$ 的记号，球贝塞尔函数一般记为 $\mathrm{j}_l(x)$ 和 $\mathrm{n}_l(x)$，它们的定义为

$$\begin{aligned}\mathrm{j}_l(x)&=\sqrt{\frac{\pi}{2x}}\mathrm{J}_{l+1/2}(x)=\frac{\sqrt{\pi}}{2}\sum_{k=0}^{\infty}\frac{(-1)^k}{k!\Gamma(k+l+3/2)}\left(\frac{x}{2}\right)^{2k+l},\\ \mathrm{n}_l(x)&=\sqrt{\frac{\pi}{2x}}\mathrm{N}_{l+1/2}(x)=(-1)^{l+1}\frac{\sqrt{\pi}}{2}\sum_{k=0}^{\infty}\frac{(-1)^k}{k!\Gamma(k-l+1/2)}\left(\frac{x}{2}\right)^{2k-l-1}.\end{aligned} \quad \text{(C.30)}$$

注意到上面公式的级数展开分母中的 Γ 函数的宗量都是半奇数，因此上述展开式实际上都是三角函数和 x 的幂次的组合，即 $\mathrm{j}_l(x)$ 和 $\mathrm{n}_l(x)$ 都可以用初等函数表达出来. 同时，对于实的宗量 x，$\mathrm{j}_l(x)$ 和 $\mathrm{n}_l(x)$ 也都是实数. 上述级数表达式 (的首项) 清晰地显示出了球贝塞尔函数 $\mathrm{j}_l(x)$ 和 $\mathrm{n}_l(x)$ 在原点附近的行为. 另一个常用的性质是两者在宗量很大时的渐近展开式，球贝塞尔函数都体现出标准的球面波的特性:

$$\begin{aligned}\mathrm{j}_l(x)&\sim\frac{1}{x}\sin\left(x-\frac{l\pi}{2}\right), \qquad |x|\to\infty,\\ \mathrm{n}_l(x)&\sim\frac{1}{x}\cos\left(x-\frac{l\pi}{2}\right), \qquad |x|\to\infty.\end{aligned} \quad \text{(C.31)}$$

类似于柱面波的情形，我们可以定义如下的球汉克尔函数:

$$\mathrm{h}_l^{(1)}(x)=\mathrm{j}_l(x)+\mathrm{i}\mathrm{n}_l(x), \qquad \mathrm{h}_l^{(2)}=\mathrm{j}_l(x)-\mathrm{i}\mathrm{n}_l(x). \quad \text{(C.32)}$$

它们在无穷远处具有出射球面波 (即 e^{ikr}/r) 和入射球面波 (即 e^{-ikr}/r) 的行为:

$$h_l^{(1/2)}(x) \sim \frac{1}{x}\exp\left[\pm i\left(x - \frac{(l+1)\pi}{2}\right)\right], \qquad |x| \to \infty, \tag{C.33}$$

其中左边的上标 1 或 2 分别对应于右边的 + 和 −.

对于 $k = 0$ 的特殊情形, 亥姆霍兹方程 $(\nabla^2 + k^2)\Psi = 0$ 将退化为拉普拉斯方程. 此时球贝塞尔函数 $j_l(kr)$ 和 $n_l(kr)$ 分别退化为正比于 r^l 和 $r^{-(l+1)}$ 的幂次函数, 这正是我们在第 9 节中求解静电问题时遇到的情形.

3 一些常用的展开式

一个非常重要的展开式是亥姆霍兹方程格林函数 $G(\boldsymbol{x}, \boldsymbol{x}')$ 利用球坐标系中本征函数 $j_l(kr)Y_{lm}(\boldsymbol{n})$ 进行展开的公式 [参见第 26 节中的 (5.42) 式]:

$$\frac{e^{ik|\boldsymbol{x}-\boldsymbol{x}'|}}{|\boldsymbol{x}-\boldsymbol{x}'|} = 4\pi ik\sum_{l,m} j_l(kr_<)h_l^{(1)}(kr_>)Y^*_{lm}(\boldsymbol{n}')Y_{lm}(\boldsymbol{n}). \tag{C.34}$$

在 $k = 0$ 的特殊情形下, (C.34) 式回到第 9.3 小节中的加法定理 (2.38):

$$\frac{1}{|\boldsymbol{x}-\boldsymbol{x}'|} = \sum_{l=0}^{\infty}\sum_{m=-l}^{l}\frac{4\pi}{2l+1}\frac{r_<^l}{r_>^{l+1}}Y^*_{lm}(\boldsymbol{n}')Y_{lm}(\boldsymbol{n}). \tag{C.35}$$

另外一个重要的展开式是平面波用球面波进行展开的公式. 我们在第 27.3 小节讨论散射问题的多极场展开时曾经涉及. 这个公式又称为瑞利展开式:

$$e^{i\boldsymbol{k}\cdot\boldsymbol{x}} = \sum_{l=0}^{\infty} i^l(2l+1)j_l(kr)P_l(\cos\gamma) = 4\pi\sum_{l,m} i^l j_l(kr)Y^*_{lm}(\hat{\boldsymbol{n}})Y_{lm}(\hat{\boldsymbol{k}}). \tag{C.36}$$

参 考 书

[1] Born M and Wolf E. Principles of Optics. 4th ed. Pergamon Press, 1970.

[2] 蔡圣善，朱耘，徐建军. 电动力学. 2 版. 北京：高等教育出版社，2002.

[3] Goldstein H. Classical Mechanics. 2nd ed. Addison-Wesley, 1980.

[4] Griffiths D J. Introduction to Electrodynamics. 3rd ed. Prentice Hall, 1999.

[5] 郭硕鸿. 电动力学. 2 版. 北京：高等教育出版社，1997.

[6] Heilbron J L. Elements of Early Modern Physics. University of California Press, 1982.

[7] Ida N. Engineering Electromagnetics. 3rd ed. Springer-Verlag, 2015.

[8] Jackson J D. Classical Electrodynamics. 2nd ed. John Wiley & Sons, Inc., 1975.

[9] Jackson J D. Classical Electrodynamics. 3rd ed. John Wiley & Sons, Inc., 1999.

[10] Landau L D and Lifshitz E M. Mechanics. Pergamon Press, 1960.

[11] Landau L D and Lifshitz E M. The Classical Theory of Fields. Pergamon Press, 1951.

[12] Landau L D and Lifshitz E M. Electrodynamics of Continuous Media. Pergamon Press, 1960.

[13] 刘川. 理论力学. 北京：北京大学出版社，2019.

[14] Newton R G. Scattering Theory of Waves and Particles. 2nd ed. Springer-Verlag, 1982.

[15] Press W H, Teukolsky S A, Vetterling W T, and Flannery B P. Numerical Recipes in C: The Art of Scientific Computing. 2nd ed. Cambridge University Press, 1992.

[16] Smythe W R. Static and Dynamic Electricity. 3rd ed. McGraw-Hill, 1969.

[17] 韦丹. 磁学：从基础到应用. 呼和浩特：内蒙古大学出版社，2021.

[18] 韦丹. 固体物理. 2 版. 北京：清华大学出版社，2007.

[19] Whittaker E T and Watson G N. A Course of Modern Analysis. 4th ed. Cambridge University Press, 1927.

[20] 高春媛，吴崇试. 数学物理方法. 3 版. 北京：北京大学出版社，2019.

[21] 俞允强. 电动力学简明教程. 北京：北京大学出版社，1999.

[22] 虞福春，郑春开. 电动力学. 修订版. 北京：北京大学出版社，2003.
[23] 周光召. 中国大百科全书：物理学. 2 版. 北京：中国大百科全书出版社，2009.

索　　引

D

F

G

H

J

K

L

M

N

O

P

Q

R

S

T

W

X

Y

Z